Weiher

EPLAN Electric P8 automatisieren

Johann Weiher

EPLAN Electric P8 automatisieren

Grundlagen und Beispiele zum Erstellen von Scripten in C#

3., vollständig überarbeitete Auflage

Der Autor:
Johann Weiher, Dürnhart

Bibliografische Information der deutschen Nationalbibliothek:
Die Deutsche Nationalbibliothek verzeichnet diese Publikation in der Deutschen Nationalbibliografie; detaillierte bibliografische Daten sind im Internet unter http://dnb.d-nb.de abrufbar.

www.hanser-fachbuch.de
Lektorat: Julia Stepp
Herstellung: Carolin Benedix
Titelmotiv: Max Kostopoulos, unter Verwendung von Grafiken von © Johann Weiher und © gettyimages.de/stevecoleimages
Coverkonzept: Marc Müller-Bremer, www.rebranding.de, München
Coverrealisation: Max Kostopoulos
Satz: Eberl & Koesel Studio, Altusried-Krugzell
Druck und Bindung: CPI books GmbH, Leck
Printed in Germany

Print-ISBN: 978-3-446-47162-7
E-Book-ISBN: 978-3-446-47357-7

Inhalt

Vorwort

Liebe Leserin, lieber Leser,

mit diesem Buch möchte ich dir einen einfachen Einstieg in die Erstellung von Scripten für EPLAN Electric P8 ermöglichen. Das Buch richtet sich an alle EPLAN-Anwender:innen, ganz gleich, ob es sich dabei um regelmäßige oder sporadische Konstrukteur:innen handelt, die mithilfe von Scripting ihre Aufgaben automatisieren wollen. Programmierkenntnisse werden nicht vorausgesetzt. Du wirst erstaunt sein, wie schnell dabei ein Resultat zustande kommt, das dich begeistert. Schon mit einem kleinen Script, das aus nur ein paar Zeilen besteht, kannst du viel Zeit bei der Projektierung sparen. Auf Grundlage der im Buch vermittelten Informationen wirst du rasch imstande sein, EPLAN-Aktionen zu verwenden und gegebenenfalls zu erweitern. Darüber hinaus lernst du auch, eigene Erweiterungen zu programmieren. Scripte können ab der Lizenz EPLAN Electric P8 Compact genutzt werden. Das API-Modul ist dafür nicht erforderlich.

Im Script, wie in der Programmierung selbst, ist vieles, wenn nicht sogar alles, möglich. Deshalb stellt sich die Frage, in welchem Umfang dieses Buch das Themenfeld abdecken kann. Die Sprache C#, die zum Erstellen der Scripte verwendet wird, ist sehr komplex, und mit ihrer Beschreibung allein könnte man mehrere Tausend Seiten füllen, ohne irgendeine EPLAN-Funktion zu erklären. Aus diesem Grund beschränke ich mich darauf, die Grundlagen von C# zu vermitteln, die notwendig sind, um neue Scripte zu erstellen oder bestehende zu erweitern bzw. zu verändern. Auch auf die wichtigsten Erweiterungen durch eigenen Programmcode gehe ich ein.

Alle EPLAN-Aktionen werden anhand von praxisnahen Beispielen beschrieben und erklärt. Viele der Beispiele werden deinen Workflow beschleunigen. Hinzu kommt, dass mehr Zeit für die wesentlichen Aufgaben der Konstruktion bleibt. Jeder kennt die wiederkehrenden, monotonen Aufgaben, die z. B. beim Projektabschluss anstehen. Es müssen viele Auswertungen und Beschriftungen erzeugt werden. Zusätzlich muss der Plan als PDF erstellt werden. All dies kannst du per Knopfdruck erledigen. Wie? Das wird Schritt für Schritt im Buch erklärt.

Auf der Website zum Buch *https://eep8a.de* oder unter *plus.hanser-fachbuch.de* findest du das komplette Projekt mit allen Beispielen und fertigen Scripten, welche du direkt in EPLAN verwenden kannst.

An dieser Stelle möchte ich mich recht herzlich bei allen bedanken, die mir geholfen haben, dieses Buch zu schreiben.

Allen voran danke ich meiner Frau Daniela für die Motivation, das Buch zu schreiben, und die Unterstützung, genügend Zeit dafür zu finden. Vielen Dank auch an meine wundervollen Töchter Leni & Fina für die erfreulichen Unterbrechungen und Ablenkungen beim Schreiben.

Großer Dank geht an meinen Chef, Kollegen und Freund Michael Kastl für die Freiheit, dieses Buch zu schreiben. Ich danke auch meinen Kollegen Daniel Papp und Stefan Gorbach für die grandiose Zusammenarbeit.

Ein besonderer Dank gilt Herrn Andreas Krämer für seine sehr guten Hilfestellungen.

Zu guter Letzt möchte ich mich bei den Mädels vom Carl Hanser Verlag, Julia Stepp und Rebecca Wehrmann, für die Unterstützung bedanken.

Johann Weiher

Dürnhart, im Januar 2022

1 Einführung

Was ist Scripting?

Scripting bezeichnet die Möglichkeit, einzelne Befehle bzw. Programmcode in EPLAN auszuführen. Dies geschieht über die sogenannte API (Application Programming Interface, dt. Programmierschnittstelle). Hinter der EPLAN-API verbergen sich alle Funktionen, die in der Plattform (Electric P8, Fluid, Pro-Panel usw.) vorhanden sind. Diese Programme bauen alle auf dem gleichen Programmcode auf und sind dadurch untereinander kompatibel. In den verschiedenen Applikationen sind ähnliche bzw. gleiche Funktionen enthalten, z. B. kann man Beschriftungen sowohl in Fluid als auch in Electric P8 erzeugen. Einziger Unterschied ist der Inhalt.

Diese Abläufe werden in EPLAN *Actions* (Aktionen) genannt. Ihnen ist Abschnitt 2.2, „Actions ausführen", gewidmet, da es mehrere Wege gibt, solche Actions auszuführen. Das Wort Scripting bezieht sich meistens nur auf Scripte, die ab der Lizenz-Ausbaustufe EPLAN Electric P8 Compact genutzt werden können. Um weitere Befehle oder Funktionen ausführen zu können, benötigt man das API-Modul von EPLAN. In diesem Buch wird ausschließlich auf den Standardumfang ab der Compact-Version eingegangen.

Was sind Scripte?

Scripte sind kleine Programmcodes. In EPLAN können diese in zwei Programmiersprachen erstellt werden:

- Microsoft C# (C-Sharp)
- Microsoft VB.NET (Visual Basic.NET)

In den folgenden Kapiteln werden nur Beispiele in C# bereitgestellt, da EPLAN mit dieser Sprache fertigen Code generiert und dadurch eine optimale Vorlage liefert. Ein Script ist nicht allein ausführbar. Es muss in Verbindung mit EPLAN gestartet werden.

Was können Scripte?

Scripte können vieles, aber nicht alles. EPLAN stellt eine Reihe von Befehlen bereit, schränkt diese aber auf einen überschaubaren Bereich ein. Dadurch wird Anwender:innen der Einstieg enorm erleichtert. Auf diese Weise wird auch sichergestellt, dass keine ungewollten Aktionen, z. B. auf das Projekt, ausgeführt werden.

Wir kennen alle die wiederkehrende Aufgabe, Beschriftungen auszugeben. Je Projekt sind mehrere Exporte nötig. Jedes Mal muss das Beschriftungsschema neu ausgewählt, zusätzlich der Ordner benannt und ein Dateiname vergeben werden. Mit einem Script können wir all diese Arbeitsschritte zusammenfassen und z. B. auf einen Button im Menüband legen. Über diese Funktion können wir auch mehrere Beschriftungen nacheinander erzeugen. Auch der PDF-Export kann automatisiert werden. Du möchtest z. B. beim Schließen des Projekts automatisch ein PDF zur Änderungsverfolgung erzeugen? Mit einem Script lässt sich dies problemlos realisieren. Es werden Schnittstellen im Unternehmen benötigt, um Informationen außerhalb von EPLAN, z. B. im ERP-System, zu nutzen? Gar kein Problem! Über die Möglichkeiten im Scripting geht das auf Knopfdruck. Oft muss zwischen verschiedenen Einstellungen hin und her gewechselt werden. Das Suchen in den unzähligen Einstellungen in EPLAN ist mühselig. Dafür schreiben wir uns stattdessen ein Script für die Konfigurationen und erledigen dies unter der Projektierung.

Dies ist eine kleine Auflistung der Möglichkeiten, die mit Scripten realisiert werden können:

- Beschriftungen automatisieren
- PDF-Export
- Backup
- eigene Registerkarten im Menüband erstellen
- grafische Formulare, z. B. mit Buttons, Checkboxen und Auswahldialogen, erstellen
- Eigenschaften verändern
    - Projekteigenschaften
    - Seiteneigenschaften
- Einstellungen
    - Lesen
    - Schreiben
- Artikeldaten verändern

Das sind noch längst nicht alle Funktionen. Durch das Erweitern des Programmcodes können noch mehr Funktionen hinzugefügt werden.

Was kann das API-Modul im Vergleich zum Scripting?

Um den Unterschied etwas deutlicher zu machen, findest du im Folgenden eine kleine Auflistung der wichtigsten Merkmale des API-Moduls in EPLAN:

- Zugriff auf das komplette EPLAN-Datenmodell
- einfacheres Lesen von Objekten
- Zugriff auf mehr Objekte
- direkter Zugriff auf Projekteigenschaften/Projekteinstellungen
- mehr verfügbare Actions

1.1 Menüband – der erste Schritt zum Script

1.1.1 Menüband anpassen

In EPLAN gibt es die Möglichkeit, eigene Registerkarten im Menüband, auch Tabs im Ribbon genannt, zu erstellen. Doch was hat das mit Scripting zu tun? Ein Script ist eigentlich eine Erweiterung der Funktionalität eines Buttons in einem Menüband. In einer benutzerdefinierten Registerkarte im Ribbon können vordefinierte Befehle ausgeführt werden. Dies sind alle von EPLAN offiziell unterstützten Actions, welche zudem in der Hilfe dokumentiert sind. Einen Verweis zur Hilfe findest du in Kapitel 5. Diese Befehle werden auch in einem Script verwendet. Ein Vorteil des Scripts gegenüber dem Button im Menüband ist, dass mehrere Actions ausgeführt werden können. In einer Registerkarte müsste man mehrere Schaltflächen erstellen, um zum gleichen Ergebnis zu kommen. Bei der Menge an Möglichkeiten wird der Arbeitsbereich schnell unübersichtlich.

Im Folgenden wollen wir eine neue Registerkarte im Menüband erstellen. Dazu führen wir einen Rechtsklick auf die grafische Oberfläche aus und wählen den Punkt MENÜBAND ANPASSEN ... im Kontextmenü aus (Bild 1.1).

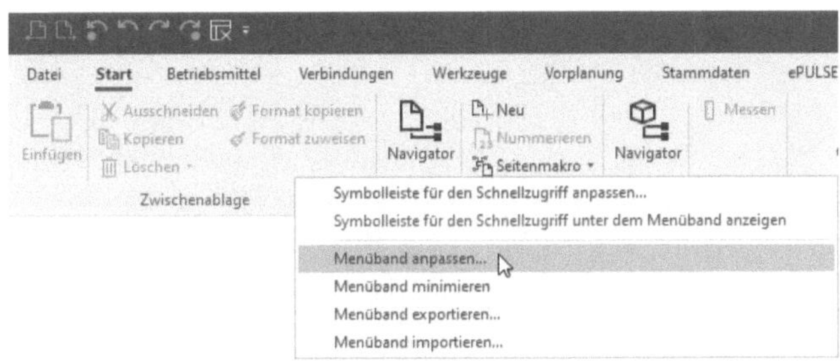

Bild 1.1
Menüband anpassen

Nun wird uns der Dialog zum Anpassen des Menübands angezeigt. Mit der Checkbox wird dargestellt, ob die Registerkarte sichtbar ist oder nicht (Bild 1.2).

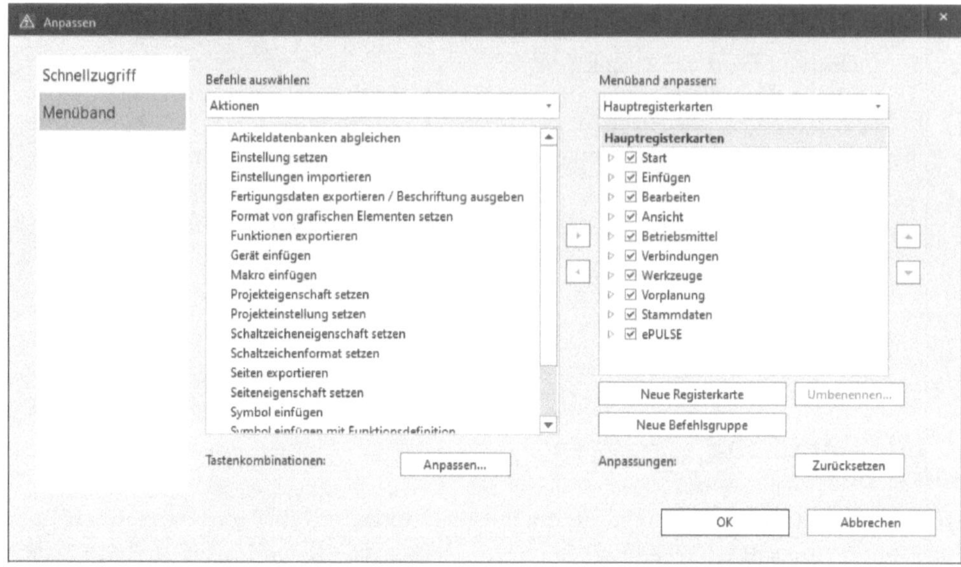

Bild 1.2 Dialog *Menüband: Anpassen*

In Bild 1.3 sehen wir die unterschiedlichen Steuerelemente, welche wir erstellen oder anpassen können:

1. Schnellzugriff: Diese Aktionen sind immer sichtbar.
2. Registerkarten: Zwischen diesen Tabs kann gewechselt werden.
3. Befehlsgruppe: Einzelne Aktionen können dadurch gruppiert werden.
4. Befehl: Der Button wird mit Anzeigename (erforderlich) und mit einem Bild (optional) angezeigt.
5. QuickInfo: Kurze Beschreibung der Aktion (optional)
6. Beschreibung: Lange Beschreibung der Aktion (optional)

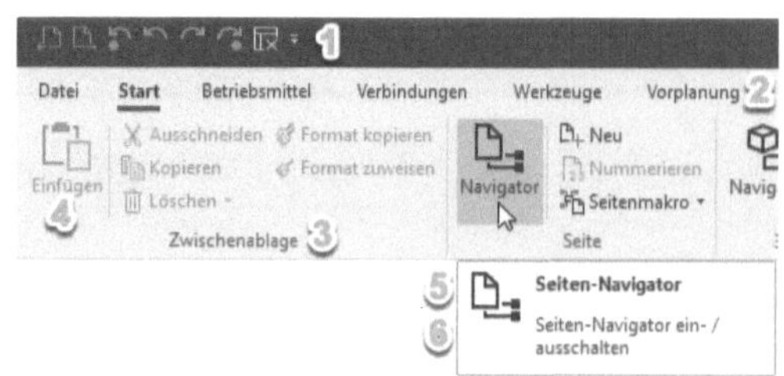

Bild 1.3 Steuerelemente im Menüband

Zusätzlich wird im Menüband das Suchfeld *„Was möchten Sie tun?“* angezeigt. In der Suche sind alle Befehle im Menüband durchsuchbar (Bild 1.4).

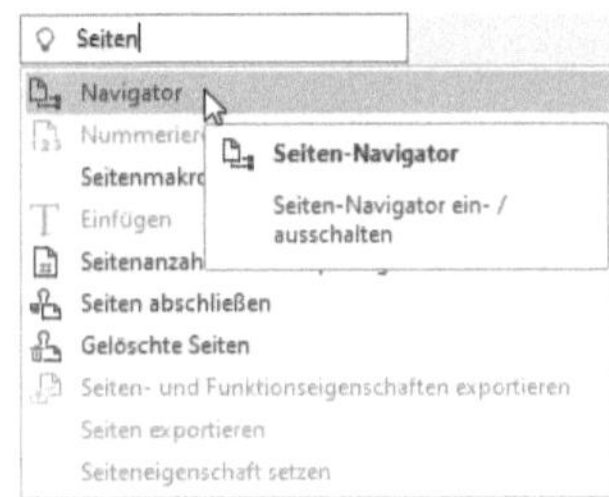

Bild 1.4
Suchfeld *„Was möchten Sie tun?“*

Wir erstellen über den Button Neue Registerkarte unsere eigene Registerkarte am Ende der bestehenden Registerkarten (Bild 1.5). Automatisch wurde auch eine Befehlsgruppe hinzugefügt, denn Befehle können nur in Befehlsgruppen eingefügt werden, nicht direkt in eine Registerkarte.

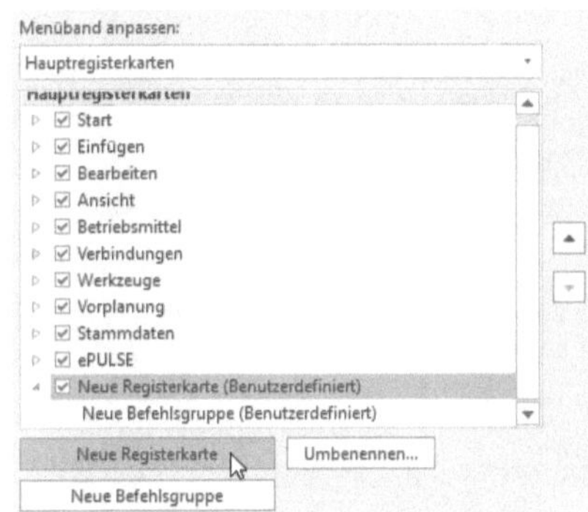

Bild 1.5
Neue Registerkarte erstellen

Über den Button Umbenennen … vergeben wir den Anzeigenamen *EEP8A* (Abkürzung des Buchtitels) für die Registerkarte. Die gleiche Aktion führen wir für die Befehlsgruppe aus und vergeben den Anzeigenamen *Scripte* (Bild 1.6).

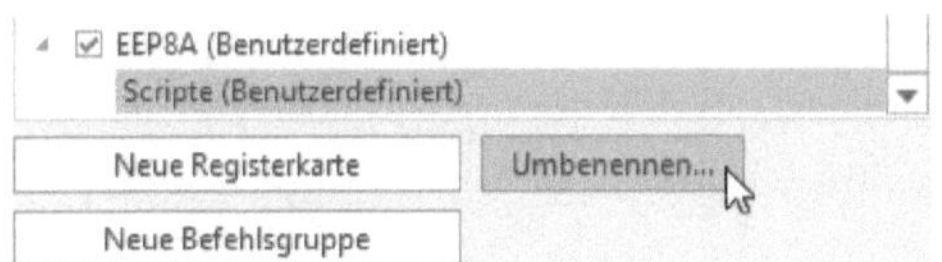

Bild 1.6
Steuerelemente Umbenennen

Alle Fensterpositionen und das Menüband werden über den sogenannten Arbeitsbereich gespeichert. Hier können wir verschiedene Schemata anlegen (Bild 1.8). Man findet die Einstellung am rechten oberen Rand des EPLAN-Fensters ARBEITSBEREICH > ARBEITSBEREICH BEARBEITEN (Bild 1.7).

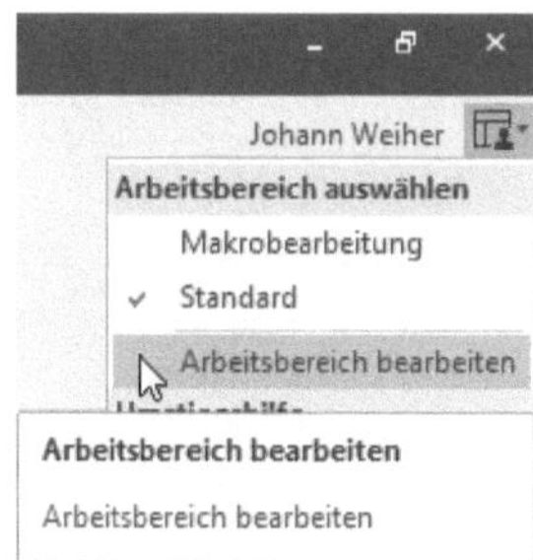

Bild 1.7
Arbeitsbereich auswählen

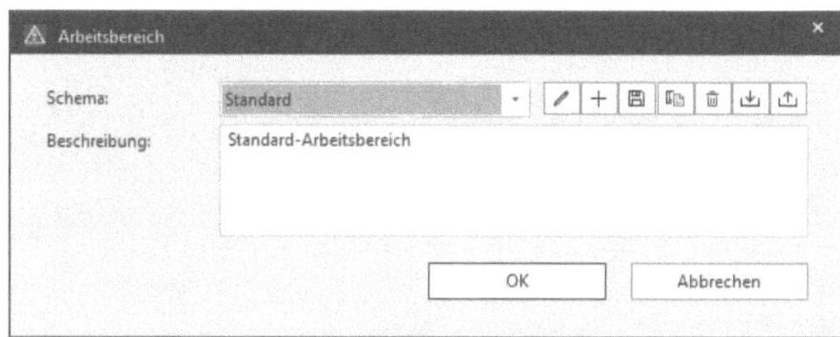

Bild 1.8
Dialog *Arbeitsbereich bearbeiten*

1.1.2 Befehle hinzufügen

Durch die verschiedenen Arbeitsbereiche können wir je nach Aufgabe das Menüband unseren Bedürfnissen anpassen.

In unserer neuen Befehlsgruppe wollen wir nun drei Befehle hinzufügen:

1. Script ausführen
2. Script laden
3. Script entladen

Diese Befehle finden wir in der Kategorie *Weitere Befehle (Datei)*. Mit dem Button HINZUFÜGEN können wir die Befehle in die Befehlsgruppe einfügen (Bild 1.9). Diese Befehle findet man über die EPLAN-Oberfläche unter DATEI > EXTRAS > SCHNITTSTELLEN.

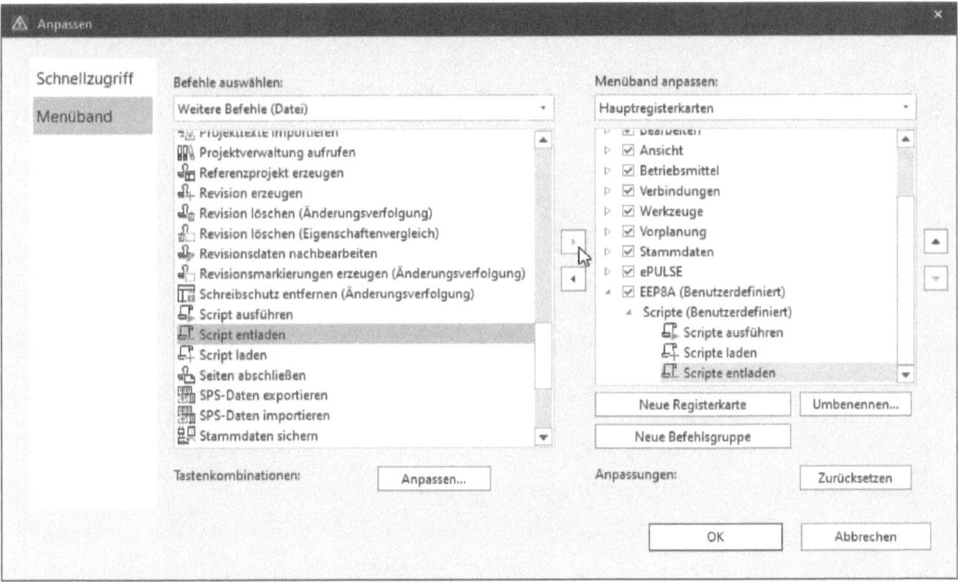

Bild 1.9 Befehle hinzufügen

HINWEIS: Befehle sind abhängig vom Lizenz- und Modulumfang. Ist man z. B. nicht im Besitz des Moduls *Revisionsverwaltung*, werden die enthaltenen Befehle nicht angezeigt.

1.1.3 Befehle mit Parametern

Nun wollen wir uns ein bisschen steigern und fügen einen weiteren Befehl hinzu – und zwar AKTIONEN > GERÄT EINFÜGEN (Bild 1.10) in der Befehlsgruppe *Test*.

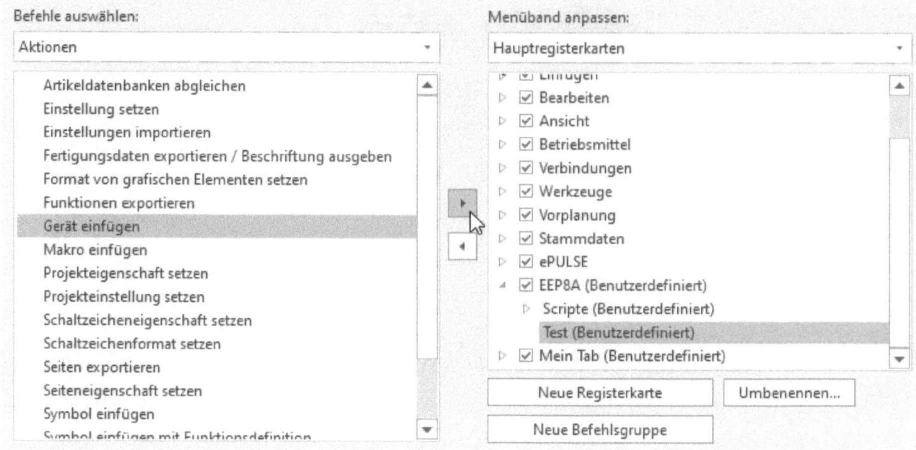

Bild 1.10 Befehl *Gerät einfügen* hinzufügen

Als Anzeigenamen vergeben wir *Motorschutzschalter einfügen*. Nun schauen wir uns das Textfeld *Befehlszeile* etwas genauer an. Auf den ersten Blick steht hier ein sehr kryptischer Text mit vielen Zeichen:

```
XDLInsertDeviceAction /PartNr:? /PartVariant:1
```

Aufgeteilt wird die Befehlszeile in zwei Bereiche:

- *Actionname:* Der Actionname steht immer am Anfang ohne Sonderzeichen.
- *Parameter:* Für eine Aktion kann es einen oder mehrere Parameter geben. Ein Parameter gibt eine Eigenschaft an, die beschreibt, wie die Action ausgeführt werden soll.

Aufbau der Befehlszeile:

```
Actionname /Parameter-1:Wert1 /Parameter-2:Wert2 /Parameter-n:Wert-n
```

HINWEIS: Es muss auf die genaue Schreibweise geachtet werden. Bei Parameterwerten mit Leerzeichen muss der Parameterwert in Anführungszeichen (" ") geschrieben werden. Auch die Leerzeichen zwischen den Parametern müssen genau eingehalten werden.

- *Action:* `XDLInsertDeviceAction`
- Hinter diesem Text verbirgt sich die Funktion, Geräte in EPLAN einzufügen.
- *Parameter-1: PartNr*

  Dieser Parameter ist für EPLAN erforderlich, da bekannt sein muss, welche Artikelnummer eingefügt werden soll.

- *Parameter-2: PartVariant*

  Der zweite optionale Parameter gibt an, in welcher Variante der Artikel eingefügt wird (standardmäßig wird dieser Wert auf „1“ gesetzt).

Wir suchen uns ein Beispielgerät, in diesem Falle einen Motorschutzschalter, aus der Artikeldatenbank aus (Bild 1.11). In der EPLAN-Beispieldatenbank finden wir die Artikelnummer *SIE.3RV2011-1EA25-0BA0*.

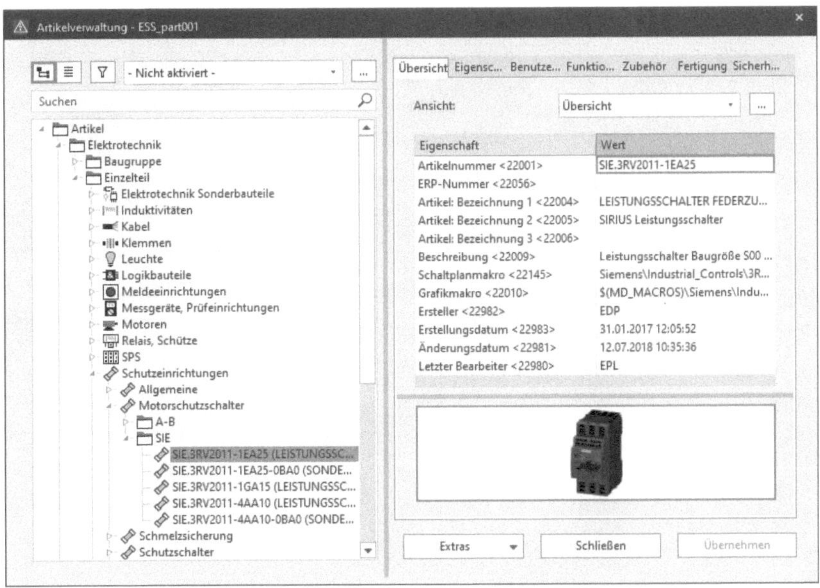

Bild 1.11 Motorschutzschalter in der Artikeldatenbank

Beim Bild wählen wir das *M* aus. Als QuickInfo hinterlegen wir *Motorschutzschalter*, und für die Beschreibung wählen wir den zulässigen Strombereich (Bild 1.12).

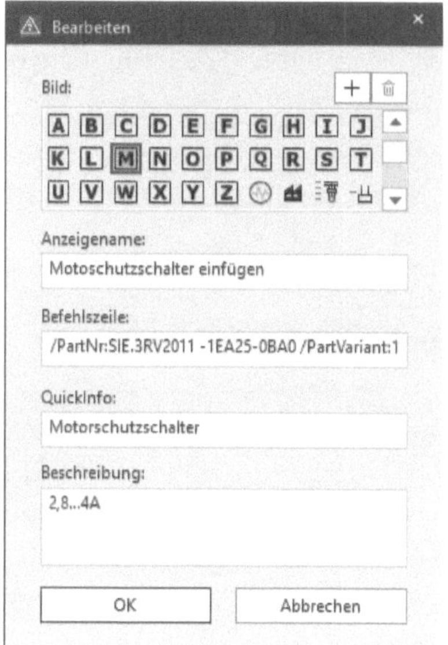

Bild 1.12
Befehl bearbeiten

Nach Betätigen des Befehls im Menüband ist unser eingestellter Motorschutzschalter im grafischen Editor am Cursor angeheftet und kann nun platziert werden (Bild 1.13).

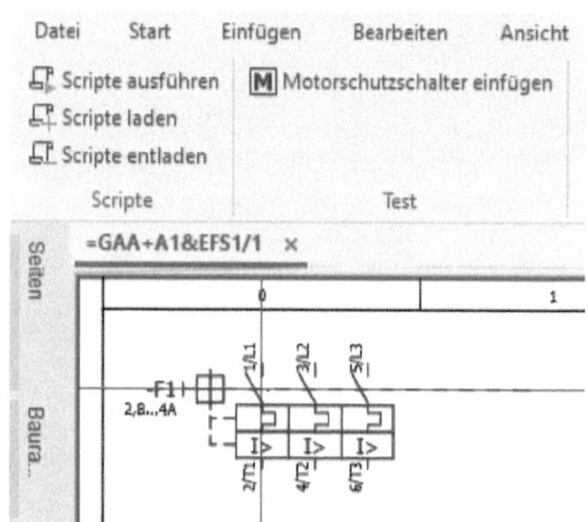

Bild 1.13
Motorschutzschalter einfügen

Wurde eine Artikelnummer angegeben, die nicht existiert, erscheint eine entsprechende Hinweismeldung (Bild 1.14).

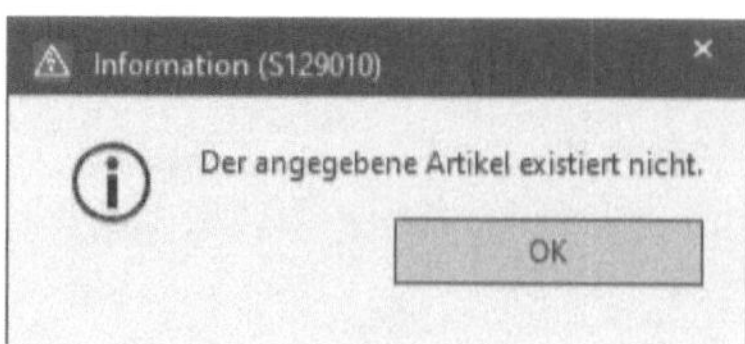

Bild 1.14
Artikelnummer nicht gefunden

1.1.4 Befehle mit externen Programmen

Es gibt auch die Möglichkeit, externe Programme in EPLAN zu integrieren. Dazu öffnen wir die Einstellung über DATEI > EXTRAS > SCHNITTSTELLEN > EXTERNE PROGRAMME (Bild 1.15).

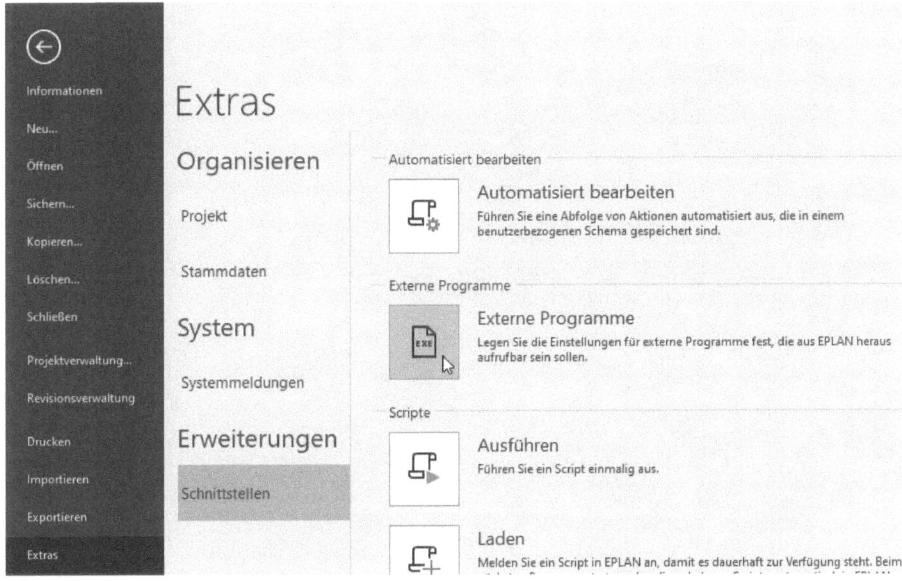

Bild 1.15 Externe Programme

Im Dialog fügen wir nun ein neues Programm hinzu. Daraufhin werden mehrere Textfelder freigeschaltet (Bild 1.16). Als Erstes vergeben wir einen Namen für das Programm. Wir möchten die Zeichentabelle von Windows fest in EPLAN einbinden. Dies erweist sich als praktisch, wenn wir Sonderzeichen in den Schaltplan einfügen wollen. Zunächst ersetzen wir *(Neuer Befehl)* durch *Zeichentabelle*. Im darauffolgenden Textfeld *Befehl* hinterlegen wir das Programm (der Name *Befehl* ist hier unglücklich gewählt, da es sich in den meisten Fällen um ein Programm handelt).

Im Feld *Argumente* könnten wir Parameter des Programms festlegen, welche wir aber für die Zeichentabelle nicht benötigen. Manche Programme müssen in einem anderen Ordner ausgeführt werden, dies ist aber selten der Fall. Deswegen lassen wir das Feld *Startverzeichnis* auch frei.

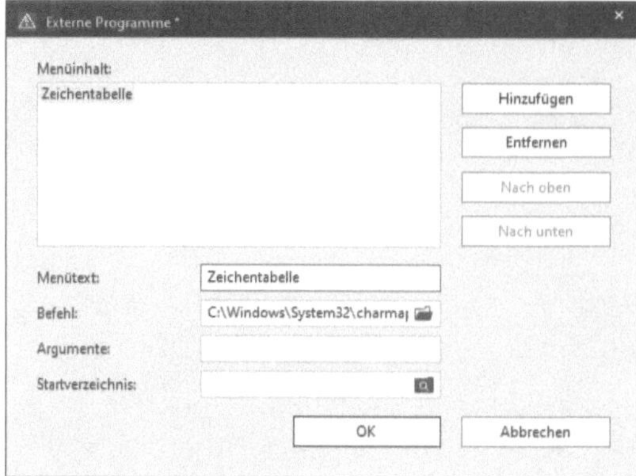

Bild 1.16 Externe Programme

Über das *Ordner*-Symbol im Feld *Befehl* öffnet sich ein Dialog zum Auswählen der Datei. Hier wählen wir die Datei *charmap.exe* unter *C:\Windows\System32* aus (Bild 1.17).

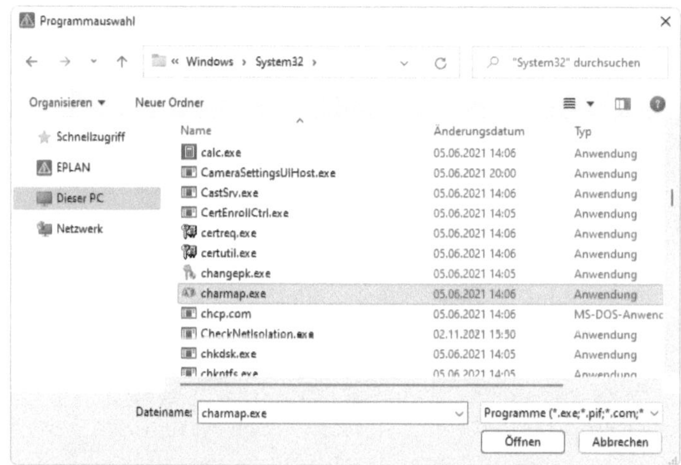

Bild 1.17 Zeichentabelle Programm auswählen

EPLAN erstellt uns eine neue Registerkarte *Erweiterungen* im Menüband. Da wir die Zeichentabelle in der Registerkarte *EEP8A* anzeigen wollen, blenden wir die Registerkarte *Erweiterungen* aus. Der Befehl ist unter HAUPTREGISTERKARTEN > ERWEITERUNGEN > EXTERNE PROGRAMME zu finden. Diesen fügen wir, wie in Bild 1.18 zu sehen, in die neue Befehlsgruppe *Externe Programme* ein.

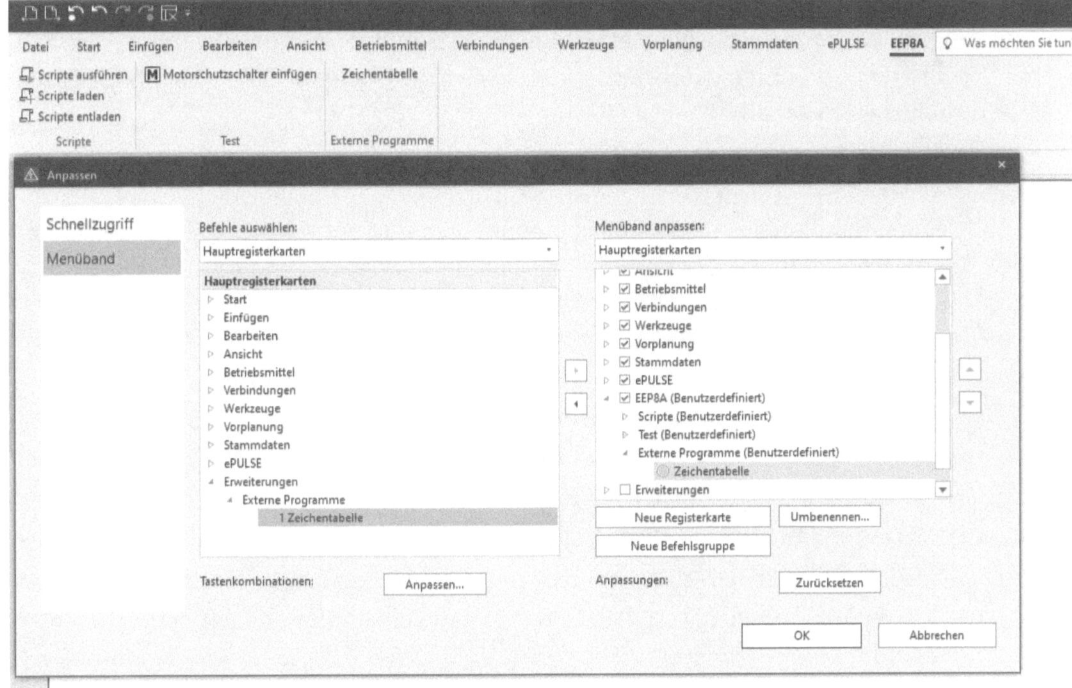

Bild 1.18 Registerkarte Externe Programme

■ 1.2 Einführung in die Programmierung

Wie schon erwähnt, wurden einige Teile in EPLAN in der .NET-Plattform programmiert. Das lässt vermuten, dass dies auch die verwendete Programmiersprache sei. Das ist aber nicht richtig, da der Kern der EPLAN-Applikationen in der Sprache C++ entwickelt wurde.

Die Verwendung unterschiedlicher Programmiersprachen in einer Software könnte man mit der deutschen Sprache vergleichen. In Deutschland und Österreich wird die gleiche Sprache gesprochen, dennoch werden in den beiden Ländern teilweise unterschiedliche Worte für den gleichen Begriff verwendet.

- Sprache:
  - Deutschland → Pfannkuchen
  - Österreich → Palatschinken
- Programmcode:
  - C# → `System.Console.WriteLine("Pfannkuchen");`
  - C++ → `std::cout << "Pfannkuchen" << std::endl;`

Beide Sprachen sind in der Software-Plattform Microsoft.NET enthalten. Wenn diese Codezeilen nun übersetzt (d.h. in Maschinencode umgewandelt) werden, führt der Computer das Gleiche aus. Es wird in beiden Fällen das Wort *Pfannkuchen* ausgegeben.

Was ist .NET?

Um den Rahmen des Buches nicht zu sprengen und die Komplexität gering zu halten, werden nur die Grundlagen, die für die Programmierung von Scripten relevant sind, erklärt. Mit .NET hat Microsoft eine Software-Plattform ins Leben gerufen, die Entwicklern das Programmieren erleichtert. Zu den wichtigsten Merkmalen und Vorteilen von .NET gehören folgende:

- Laufzeitumgebung: Wenn wir bei unserem Beispiel mit der deutschen Sprache bleiben, dann bezeichnet die Laufzeitumgebung alle Länder, in denen deutsch gesprochen wird.
- Klassenbibliotheken: Diese enthalten fertige Funktionen, die man nicht selbst programmieren muss.
- Dienstprogramme: Damit sind Programme gemeint, mit denen man „sprechen" kann.
- Objektorientiertes Programmieren
- Unterstützung mehrerer Programmiersprachen:
  - C#
  - VB.NET
  - C++
  - F#

Allgemeines zu C#

Da in den Beispielen C# Verwendung findet, wird auf diese Sprache näher eingegangen und ihre Entstehung ein wenig erläutert. Fangen wir beim Namen an: C# spricht man „c sharp" [siːˈʃɑːp] aus. Sharp wird vom Kreuz in der Musik abgeleitet (ein Kreuz ♯ steht für eine um einen Halbton erhöhte Note). Da das Doppelkreuz auf dem Standardtastatur-Layout zu finden ist, wird dieses beim Schreiben des Namens verwendet. C# wurde 2001 von Microsoft veröffentlicht bzw. freigegeben. Somit ist es eine noch nicht so alte Sprache (im Vergleich: C wurde 1972 ins Leben gerufen). Microsoft hat sich bei C# vieles von anderen Sprachen abgeschaut bzw. das Beste herausgesucht.

Es gibt Parallelen zu folgenden Programmiersprachen:

- C
- C++

- Delphi
- Java
- Visual Basic

C# zählt zu den objektorientierten Programmiersprachen und wurde 2003 auch genormt (ISO/IEC 23270). C# ist ab Version 5 plattformunabhängig, das heißt, ein Programm kann z. B. auch unter Linux und macOS ausgeführt werden.

1.2.1 Was ist eine Entwicklungsumgebung?

Da man beim Programmieren auf vieles, wie z. B. Syntax, Programmfluss etc., achten muss, gibt es Entwicklungsumgebungen, welche Programmierer:innen beim Schreiben des Codes unterstützen.

HINWEIS: Die *Syntax* ist die Schreibweise des Codes. Jede Programmiersprache hat hier einen eigenen Sprachgebrauch/eine eigene Gliederung. Die Syntax entspricht dem Vokabular und der Grammatik einer gesprochenen Sprache.

Ein *Compiler* ist ein Programm, welches den Programmcode der jeweiligen Sprache in Maschinencode umwandelt. Das Umwandeln nennt man „Kompilieren".

Der *Bytecode* ist ein Zwischencode von Betriebssystem zu Prozessor.

Um ein Programm auszuführen, muss der Programmcode erst „aufbereitet" werden. Die Entwicklungsumgebung Visual Studio stellt dafür einen sogenannten Compiler bereit. Dieser besteht in der .NET-Umgebung aus zwei Teilen. Zuerst wandelt der Compiler den Programmcode in eine Universalsprache um. Alle Sprachen von .NET werden in die gleiche Sprache übersetzt. Danach wandelt der Compiler den Code in Bytecode um. Diesen kann das Betriebssystem dem Prozessor bereitstellen, um das Programm auszuführen (Bild 1.19).

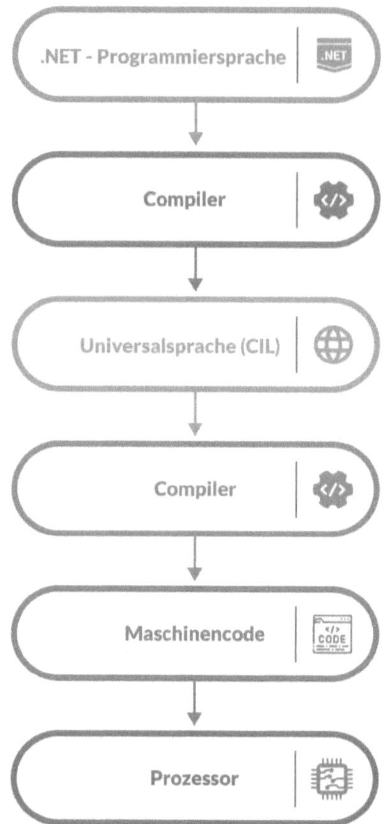

Bild 1.19
Ablaufdiagramm der .NET-Umgebung

Eine Entwicklungsumgebung kann Programmierer:innen auch dabei unterstützen, grafische Oberflächen zu erzeugen. In der Anfangszeit von grafischen Betriebssystemen musste man diese im Programmcode hinterlegen, was sehr schwierig war, da man alle Koordinaten berechnen musste. Etwas so Triviales wie das Maximieren oder das Verändern der Größe eines Fensters bedeutete einen enormen Aufwand in der Programmierung. Diese Menge an Code wird in einer Entwicklungsumgebung automatisch generiert, wenn man ein Formular mit nur einem Textfeld erstellt (Bild 1.20).

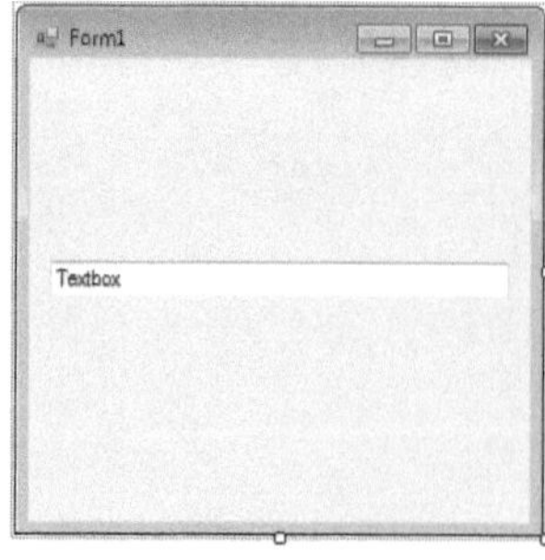

Bild 1.20
Formular mit Textbox

```
this.textBox1 = new System.Windows.Forms.TextBox();
this.SuspendLayout();
//
// textBox1
//
this.textBox1.Location = new System.Drawing.Point(12, 115);
this.textBox1.Name = "textBox1";
this.textBox1.Size = new System.Drawing.Size(260, 20);
this.textBox1.TabIndex = 0;
this.textBox1.Text = "Textbox";
//
// Form1
//
this.AutoScaleDimensions = new System.Drawing.SizeF(6F, 13F);
this.AutoScaleMode = System.Windows.Forms.AutoScaleMode.Font;
this.ClientSize = new System.Drawing.Size(284, 262);
this.Controls.Add(this.textBox1);
this.Name = "Form1";
this.Text = "Form1";
this.ResumeLayout(false);
this.PerformLayout();
```

Microsoft Visual Studio (Stand: Version 2022) gibt es in verschiedenen Versionen:

- Visual Studio Community
- Visual Studio Professional
- Visual Studio Enterprise

Für das Scripting ist die kostenlose Community Edition vollkommen ausreichend. Hier muss auf die Lizenzenzbestimmungen geachtet werden. Der Download-Link ist in Abschnitt 5.1, „Daten zum Buch“, zu finden.

1.2.2 Projekt in Visual Studio erstellen

Wir installieren das Programm Visual Studio. Für die Entwicklung von Scripten muss der Workload *.NET-Desktopentwicklung* aktiviert sein. Diese Komponente kann auch nachträglich über das Programm *Visual Studio Installer* installiert werden. Nun starten wir die Applikation und erstellen ein neues Projekt. Hierfür gibt es mehrere Wege:

- über NEUES PROJEKT ... auf dem Startbildschirm (Bild 1.21)
- über DATEI > NEU > PROJEKT ... (Bild 1.22), falls Visual Studio bereits geöffnet ist

Bild 1.21
Neues Projekt

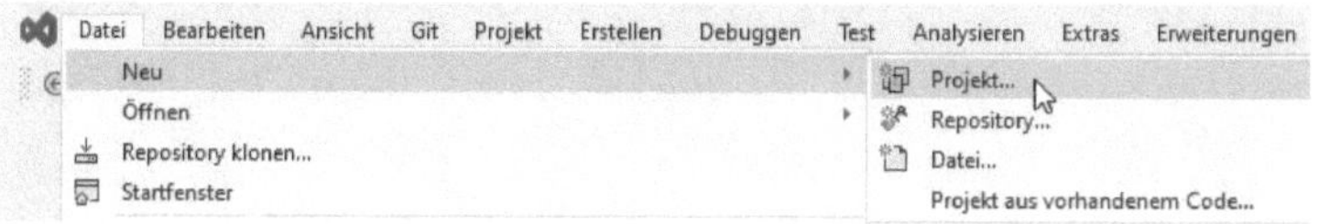

Bild 1.22 Neues Projekt erstellen

Je nachdem, in welcher Version Visual Studio installiert wurde bzw. mit welchem Funktionsumfang, sind mehrere Projektvorlagen verfügbar. Wir wählen als Sprache *C#*, als Plattform *Windows* und als Projekttyp *Bibliothek* aus. Nun wählen wir *Klassenbibliothek (.NET Framework)* und klicken auf WEITER (Bild 1.23).

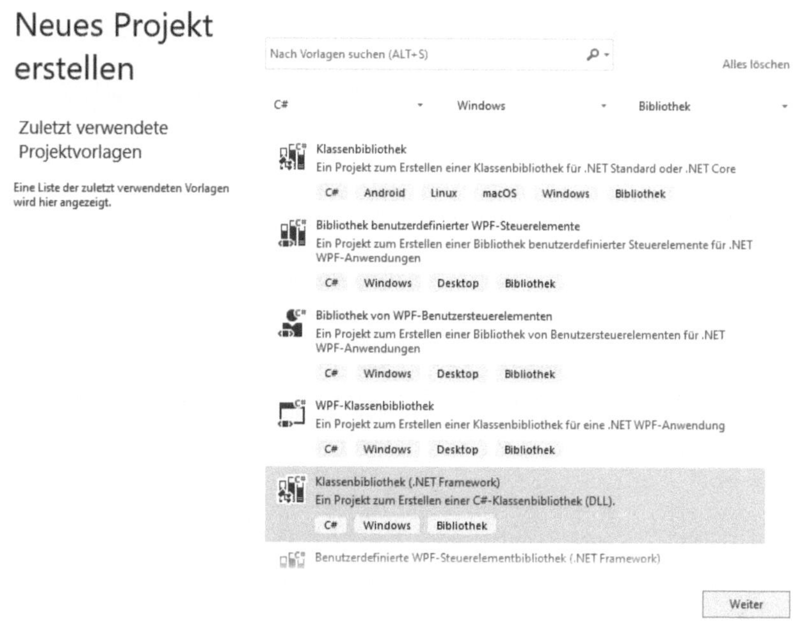

Bild 1.23 Neues Projekt erstellen

Wir vergeben als Projektnamen und Namen der Projektmappe *EPLAN Scripting Project* und definieren einen gewünschten Speicherort. Die Option *Platzieren Sie die Projektmappe und das Projekt im selben Verzeichnis* lassen wir deaktiviert, und als Zielframework wählen wir das für EPLAN 2022 gültige *.NET Framework 4.7.2*.

Mit Betätigung des Buttons ERSTELLEN werden die Dateien erzeugt und das Projekt geöffnet. Nun sehen wir schon die ersten Codezeilen. Für uns ist es jedoch wichtig, zunächst alle EPLAN-relevanten Daten zu laden. Dazu blenden wir über ANSICHT > PROJEKTMAPPEN-EXPLORER den Projektmappen-Explorer, falls dieser nicht sichtbar ist, ein (Bild 1.24).

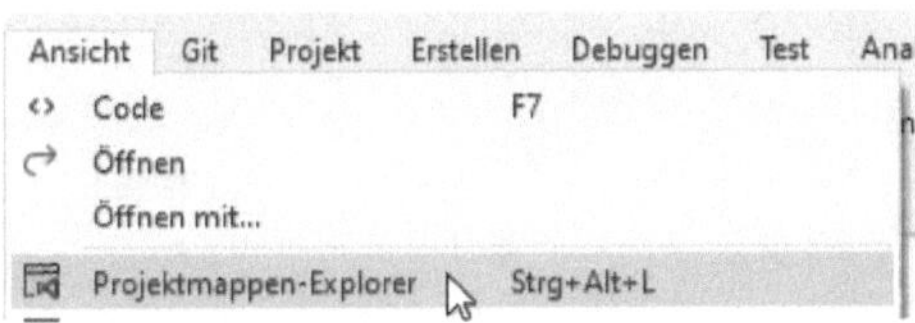

Bild 1.24
Projektmappen-Explorer einblenden

Der Aufbau des Projektmappen-Explorers sieht folgendermaßen aus (siehe auch Bild 1.25):

- Name der Visual Studio-Projektmappe (kann aus mehreren Projekten bestehen)
  - Name des Projekts
    - Properties (Eigenschaften)
    - Verweise (Verknüpfungen)
    - Programmdateien (hier können wir auch Ordner anlegen)

Bild 1.25
Projektmappen-Explorer

Die Navigatoren in Visual Studio können wir an die Seitenränder minimieren. Mit der Stecknadel wird symbolisiert, ob der Navigator nach dem Verlassen der Maus automatisch minimiert wird oder nicht (Bild 1.26).

Bild 1.26
Fenster-Steuerelemente

Um EPLAN-Funktionalitäten im Programmcode nutzen zu können, müssen wir einige Dateien laden. Dazu führen wir einen Rechtsklick auf VERWEISE aus und wählen VERWEIS HINZUFÜGEN (Bild 1.27).

Bild 1.27
Verweis hinzufügen

Wir wechseln nun in den Tab *Durchsuchen* und wählen über den gleichnamigen Button den EPLAN-Installationsordner (z. B. *C:\Program Files\EPLAN\Platform\2022.0.3\Bin*) aus. Hier markieren wir folgende Dateien (Bild 1.28):

- *Eplan.EplApi.AFu*
- *Eplan.EplApi.Baseu*
- *Eplan.EplApi.Guiu*
- *Eplan.EplApi.MasterDatau*

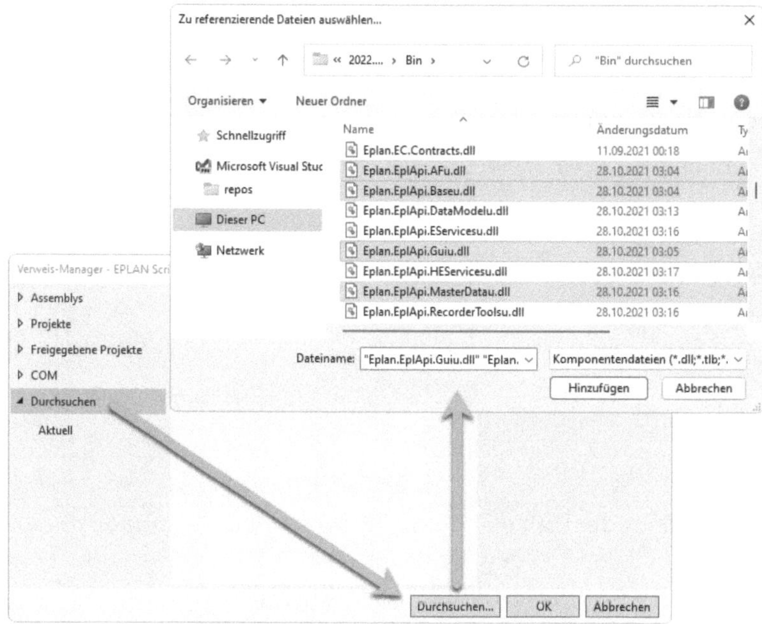

Bild 1.28 EPLAN-Verweise hinzufügen

Zusätzlich zu den EPLAN DLL-Dateien sind noch folgende Assemblys aus dem Framework im Scripting erlaubt:

- System
- System.Drawing
- System.Windows.Forms
- System.XML

Wir fügen die Verweise über den Tab *Assemblys* hinzu (Bild 1.29).

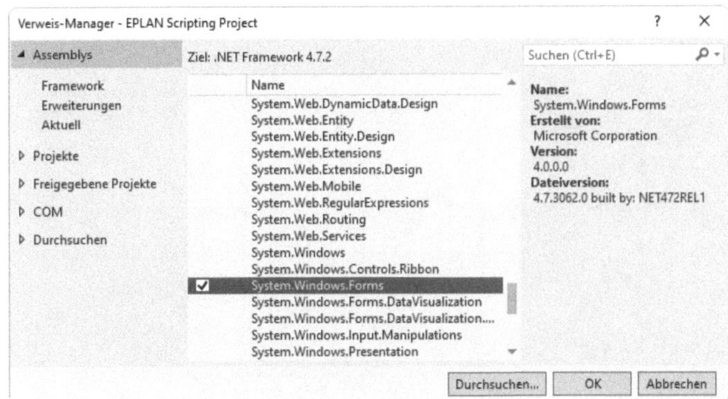

Bild 1.29 Windows-Forms-Verweis hinzufügen

Nicht erlaubte Verweise entfernen wir über das Kontextmenü. Nun sollten die in Bild 1.30 dargestellten *Verweise* sichtbar sein.

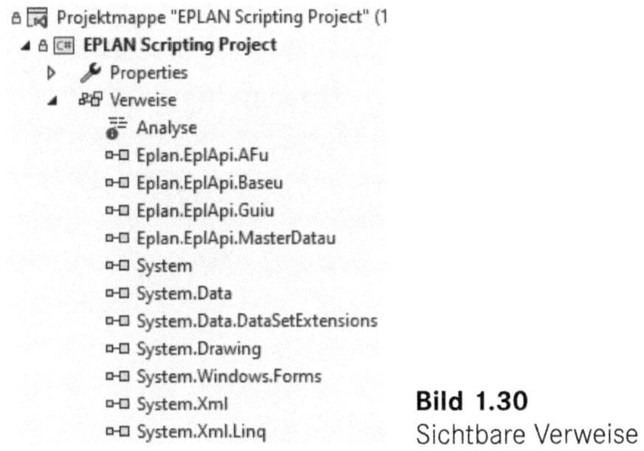

Bild 1.30
Sichtbare Verweise

Nun kommen wir zur eigentlichen Programmdatei C# *Class1.cs*. Diese benennen wir in C# *01_Start.cs* um. Die Endung **.cs* steht für C#. Zur besseren Übersicht gliedern wir die Scriptdateien in Ordner. Mit einem Rechtsklick auf PROJEKT > HINZUFÜGEN > NEUER ORDNER erstellen wir den Ordner *01_Erste_Schritte* (Bild 1.31 und Bild 1.32).

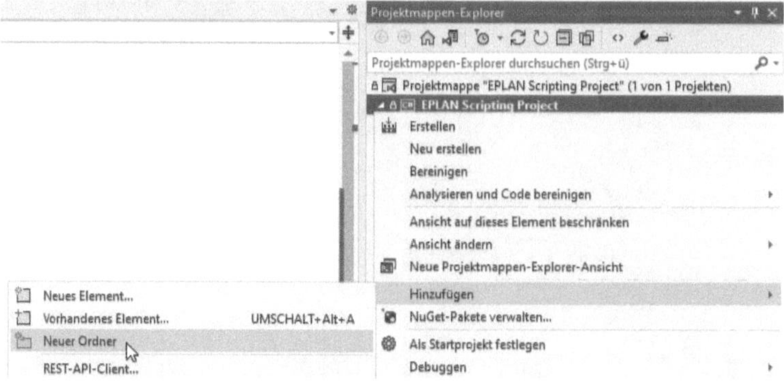

Bild 1.31 Neuen Ordner erstellen

Bild 1.32
Ordner hinzufügen

Mit DATEI > ALLES SPEICHERN speichern wir die Projektmappe ab (Bild 1.33).

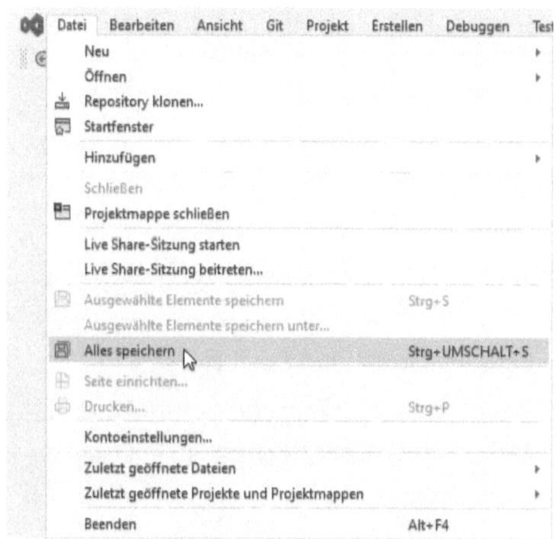

Bild 1.33
Alle Projektdateien speichern

2 Scriptfunktionen

2.1 Attribute

Ein Script kann, wie wir schon in Kapitel 1 erfahren haben, verschiedenste Funktionen ausführen. Darum müssen wir im Programmcode hinterlegen, welche Funktion das Script bereitstellt. Es können auch mehrere Actions in einem Script vorhanden sein. So kann man z. B. eine Beschriftung automatisch erzeugen lassen. Außerdem kann für diese Action ein eigener Befehl im Menüband erzeugt werden. Dies ist alles innerhalb einer Datei möglich. In diesem Fall macht das auch Sinn, da der Befehl nicht ohne die dazugehörige Action ausgeführt werden kann. Es macht aber keinen Sinn, alle Actions in eine Datei zu packen, da es so schnell unübersichtlich wird.

Für unser erstes Beispiel verwenden wir das Attribut `[Start]`. Das ist der schnellste Weg, mehrere Scripte zu testen. Oftmals stellt sich die Frage, wann ein Script geladen und was ausgeführt werden muss. Über die Attribute können wir dies schnell und einfach herausfinden. Dies ist eine Auflistung der Attribute fürs Ausführen und Laden (Bild 2.1):

- Ausführen:
  - `[Start]`
- Laden:
  - `[DeclareAction]`
  - `[DeclareEventHandler]`
  - `[DeclareMenu]`
  - `[DeclareRegister]`
  - `[DeclareUnregister]`

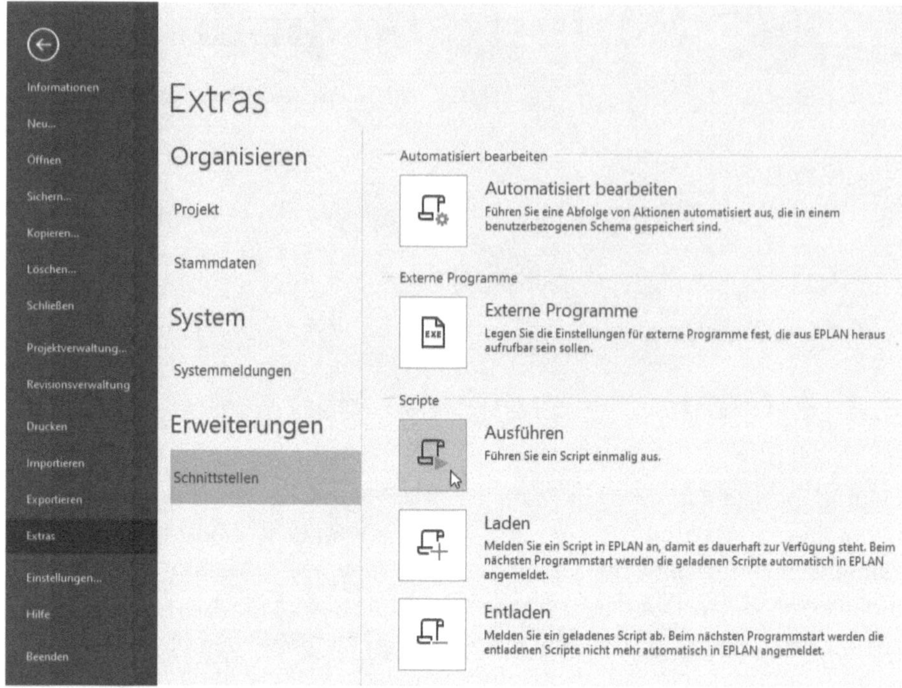

Bild 2.1 Scripte ausführen/laden/entladen

2.1.1 Start

Das Attribut `[Start]` wird meistens verwendet, wenn man ein Script nur einmal oder eher selten benötigt. Wir müssen bei jedem Starten der Action über die Backstage-Ansicht gehen, um das Script auszuführen. Alternativ verwenden wir die erstellten Befehle in unserer Registerkarte. In der Entwicklungsumgebung wechseln wir ins Codefenster und betrachten die ersten Zeilen. Wir führen hierfür einen Doppelklick auf die Datei C# *01_Start.cs* aus.

```
using System;
using System.Collections.Generic;
using System.Linq;
using System.Text;
using System.Threading.Tasks;
```

Mit dem Befehl `using` wird beschrieben, welche Verweise verwendet werden sollen. In einer sogenannten Using-Direktive werden bestimmte Programmbefehle gespeichert und können, sofern sie geladen sind, abgerufen werden. Für das erste Script sind folgende Verweise erforderlich:

- *System.Windows.Forms*
- *Eplan.EplApi.Scripting*

Es werden nicht immer alle Verweise benötigt. Dennoch ist es ratsam, eine Vorlage zu erstellen, die alle für uns wichtigen Using-Direktiven enthält. Später können wir die nicht benötigten Elemente entfernen. Folgende EPLAN-Namespaces werden im Scripting häufig verwendet:

- *Eplan.EplApi.ApplicationFramework*
- *Eplan.EplApi.Base*
- *Eplan.EplApi.MasterData*
- *Eplan.EplApi.Scripting*

Beim Tippen des Codes erscheint ein kleiner Dialog mit verschiedenen Begriffen (Bild 2.2). Diesen Dialog nennt man *IntelliSense*. Es ist eine Möglichkeit zur Wortvervollständigung einzelner Begriffe in der Programmierung. Das von Microsoft entwickelte Hilfsmittel ist in fast allen Entwicklungsumgebungen für sämtliche Programmiersprachen vorhanden. Wenn man einen Begriff eingibt, werden übereinstimmende Ergebnisse angezeigt. Wir können nun mit den Pfeiltasten auf der Tastatur den gewünschten Begriff auswählen. Um das Getippte zu vervollständigen, drücken wir auf die **Tab**-Taste. Ist *IntelliSense* nicht sichtbar, kann der Dialog mit dem Tastatur-Shortcut **Strg** + **Leertaste** wieder eingeblendet werden.

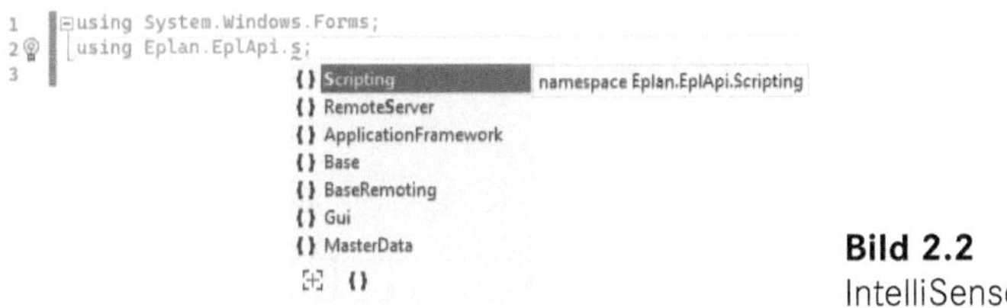

Bild 2.2
IntelliSense

Eine Code-Folge wird in C# immer mit einem Semikolon (`;`) beendet. Wer schon einmal in Visual Basic programmiert hat, weiß, dass es dort der Zeilenumbruch ist. In C# können wir beliebig viele Zeilenumbrüche im Code einfügen.

Den Aufbau eines Programmcodes in C# kann man sich vorstellen wie eine Zwiebel (Bild 2.3). Es gibt verschiedene Schichten, die mit geschweiften Klammern eingegrenzt werden. Der Aufbau ist allerdings nicht so kompliziert, dass die Zwiebel uns zum Weinen bringen wird.

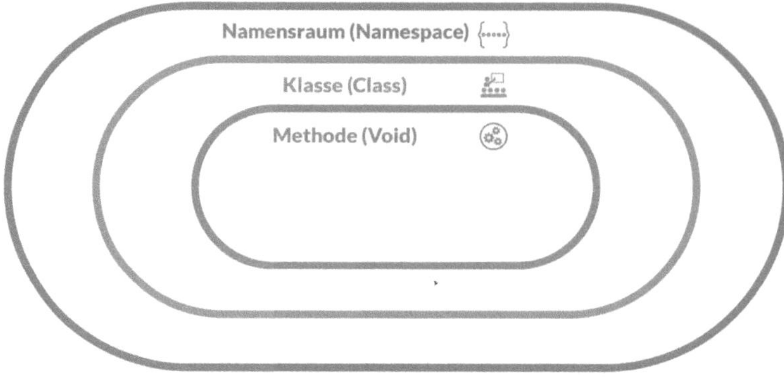

Bild 2.3 Aufbau des Programmcodes in C#

Die „äußere Schale“ ist der Namespace:

```
namespace Namespace
{
}
```

Die „mittlere Schale“ ist die Klasse (Class):

```
class Class
{
}
```

Bei der Funktion, welche ausgeführt wird, spricht man von einer Methode. Methoden werden mit `void` gekennzeichnet. Wir ergänzen den Programmcode um folgende Zeilen:

```
void Function()
{
}
```

In der Funktion steht nun der eigentliche Programmcode (*Was soll EPLAN tun?*). Wir lassen eine MessageBox anzeigen, um festzustellen, ob unser Script ausgeführt wurde. Dies ist der Aufbau des Befehls in kurzen Worten:

- Was soll gemacht werden? → `MessageBox`
- Was soll damit angestellt werden? → `Show` (anzeigen)
- Was soll angezeigt werden? → *Ich kann scripten!*

Die einzelnen Klassen und Methoden werden durch einen Punkt getrennt. Wir stellen uns hierzu eine Treppe vor. Auf jeder Ebene befinden sich andere Räume mit unterschiedlichen Funktionen. Zu Beginn findet man oft nicht sofort die gewünschte Funktion, aber mit der Zeit versteht man die Struktur des .NET Frameworks.

Beispielaufbau eines Methodenaufrufs:

```
Ebene0.Ebene1.Ebene2.Methode();
```

Nehmen wir als Beispiel eine Aktivität an einem Ort, müsste dies wie folgt angegeben werden:

```
München.Theresienwiese.Oktoberfest.Achterbahnfahren();
```

Text steht im Programmcode immer in Hochkommata (`"Anführungszeichen"`):

```
München.Bahnhof.Schaffner.Ruft("Alles einsteigen!");
```

Kommentare können mit zwei Schrägstrichen eingefügt werden:

```
// Ich bin ein Kommentar
```

Dadurch weiß das Programm, dass es sich um einen Kommentar handelt, der nicht abgearbeitet werden muss.

In Visual Studio gibt es fertige Buttons für das Einfügen von Kommentaren. Ist diese Toolbar nicht sichtbar, können wir diese, wie in Bild 2.4 dargestellt, einblenden. Es wird dann die komplette Zeile, welche gerade aktiv ist, ein- bzw. auskommentiert.

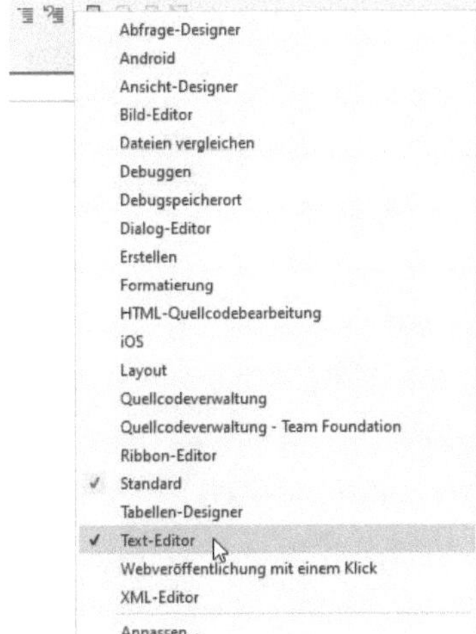

Bild 2.4
Toolbar *Text-Editor* einblenden

Um eine MessageBox anzuzeigen, ist folgender Code notwendig:

```
MessageBox.Show("Ich kann scripten!"); // Kommentar
```

Eine Funktion wird mit `return` (zurückkehren) abgeschlossen. Am Ende der Methode ist das nicht zwingend notwendig.

```
return;
```

Nicht verwendete Verweise sollten wir entfernen, um das Script übersichtlicher zu machen. Durch einen rechten Mausklick und das Ausführen der Funktion Unnötige Using-Direktiven entfernen und sortieren in Visual Studio geschieht dies automatisch (Bild 2.5).

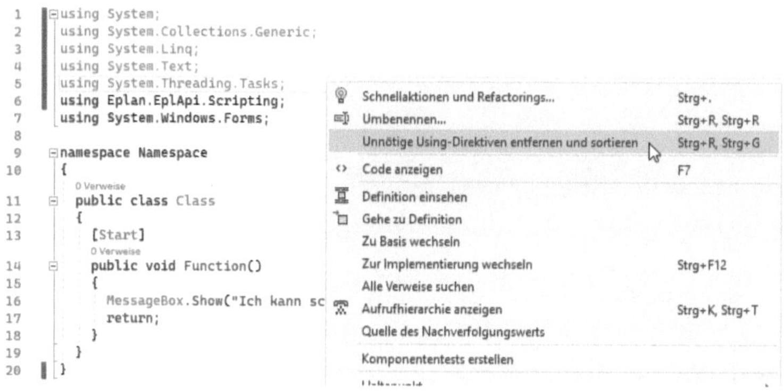

Bild 2.5 Using-Direktiven organisieren

Nun setzen wir unsere „Schalen" zusammen. Das komplette Beispiel ist immer am Ende einer Lektion zu finden:

```
using Eplan.EplApi.Scripting;
using System.Windows.Forms;

namespace Namespace
{
  public class Class
  {
    [Start]
    public void Function()
    {
      MessageBox.Show("Ich kann scripten!"); // Kommentar
      return;
    }
  }
}
```

Wir wechseln nun in die EPLAN-Software und testen das Script über Script ausführen in unserer Registerkarte. Im darauffolgenden Dialog wählen wir das Script aus. Die Scriptdatei befindet sich im Ordner des Visual Studio-Projekts (Bild 2.6).

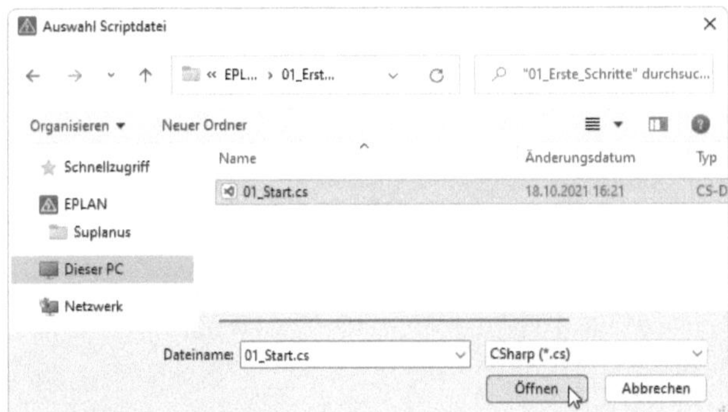

Bild 2.6
Script ausführen

Wurde der Programmcode fehlerfrei ausgeführt, sieht man den in Bild 2.7 dargestellten Dialog.

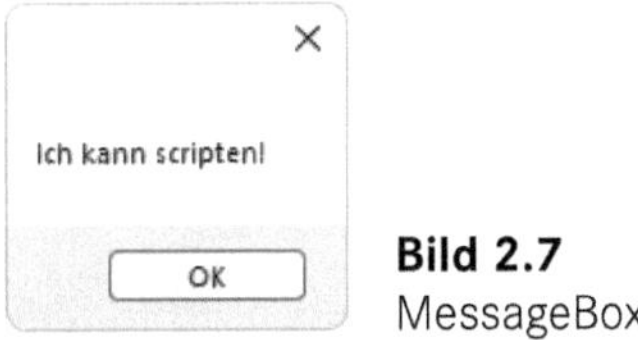

Bild 2.7
MessageBox

Beim Schreiben des Programmcodes können mehrere Fehler passieren. Wir kommentieren testweise die Initialisierung der Using-Direktiven aus:

```
//using System.Windows.Forms;
//using Eplan.EplApi.Scripting;
```

Vielleicht ist dir beim Auskommentieren der Using-Anweisungen schon aufgefallen, dass im Fehlerfenster von Visual Studio einige Fehler hinzugekommen sind. Dies resultiert aus der Tatsache, dass die Entwicklungsumgebung die Ausdrücke aufgrund fehlender Verweise nicht finden kann. Diese Fehlerliste ist ähnlich wie die Meldungsverwaltung von EPLAN aufgebaut (Bild 2.8). Hier wird ebenfalls unterschieden zwischen:

- Fehlern
- Warnungen
- Mitteilungen

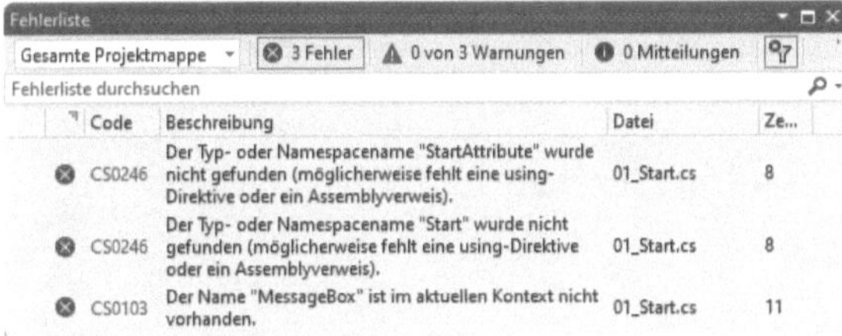

Bild 2.8
Fehlerliste

Ist das Fenster aus Bild 2.8 nicht sichtbar, können wir es über ANSICHT > FEHLERLISTE einblenden (Bild 2.9).

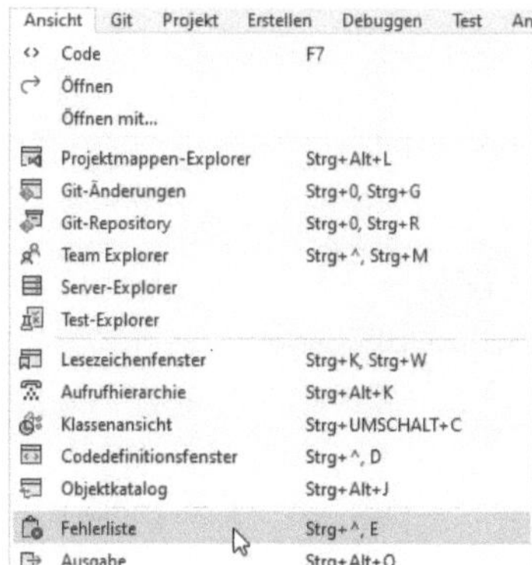

Bild 2.9
Fehlerliste einblenden

Wenn wir nun das Script ausführen, müsste es eigentlich auch in EPLAN zu einem Fehler kommen. Im Falle von den fehlenden Using-Direktiven ist dies aber nicht immer der Fall, da diese bereits in EPLAN geladen sein können.

Um eventuell auftretende Fehler schnell zu finden, können wir über die *Optionen* in Visual Studio auch die Zeilennummern einblenden, falls diese noch nicht sichtbar sind (Bild 2.10 und Bild 2.11).

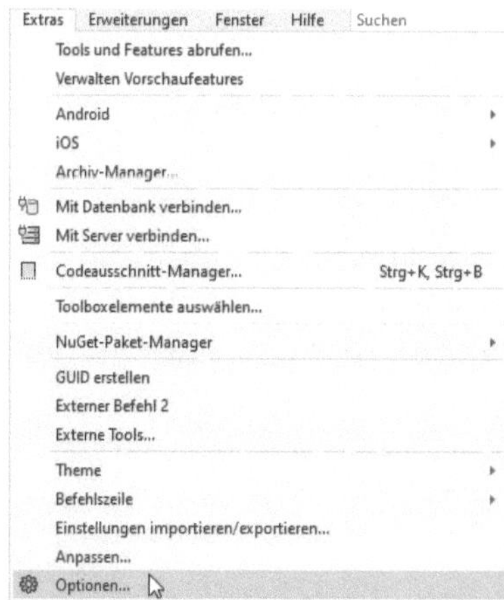

Bild 2.10
Optionen in Visual Studio

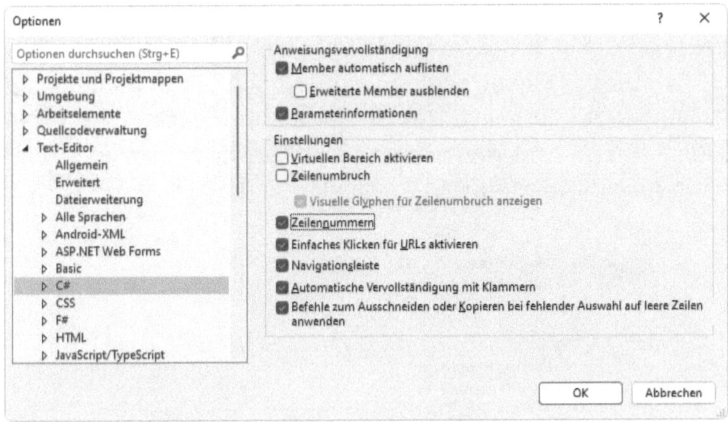

Bild 2.11 Anzeigen der Zeilennummern aktivieren

Nun wollen wir einen weiteren Fehler provozieren: Gerade am Anfang vergisst man öfter mal, den Code mit einem Semikolon abzuschließen. Wenn die Fehlerliste eingeblendet ist, können wir dies schon vor dem Ausführen in EPLAN sehen. Im Code-Fenster wird die Stelle rot unterstrichen (Bild 2.12).

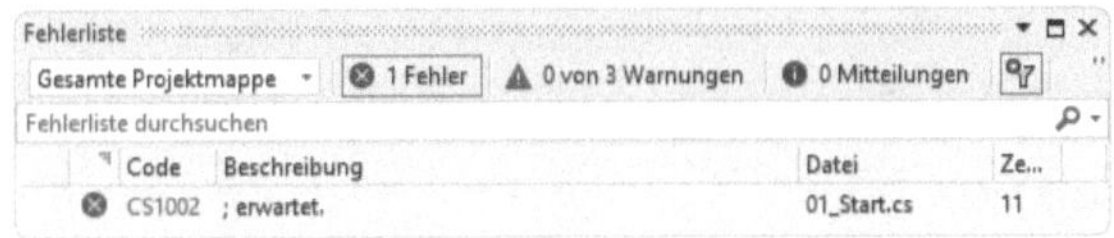

Bild 2.12
Visual Studio: Semikolon erwartet

Auch EPLAN überprüft den Code, bevor dieser geladen oder ausgeführt wird (Bild 2.13).

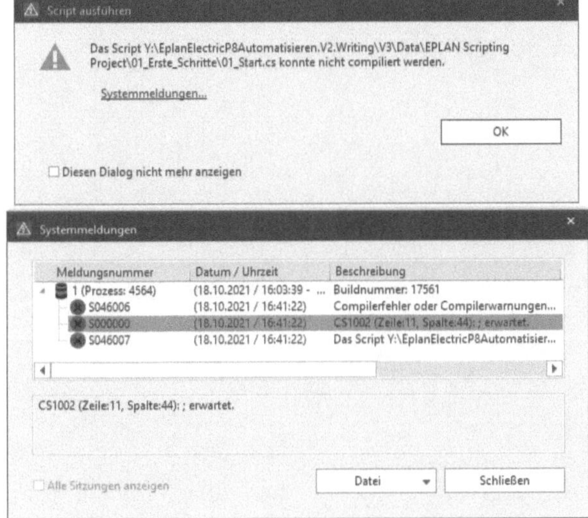

Bild 2.13
EPLAN: Semikolon erwartet

Ein weiterer möglicher Fehler könnte sein, wenn man auf Dateiebene den Dateinamen eines Scripts ändert oder das Script löscht. Dann weiß EPLAN davon nichts. Darum bekommen wir in diesem Fall auch einen Fehler in den Systemmeldungen angezeigt (Bild 2.14). Bei jedem Start von EPLAN werden die Scripte überprüft. Das Script muss entladen und neu geladen werden. Dies ist nur notwendig, wenn ein Script geladen wurde (wie in Abschnitt 2.1.2, „DeclareAction“).

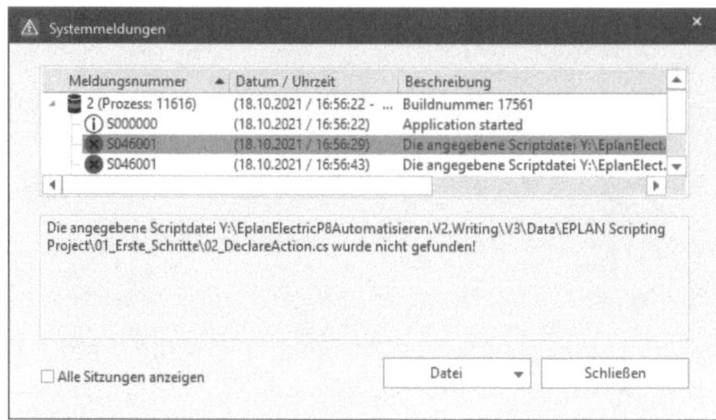

Bild 2.14
Scriptdatei nicht gefunden

2.1.2 DeclareAction

Wollen wir eine Action häufiger verwenden, macht es Sinn, diese dauerhaft zu laden. Wir kopieren dazu das Script C# *01_Start.cs* über **Strg** + **C** oder per Kontextmenü (Bild 2.15).

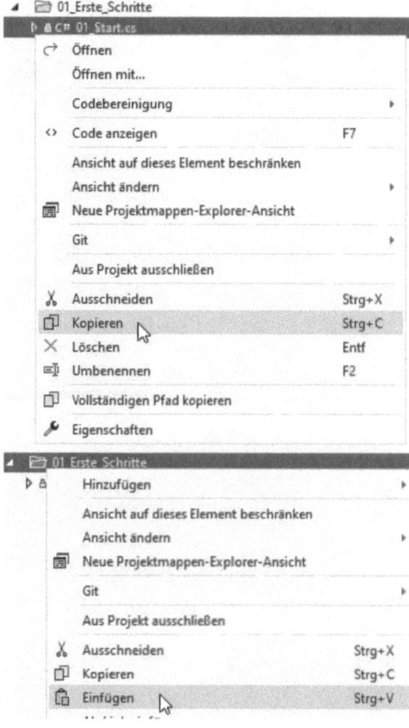

Bild 2.15
Datei kopieren/einfügen

Die Datei benennen wir nun in C# *02_DeclareAction.cs* um. Dann öffnen wir die Datei mit einem Doppelklick. Der Programmcode sieht logischerweise genauso aus wie im ersten Beispiel. In der *Tab*-Leiste erkennt man, welche Datei editiert wird (Bild 2.16).

Bild 2.16 Tab-Leiste in Visual Studio

Um das neue Attribut festzulegen, editieren wir die Zeile `[Start]`. Diese schreiben wir in `[DeclareAction("Actionname")]` um. Um Konflikte von gleichen Klassen zu vermeiden, verwenden wir einen eindeutigen Namen für jedes Script im Projekt. In den folgenden Beispielen verwenden wir immer die Kombination aus Ordnername und Dateinamen für die Klasse. Der Namespace ist optional und wird in den Beispielen zur Vereinfachung weggelassen. Sofern es nicht nötig ist, lassen wir auch den `return`-Befehl am Ende des Scripts weg.

HINWEIS: Es dürfen keine führenden Zahlen für einen Namespace oder Klassen verwendet werden. Aus diesem Grund schreibt man z. B. *_01_Erste_Schritte* und nicht *01_Erste_Schritte*.

```
using System.Windows.Forms;
using Eplan.EplApi.Scripting;

public class _01_Erste_Schritte_02_DeclareAction
{
  [DeclareAction("Actionname")]
  public void Function()
  {
    MessageBox.Show("Ich kann scripten!");
  }
}
```

Erklärung: `DeclareAction` zeigt, dass eine neue Action zu EPLAN hinzugefügt wird. `"Actionname"` ist der Name der neuen Action.

Nun laden wir das Script über den Befehl Script laden im Menüband in EPLAN. EPLAN gibt keine Rückmeldung über das erfolgreiche Laden eines Scripts. Bei einem Fehler werden jedoch, wie zuvor beschrieben, die Systemmeldungen angezeigt. Ist dies der Fall, analysieren bzw. vergleichen wir Zeile für Zeile. Als letzte Lösung können wir das fertige Script verwenden. Wir ändern den Programmcode und laden das Script erneut, bis keine Fehler in den Systemmeldungen mehr angezeigt werden. Gerade zu Beginn der Script-Programmierung kommt es häufiger vor, dass ein Script nicht auf Anhieb funktioniert.

Wir fügen nun in unsere Befehlsgruppe *Test* einen neuen Befehl ein. Hierfür setzen wir einen beliebigen Befehl aus der Kategorie *Aktionen* ein. Als Anzeigenamen wählen wir *Meine Action* und ersetzen den Inhalt der Textbox *Befehlszeile* durch *Actionname*. Bild, QuickInfo und Beschreibung sind nicht nötig (Bild 2.17). Betätigt man die Schaltfläche, erscheint die MessageBox erneut.

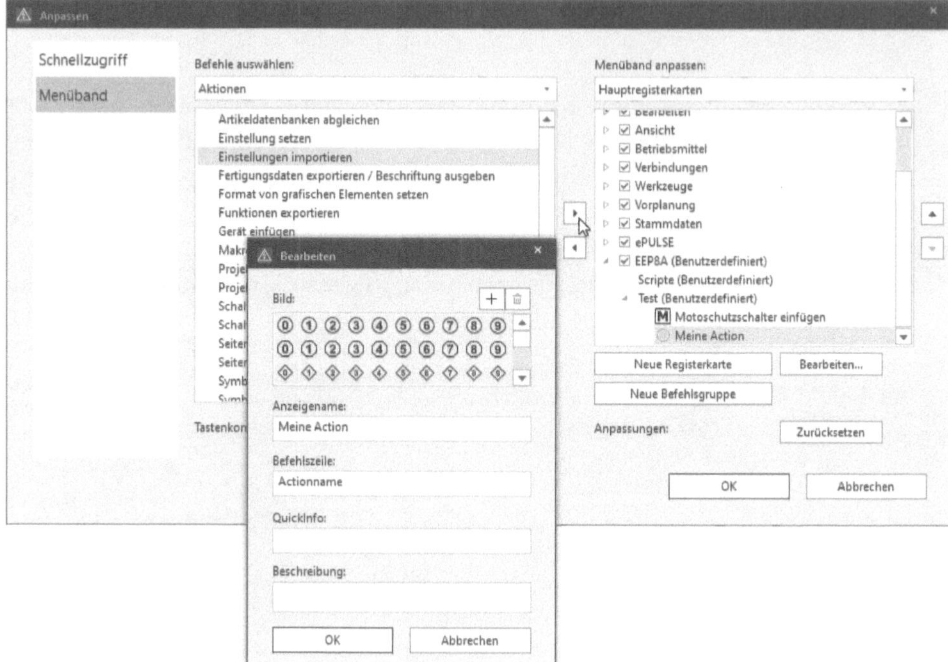

Bild 2.17 Eigene Action in Registerkarte einfügen

Über SCRIPT ENTLADEN in unserer Registerkarte können wir einzelne Scripte entladen (Bild 2.18). In den folgenden Abschnitten werden wir mit dem gleichen Actionnamen arbeiten. Darum ist es ratsam, alle Scripte immer zu entladen, sobald wir einen Abschnitt abgeschlossen haben.

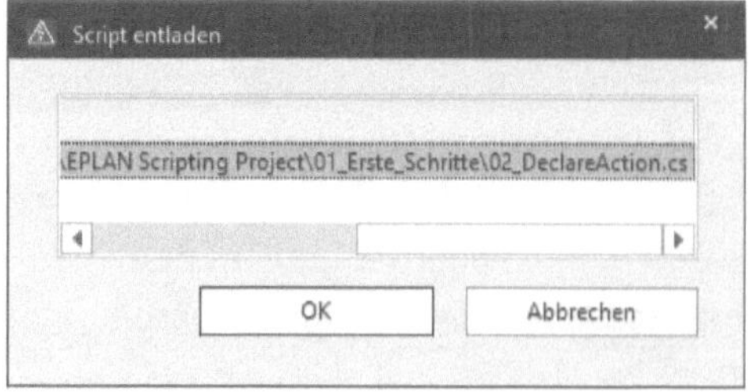

Bild 2.18
Script entladen

2.1.3 DeclareEventHandler

EPLAN stellt ein Attribut bereit, um eine Action zu einem bestimmten Zeitpunkt auszuführen. Wir kopieren wieder unsere Vorlage und benennen diese in C# *03_DeclareEventHandler.cs* um. Als Attribut fügen wir Folgendes ein:

```
[DeclareEventHandler("onActionStart.String.XPrjActionProjectClose")]
```

Will man die Action z.B. beim Schließen eines Projekts ausführen, kann dieses Ereignis abgefangen werden.

- `DeclareEventHandler` zeigt, dass ein Ereignis abgefangen werden muss
- `onActionStart.String.XPrjActionProjectClose` gibt an, um welches Ereignis es sich handelt

Doch woher bekommen wir den Namen der internen EPLAN-Action? Leider gibt es keine Übersicht oder Ähnliches in der Hilfe. Es gibt allerdings einen Diagnose-Dialog in EPLAN, der uns die letzte Action anzeigt. Wir wechseln nach EPLAN und führen die gewünschte Action aus. Den Diagnose-Dialog erreichen wir über das Drücken von **Strg** + ^. Wenn wir z.B. die Action zum Schließen eines Projekts herausfinden wollen, schließen wir ein beliebiges Projekt und drücken danach **Strg** + ^. Nun erscheint der Diagnose-Dialog (Bild 2.19).

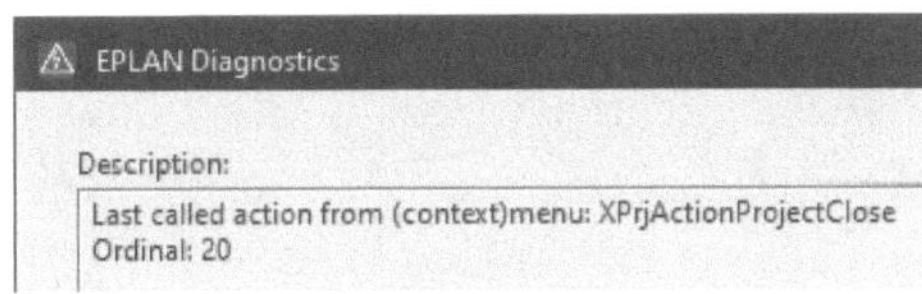

Bild 2.19
Diagnose-Dialog

HINWEIS: Die Tastenkombination **Strg** + **^** funktioniert nur mit deutschem Tastaturlayout. EPLAN verwendet hier den virtuellen Key-Code *VK_OEM_5*.

In diesem Beispiel ist für uns nur die erste Zeile wichtig:

Last called action from (context)menu: XPrjActionProjectClose

Hier finden wir den Namen der Action. Für das Abfangen muss man EPLAN allerdings noch mitteilen, um welchen Typ es sich handelt, wie z.B.:

- `onActionStart` vor Ausführung der eigentlichen Action (Projekt schließen)
- `onActionEnd` nach Ausführung der eigentlichen Action (Projekt schließen)

Mit `String` wird mitgeteilt, dass es sich um eine Zeichenkette handelt. Das machen wir mit `onActionStart.String`:

```
using System.Windows.Forms;
using Eplan.EplApi.Scripting;

public class _01_Erste_Schritte_03_DeclareEventHandler
{
  [DeclareEventHandler("onActionStart.String.XPrjActionProjectClose")]
  public void Function()
  {
    MessageBox.Show("Ich kann scripten!");
  }
}
```

Wir laden das Script nun in EPLAN. Schließt man ein beliebiges Projekt, sollte der Dialog erneut erscheinen.

2.1.4 DeclareRegister und DeclareUnregister

Die zwei Attribute `DeclareRegister` und `DeclareUnregister` fangen eigentlich auch jeweils ein Event ab. Diese Events sind jedoch abhängig vom Script.

- `DeclareRegister` wird ausgeführt, wenn das Script geladen wird.
- `DeclareUnregister` wird ausgeführt, wenn das Script entladen wird.

Dadurch können z. B. Dateien oder Daten sowie Einstellungen erstellt bzw. gelöscht werden.

Wir kopieren wieder unsere Vorlage (C# *01_Start.cs*) und vergeben den Namen C# *04_DeclareRegisterUnregister.cs*. Diesmal müssen wir mehrere Anpassungen am Code vornehmen. Als Erstes ersetzen wir `[Start]` durch `[DeclareRegister]` und ändern den Text der MessageBox auf *Script geladen* (Bild 2.20). Die Methode wird mit *Register* benannt:

```
[DeclareRegister]
public void Register()
{
  MessageBox.Show("Script geladen.");
}
```

Als Nächstes kopieren wir die komplette Methode und fügen sie nach den geschweiften Klammern als Methode `Register()` ein. Diese Methode benennen wir `UnRegister()`. Es dürfen nämlich nicht mehrere Methoden mit dem gleichen Namen in einer Klasse vorhanden sein.

Nun fügen wir vor diese Methode das Attribut `[DeclareUnregister]` ein. Der Text der MessageBox wird auf *Script entladen* geändert (Bild 2.20). Wenn wir uns den Code ansehen, kann man vielleicht schon erahnen, was beim Laden des Scripts bzw. was beim Entladen passiert:

```
using System.Windows.Forms;
using Eplan.EplApi.Scripting;

public class _01_Erste_Schritte_04_DeclareRegisterUnregister
{
  [DeclareRegister]
  public void Register()
  {
    MessageBox.Show("Script geladen.");
  }

  [DeclareUnregister]
  public void UnRegister()
  {
    MessageBox.Show("Script entladen.");
  }
}
```

Bild 2.20
Script geladen/entladen

2.2 Actions ausführen

2.2.1 Einzelne Action

In Abschnitt 1.1, „Menüband - der erste Schritt zum Script“, haben wir die Befehlszeile kennengelernt. Über diese Eigenschaft wird EPLAN gesagt, was getan werden soll. Im Script steht deswegen die Klasse `CommandLineInterpreter` bereit. Sie ist identisch mit unserer grafischen Befehlszeile in den Toolbars, wird allerdings vom Programmcode aufgerufen.

Wir erstellen eine neue Datei C# *01_Einzelne_Action.cs* im Ordner *02_Actions_ausführen*. Das geht am schnellsten, indem man eine bestehende Datei kopiert. Wir können aber auch eine neue leere Datei über das Kontextmenü im Projektmappen-Explorer erzeugen (Bild 2.21 und Bild 2.22).

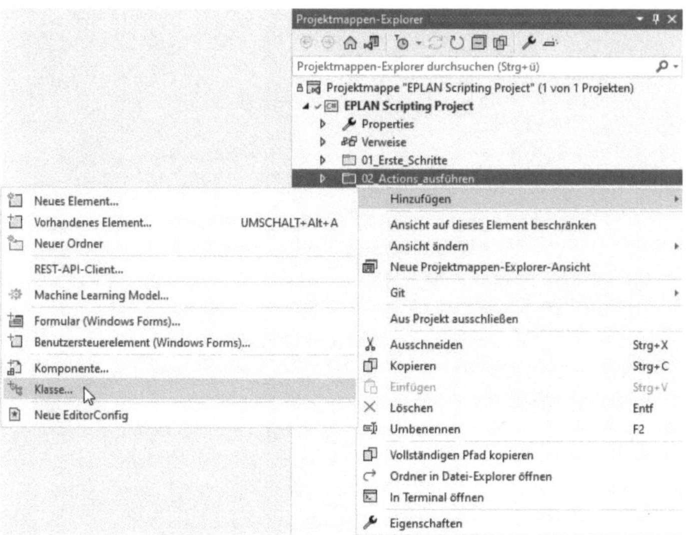

Bild 2.21 Visual Studio: Neue Klasse zum Projekt hinzufügen

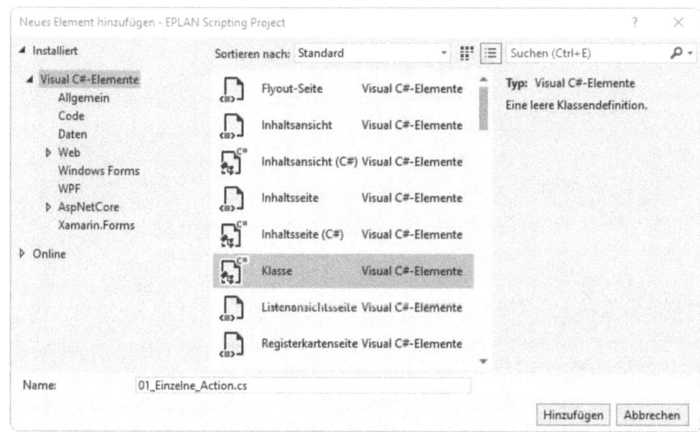

Bild 2.22 Dateityp/Namensvergabe

HINWEIS: Es muss darauf geachtet werden, dass im Klassennamen keine Umlaute verwendet werden. Es kann sein, dass Visual Studio das nicht als Fehler aufführt, der EPLAN Compiler jedoch schon.

Im ersten Beispiel führen wir die Action `reports` aus, um die Auswertungen zu erzeugen. Dieser Schritt entspricht dem Menüpunkt WERKZEUGE > AUSWERTUNGEN > PROJEKT AUSWERTEN (Bild 2.23).

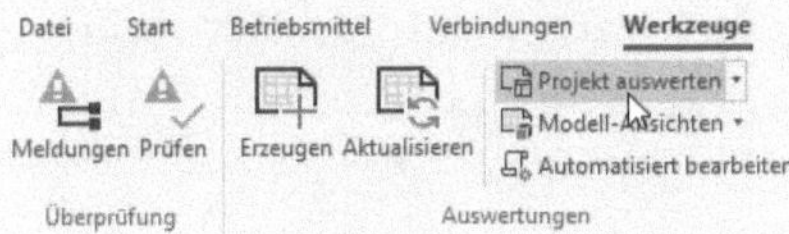

Bild 2.23
Projekt auswerten

Um den `CommandLineInterpreter` verwenden zu können, müssen wir diesen zuerst initialisieren. Der frei wählbare Name für unser Objekt ist *cli*.

```
CommandLineInterpreter cli = new CommandLineInterpreter();
```

Will man ein Objekt erzeugen, ist der Aufbau gleich oder ähnlich:

```
Klasse objektName = new Klasse();
```

Danach müssen wir dem Programm über die Befehlszeile Folgendes mitteilen: Führe „Auswertungen erzeugen" aus.

```
cli.Execute("reports");
```

Der Befehl ist wie folgt aufgebaut:

```
cli.Execute("ACTIONNAME");
```

`Execute()` ist dabei die Methode, um eine Action auszuführen.

Das fertige Script sollte wie folgt aussehen:

```
using Eplan.EplApi.ApplicationFramework;
using Eplan.EplApi.Scripting;

public class _02_Actions_ausfuehren_01_Einzelne_Action
{
  [Start]
  public void Function()
  {
    CommandLineInterpreter cli = new CommandLineInterpreter();
    cli.Execute("reports");
  }
}
```

Wir führen nun das Script aus. Im EPLAN-Projekt sollten Auswertungsvorlagen und Betriebsmittel vorhanden sein, um den Programmcode erfolgreich zu testen.

2.2.2 Mehrere Actions

Wir erstellen uns nun die Datei C# *02_Mehrere_Actions.cs*. Da das Script im ersten Beispiel nur eine Action verwendet, ist es nicht sinnvoll, dies über den Programmcode zu realisieren. Ein besserer Weg wäre, mehrere Actions nacheinander auszuführen.

Wir haben bereits einen `CommandLineInterpreter` initialisiert. Diesen können wir nun auch für alle anderen Actions verwenden. Pro Funktion in einem Script ist somit ein `CommandLineInterpreter`-Objekt ausreichend.

Vor dem Auswerten der Formulare (Action: *reports*) werden wir noch einen Prüflauf starten. Hierfür gehen wir ähnlich wie im Beispiel `DeclareEventHandler` vor und ermitteln die Action mithilfe von **Strg** + **^**. Wir wählen dazu den Menüpunkt WERKZEUGE > ÜBERPRÜFUNG > PRÜFEN an (Bild 2.24). Danach rufen wir sofort den Diagnose-Dialog auf, allerdings ohne den Prüflauf wirklich auszuführen (Bild 2.25).

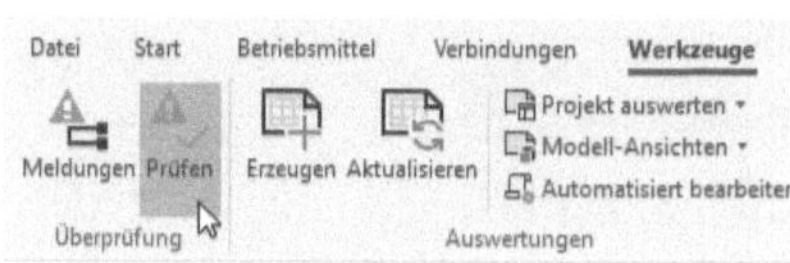

Bild 2.24
Prüflauf ausführen

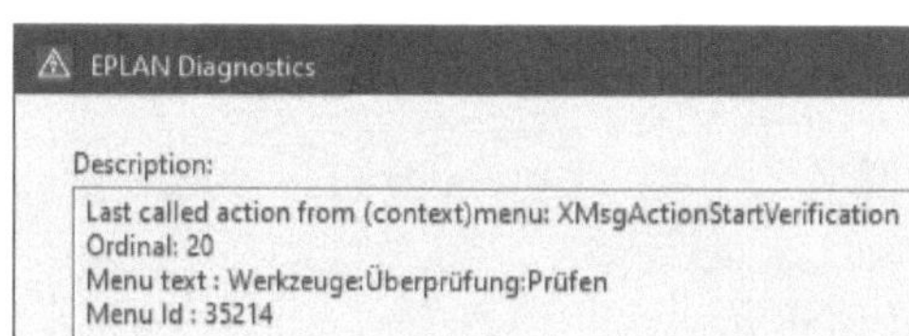

Bild 2.25
Diagnose-Dialog: Prüflauf ausführen

HINWEIS: Es kann vorkommen, dass interne Actions in späteren Versionen nicht mehr verfügbar sind oder einen anderen Namen bekommen. Der EPLAN-Support bearbeitet keine Anfragen bezüglich interner Actions.

Zusätzlich kann man auch eigene Actions ausführen. Mit `DeclareAction` haben wir schon eine Action in EPLAN geladen (*Actionname*). Diese führen wir am Ende des Scripts aus. Wir müssen sicherstellen, dass das Script auch geladen ist (C# *02_DeclareAction.cs*).

```
CommandLineInterpreter cli = new CommandLineInterpreter();

cli.Execute("XMsgActionStartVerification");
cli.Execute("reports");
cli.Execute("Actionname");
```

Wir testen nun das Script in EPLAN. Im erscheinenden Dialog für den Prüflauf kann das Schema ausgewählt werden. Die Auswertungen werden ohne visuelle Rückmeldung erzeugt. Dies kann etwas dauern, wenn es sich um ein größeres Projekt handelt (Bild 2.26).

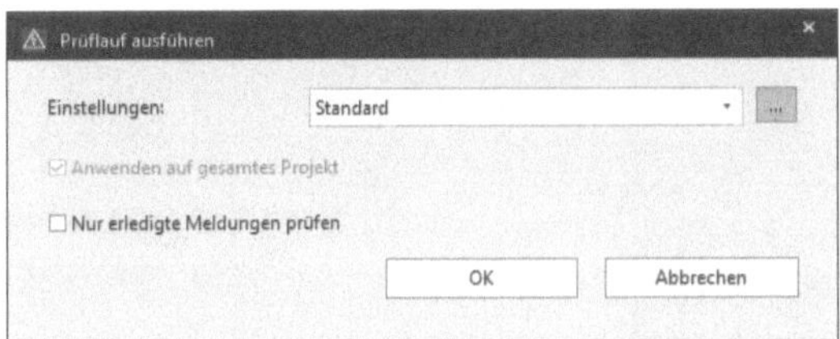

Bild 2.26
Prüflaufschema auswählen

Wurde vergessen, das Script C# *02_DeclareAction.cs* zu laden, erzeugt EPLAN einen Fehler in den Systemmeldungen. Um diese einzublenden, wählen wir das Symbol am unteren rechten Rand oder gehen über Datei > Extras > Systemmeldungen > Systemmeldungen (Bild 2.27 bis Bild 2.29).

Bild 2.27
Anzeige eines Fehlers in den Systemmeldungen am rechten unteren Rand

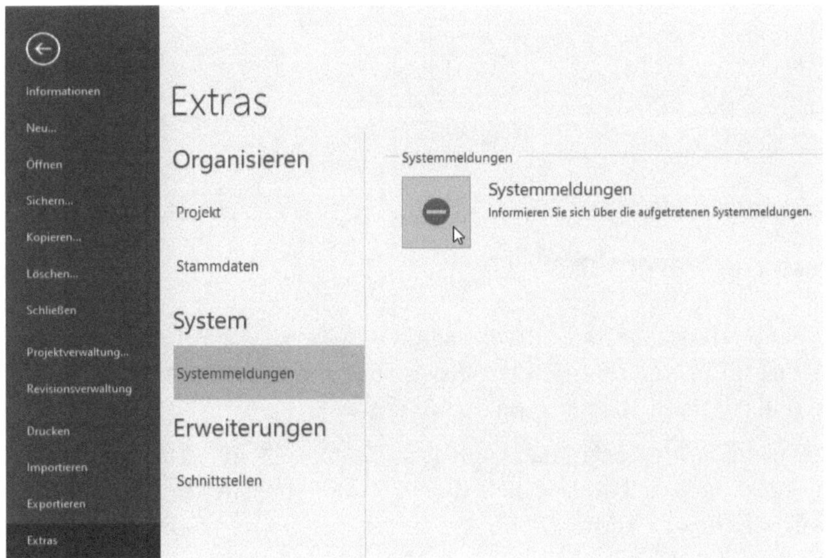

Bild 2.28 Systemmeldungen einblenden

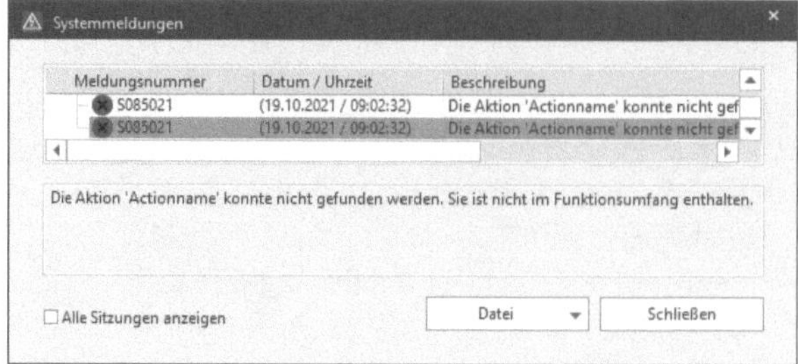

Bild 2.29 Systemmeldungen

```
using Eplan.EplApi.ApplicationFramework;
using Eplan.EplApi.Scripting;

public class _02_Actions_ausfuehren_02_Mehrere_Actions
{
  [Start]
  public void Function()
  {
    CommandLineInterpreter cli = new CommandLineInterpreter();

    cli.Execute("XMsgActionStartVerification");
    cli.Execute("reports");
    cli.Execute("Actionname");
  }
}
```

2.2.3 Action mit Parameter

Wie im Menüband ist es auch in Scripten möglich, Actions mit Parameter auszuführen. In folgendem Beispiel werden wir das Format eines Textes (normaler Text oder Pfadfunktionstext) auf Schriftgröße 20 ändern.

Dazu erstellen wir uns eine Scriptdatei mit dem Namen C# *03_Action_mit_Parameter.cs*. Man kann auch testweise einen Befehl in der Registerkarte über einen Rechtsklick auf MENÜBAND > MENÜBAND ANPASSEN ... > AKTIONEN > TEXTFORMAT SETZEN erstellen (Bild 2.30).

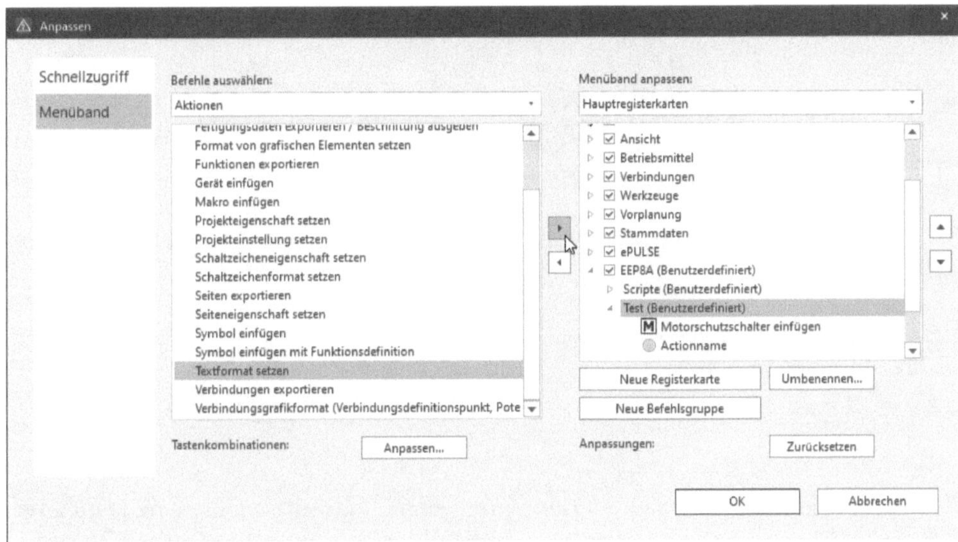

Bild 2.30 Registerkarte anpassen

Beim Hinzufügen des Befehls muss unsere Befehlszeile den in Bild 2.31 dargestellten Inhalt haben.

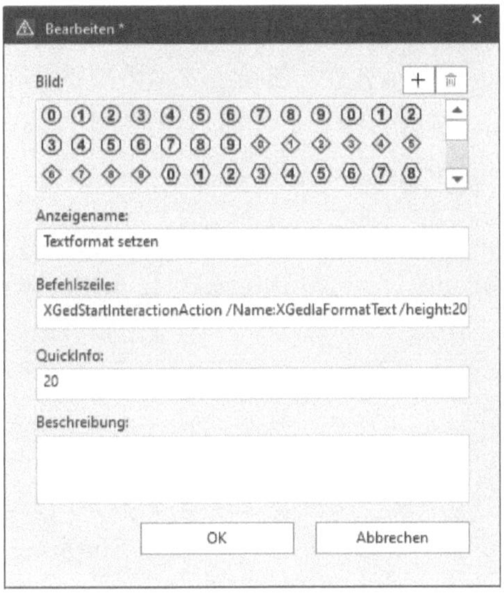

Bearbeiten *

Bild:

Anzeigename:
Textformat setzen

Befehlszeile:
XGedStartInteractionAction /Name:XGedIaFormatText /height:20

QuickInfo:
20

Beschreibung:

OK Abbrechen

Bild 2.31
Textformat setzen: Schriftgröße 20

Um dies im Code abzubilden, hat der `CommandLineInterpreter` die Eigenschaft `ActionCallingContext`. Dies ist eine eigene Klasse.

HINWEIS: `ActionCallingContext` ist die Sammlung aller Parameter mit den dazugehörigen Werten.

Der Aufbau ist, wie im Menüband in Bild 2.31 schon ersichtlich, folgender:

- Action-Name: *XGedStartInteractionAction*
- Parameter 1: *Name*
  - Wert 1: *XGedIaFormatText*
- Parameter 2: *height*
  - Wert 2: *20*

Um die Parameter mit der Action zu übergeben, initialisieren wir unseren `ActionCallingContext` ähnlich wie den `CommandLineInterpreter`:

```
ActionCallingContext acc = new ActionCallingContext();
```

Es ist ratsam, für jedes Objekt einen sprechenden Namen zu wählen, z. B. die Abkürzung *acc*. Der `ActionCallingContext` hat die Methode `AddParameter()`. Wie der Name schon sagt, können wir so den Parameter und den dazugehörigen Wert hinzufügen:

```
acc.AddParameter("Name", "XGedIaFormatText");
acc.AddParameter("height", "20");
```

Der Befehl ist folgendermaßen aufgebaut:

```
acc.AddParamcter("PARAMETERNAME", "WERT");
```

Dies kann für alle möglichen Parameter wiederholt werden. Die nun gesammelten Parameter und die dazugehörigen Werte übergeben wir dem `CommandLineInterpreter` mit der Action.

```
cli.Execute("XGedStartInteractionAction", acc);
```

Der Befehl ist wie folgt aufgebaut:

```
cli.Execute("ACTIONNAME", ACTIONCALLINGCONTEXT);
```

Wir erstellen nun einen beliebigen Text in EPLAN, markieren ihn und führen anschließend das Script aus (Bild 2.32).

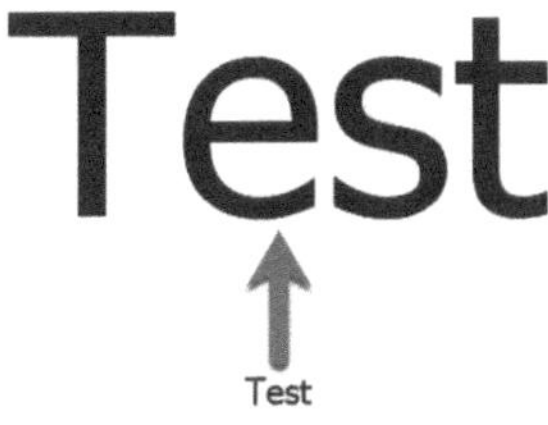

Bild 2.32
Textformatierung per Script ändern

```
using Eplan.EplApi.ApplicationFramework;
using Eplan.EplApi.Scripting;

public class _02_Actions_ausfuehren_03_Action_mit_Parameter
{
  [Start]
  public void Function()
  {
    CommandLineInterpreter cli = new CommandLineInterpreter();
    ActionCallingContext acc = new ActionCallingContext();

    acc.AddParameter("Name", "XGedIaFormatText");
    acc.AddParameter("height", "20");

    cli.Execute("XGedStartInteractionAction", acc);
  }
}
```

2.2.4 Action überladen

In diesem Abschnitt muss ich vorab auf etwas hinweisen. Generell wird empfohlen, Actions nicht zu überladen bzw. zu überschreiben. Dies kann sehr gefährlich sein und zu einem Fehlverhalten von EPLAN führen. Dennoch gibt es Anwendungsfälle für das Überschreiben einer Action. Das heißt, es wird nicht die ursprüngliche Action ausgeführt, sondern z. B. eine selbst programmierte Action.

Es gibt Aktionen in EPLAN, bei denen genau aufgepasst werden muss, da es z. B. keine Möglichkeit gibt, diese rückgängig zu machen. Wir wollen für die Aktion SYSTEMSTAMMDATEN ABGLEICHEN eine Hinweismeldung, zusätzlich zur Warnung von EPLAN, ausgeben, wenn User:innen diese ausführen.

Wir erstellen dazu die Datei C# *04_Action_überladen.cs*. Dazu benötigen wir den Namen der Ursprungsaction, welchen man über den Diagnose-Dialog (Bild 2.33) herausfindet (`XSDShowMatchingMasterDialogAction`).

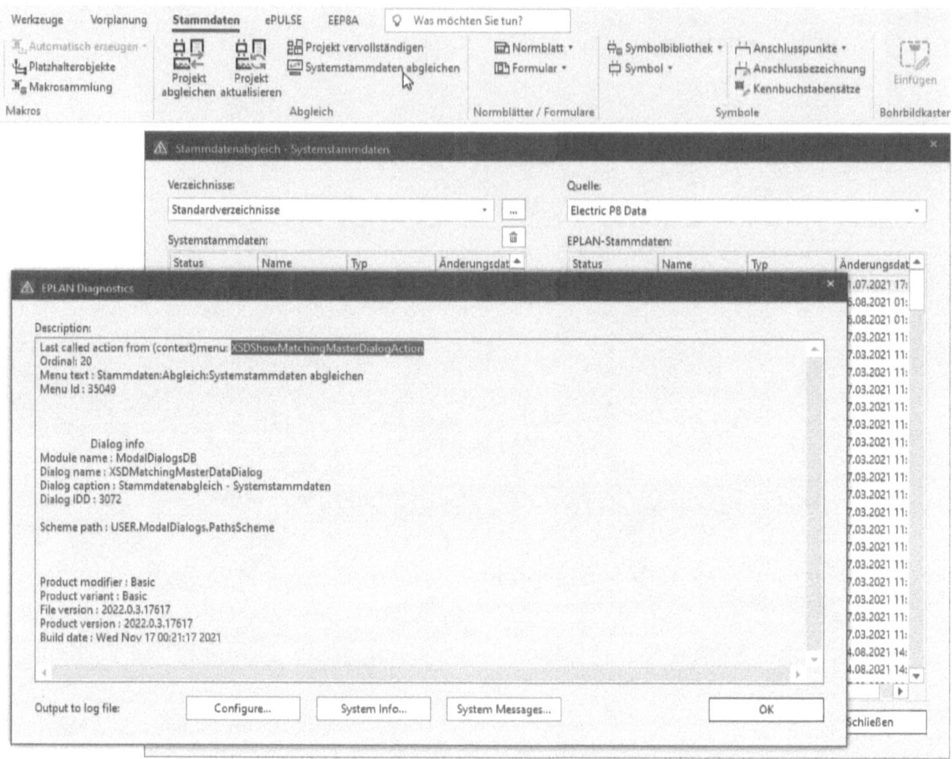

Bild 2.33 Systemstammdaten abgleichen

Wir deklarieren unsere Methode mit folgendem Attribut:

`[DeclareAction("XSDShowMatchingMasterDialogAction", 50)]`.

Wie man vielleicht erkennen kann, unterscheidet sich das Attribut vom bereits bekannten `DeclareAction`. Es wird eine Ordnungszahl angegeben, die man wie die Priorität der Action verstehen kann. Mit *50* stellen wir sicher, dass die Action die von EPLAN verwendete überschreibt.

Wir zeigen eine MessageBox mit *Vorsicht* an.

```
MessageBox.Show("Vorsicht!");
```

Jede Action benötigt einen `ActionCallingContext`. Diesen erstellen wir und suchen uns die Ursprungsaction, welche wir dann ausführen. Das funktioniert wie folgt:

```
ActionCallingContext acc = new ActionCallingContext();
Eplan.EplApi.ApplicationFramework.Action action =
    new ActionManager().FindBaseActionFromFunctionAction(false);
action.Execute(acc);
```

Wir laden das Script und testen die Funktionalität. Nun sollte uns eine Warnung angezeigt werden. Das fertige Script sieht wie folgt aus:

```
using Eplan.EplApi.ApplicationFramework;
using Eplan.EplApi.Scripting;
using System.Windows.Forms;

public class _02_Actions_ausfuehren_04_Action_ueberladen
{
  [DeclareAction("XSDShowMatchingMasterDialogAction", 50)]
  public void Function()
  {
    MessageBox.Show("Vorsicht!");

    ActionCallingContext acc = new ActionCallingContext();
    Eplan.EplApi.ApplicationFramework.Action action =
        new ActionManager().FindBaseActionFromFunctionAction(false);
    action.Execute(acc);
  }
}
```

2.3 Klassen

In diesem Abschnitt werden die wichtigsten Klassen für das Programmieren von Scripten in EPLAN erklärt. Da .NET eine objektorientierte Programmiersprache ist, sind alle Klassen auf die Basisklasse `Object` zurückzuführen.

Doch was versteht man eigentlich unter objektorientierter Programmierung? Dieses Konzept wurde schon in den 1960er-Jahren als Lösungsansatz konzipiert. Die Grundidee von objektorientierter Programmierung (OOP) ist es, Objekte so zu kapseln, dass Methoden anderer Objekte die Daten nicht verändern können. Es können eigene Klassen erstellt werden, die von bestehenden Klassen (Prototypen) abgewandelt werden. C# stellt die in Tabelle 2.1 dargestellten Prototypen oder auch einfache Typen (engl. *simple types*) bereit.

Tabelle 2.1 Prototypen/Einfache Typen

C#-Typ	.NET Framework-Typ
`bool`	`System.Boolean`
`byte`	`System.Byte`
`sbyte`	`System.SByte`
`char`	`System.Char`
`decimal`	`System.Decimal`
`double`	`System.Double`
`float`	`System.Single`
`int`	`System.Int32`

Tabelle 2.1 Prototypen/Einfache Typen *(Fortsetzung)*

C#-Typ	.NET Framework-Typ
uint	System.UInt32
long	System.Int64
ulong	System.UInt64
object	System.Object
short	System.Int16
ushort	System.UInt16
string	System.String

Zu den bekanntesten objektorientierten Programmiersprachen gehören:

- C++
- C#
- Java
- JavaScript
- Objective-C
- Swift
- Visual Basic .NET (VB.NET)

2.3.1 String

Die wohl am häufigsten verwendete Klasse im Scripting ist `String`. Dies ist eine Zeichenkette mit Zeichen (*Chars*). Wir haben in den vorangegangenen Beispielen schon eine *String*-Klasse verwendet, ohne es vielleicht zu merken.

Für unser Beispiel erstellen wir mit dem Attribut `[Start]` ein neues Script mit dem Namen C# *01_String.cs* in einem neuen Ordner (*03_Klassen*). Eine MessageBox, die auch eine Klasse ist, erwartet als Text immer ein Objekt vom Typ String (Bild 2.34):

```
MessageBox.Show("Ich bin ein Text (aber eigentlich ein String)!");
```

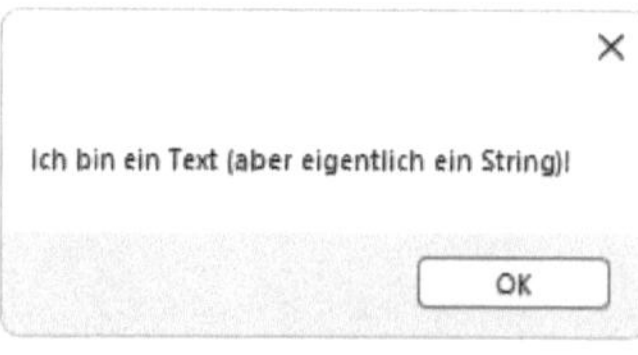

Bild 2.34
String-Klasse: Message 1

Wir werden nun einige String-Beispiele behandeln. Es bietet sich an, nach jedem neuen Beispiel das Script auszuführen, um eventuell auftretende Fehler frühzeitig zu beheben. Gerade zu Beginn der Programmierung ist die Fehlersuche schwierig.

Im ersten Beispiel erstellen wir zunächst einen String und weisen diesem erst später einen Wert zu. Eine String-Initialisierung ist folgendermaßen aufgebaut:

```
string nameDesStrings = string.Empty;
```

Der Name des Strings ist nicht frei wählbar. Nicht alle Sonderzeichen sowie Leerzeichen sind erlaubt. Mit `string.Empty` erstellen wir einen „leeren" String. Mit „=" weist man dem Objekt einen Wert zu. Dies geschieht für jedes Objekt gleich:

```
NameDesObjektes = Wert;
```

Je nach Objekttyp muss nach dem „=" ein anderer Wert stehen. Im Fall eines Strings muss dieser Wert eine Zeichenkette sein. Wie zuvor beschrieben, werden String-Zuweisungen immer in Anführungszeichen geschrieben.

Da oft mit längeren Texten gearbeitet wird, ist es sinnvoll, diese auf mehrere Zeilen aufzuteilen. Hierfür gibt es in C# sogenannte Steuerzeichen. Die relevantesten werden wir in den folgenden Abschnitten noch behandeln. Steuerzeichen werden immer mit einem vorangestellten „\" (umgekehrter Schrägstrich, engl. *backslash*) eingegeben. Über **Alt Gr** + \ fügen wir das Zeichen ein. Der Zeilenumbruch besitzt das Steuerzeichen „n" (für engl. *new line*).

Wir achten darauf, dass keine Leerzeichen zwischen dem Zeilenumbruch und dem Text enthalten sind:

```
message1 = "Ich bin ein String mit\nZeilenumbruch!";
```

Da unser Text jetzt in einer Variablen gespeichert ist, müssen wir in der Klasse `MessageBox` auch auf diesen String verweisen:

```
MessageBox.Show(message1);
```

Die MessageBox nimmt als Eigenschaft für Text nur ein Objekt vom Typ String entgegen.

Man kann einen Zeilenumbruch auch als Objekt hinzufügen (Bild 2.35). Dies ist auch der empfohlene Weg:

```
MessageBox.Show("Ich" + Environment.NewLine + "auch!");
```

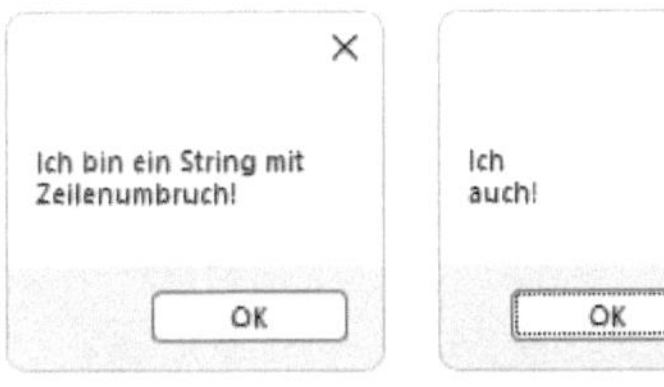

Bild 2.35
String-Klasse: Zeilenumbruch

Oftmals ist es sinnvoll, dem neu erzeugten Objekt sofort einen Wert zuzuweisen. Dies spart Zeilen im Programmcode und dient zugleich der besseren Übersicht.

Wir erstellen das Objekt so ähnlich wie im vorangegangenen Beispiel, allerdings deklarieren wir es nicht als leeren String, sondern geben gleich den benötigten Text ein. Danach rufen wir die MessageBox auf:

```
string message2 = "Ich bin auch ein String!";
MessageBox.Show(message2);
```

Den Wert eines Objekts kann man auch zur Laufzeit ändern. Hierfür wird der String erneut aufgerufen, und wir weisen diesem einen neuen Wert zu. Dabei muss darauf geachtet werden, dass man nicht wieder eine Objekterzeugung einleitet. Dies würde zu einer Fehlermeldung führen (Bild 2.36).

Falsch:

```
string message2 = "Mir kann man auch einen neuen Text übergeben!";
```

Fehlerliste

Gesamte Projektmappe | 1 Fehler | 0 von 4 Warnungen

Fehlerliste durchsuchen

	Code	Beschreibung	Datei	Ze...
⊗	CS0128	Eine lokale Variable oder Funktion mit dem Namen "message2" ist bereits in diesem Bereich definiert.	01_String.cs	18

Bild 2.36 Fehler Variablendefinition

Richtig:

```
message2 = "Mir kann man auch einen neuen Text übergeben!";
```

Um den Programmfluss zu testen, rufen wir den Dialog erneut auf und stellen fest, dass sich der Text verändert hat (Bild 2.37 und Bild 2.38):

```
MessageBox.Show(message2);
```

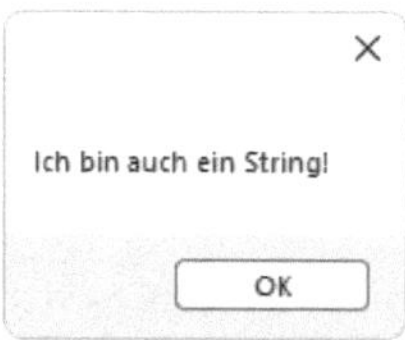

Bild 2.37 String-Klasse: Originalwert

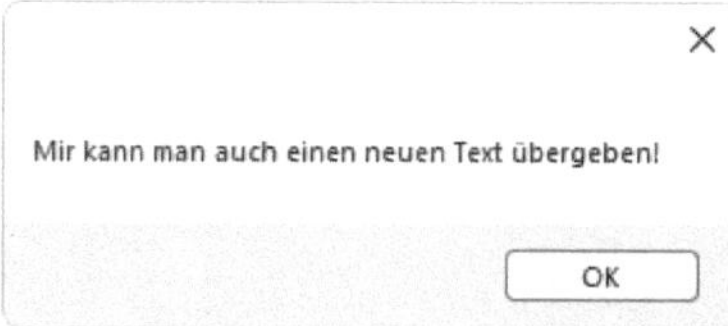

Bild 2.38 String-Klasse: überschriebener Wert

Es ist auch möglich, mehrere Objekte in einer MessageBox anzuzeigen. Hier gilt ebenfalls: Alle müssen vom Typ String sein. Vielleicht ist die Excel-Formel *Verketten* bekannt. Die Aneinanderreihung von Strings in Visual C# funktioniert ähnlich. Als Erstes benötigen wir mehrere Strings. Wir deklarieren drei Objekte mit beliebigem Text:

```
string message3_1 = "Und ich ";
string message3_2 = "bin auch ";
string message3_3 = "einer!";
```

Wir achten auf die Leerzeichen, sonst würden die Textbausteine direkt aneinandergereiht werden. Um diese nun zu verbinden, benötigen wir einen sogenannten Operator. In der Mathematik kennt man diese z. B. als + oder –. Ähnlich wie in einer Rechnung werden diese auch in C# zusammengefügt (Bild 2.39):

```
MessageBox.Show(message3_1 + message3_2 + message3_3);
```

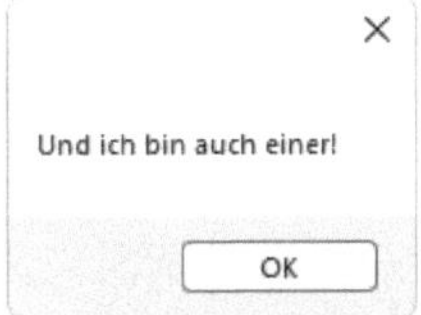

Bild 2.39
String-Klasse: Verketten

Wie bereits erwähnt, ist es möglich, im Programmcode Zeilenumbrüche einzufügen, ohne dass diese Einfluss auf den eigentlichen Programmcode haben (Bild 2.40). Nach einem Zeilenumbruch muss jedoch klar sein, womit es weitergeht. Wie im vorangegangenen Beispiel verketten wir zwei Textbausteine über mehrere Zeilen. Den neuen Text muss man wieder mit Anführungszeichen kennzeichnen:

```
MessageBox.Show("Zeilenumbruch im Code "
            + "wird nicht angezeigt!");
```

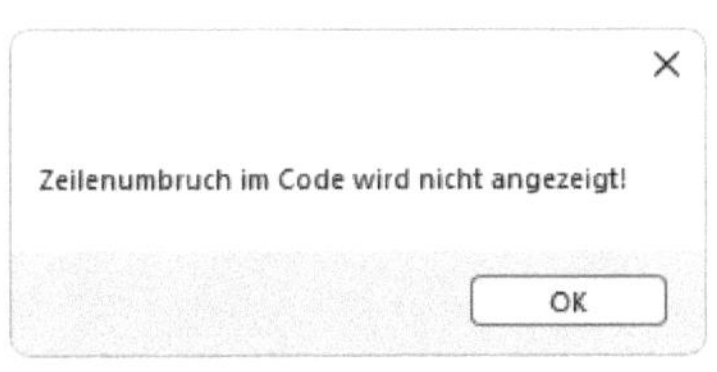

Bild 2.40
String-Klasse: Zeilenumbruch im Code

Oftmals ist es erforderlich, den gleichen Text mit anderen Werten zu bestücken. Es ist nicht sehr ratsam, immer wieder den gleichen Text im Programmcode zu schreiben. Bei einer Änderung müsste man jedes Vorkommen im Text anpassen. Für solche Fälle bietet C# das sogenannte String-Format an. Damit können wir beliebige Texte mit Textbausteinen versehen und so einen variablen Inhalt erzeugen.

Die sogenannten Platzhalter werden in geschweiften Klammern geschrieben. Zusätzlich wird eine Zahl vergeben. Wie in der Programmierung üblich, beginnt die Zählung bei null.

```
string message4 = "Der {0} ist im {1}.";
```

Wir achten auch hier wieder auf die Vergabe der Leerzeichen. Wir erstellen zwei neue Strings, und vergeben für diese zugleich die Platzhaltertexte. Hierfür benötigen wir `String.Format()`. Diese Methode ist Teil der Klasse `String`.

Wir weisen nun den Strings, die zur Anzeige kommen, das Format zu. Der Befehl ist wie folgt aufgebaut:

```
string.Format(stringMitPlatzhalter, "Platzhalter 0", "Platzhalter 1",
"Platzhalter
n");
```

Im fertigen Script weisen wir folgende Werte zu und rufen die Dialoge nacheinander auf (Bild 2.41 und Bild 2.42):

- 0 = Kamm, 1 = Schrank
- 0 = Schrank, 1 = Badezimmer

```
string message4 = "Der {0} ist im {1}.";
string message4_1 = string.Format(message4, "Kamm", "Schrank");
string message4_2 = string.Format(message4, "Schrank", "Badezimmer");
MessageBox.Show(message4_1);
MessageBox.Show(message4_2);
```

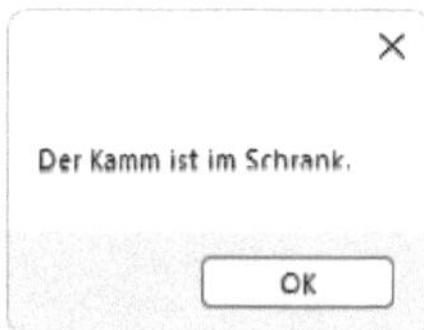

Bild 2.41
String-Klasse: String.Format 1

Bild 2.42
String-Klasse: String.Format 2

Das komplette Script sieht wie folgt aus:

```
using System;
using System.Windows.Forms;
using Eplan.EplApi.Scripting;

public class _03_Klassen_01_String
{
  [Start]
  public void Function()
  {
    MessageBox.Show("Ich bin ein Text (aber eigentlich ein String)!");

    string message1 = string.Empty;
    message1 = "Ich bin ein String mit\nZeilenumbruch!";
    MessageBox.Show(message1);
    MessageBox.Show("Ich" + Environment.NewLine + "auch!");

    string message2 = "Ich bin auch ein String!";
    MessageBox.Show(message2);
    message2 = "Mir kann man auch einen neuen Text übergeben!";
    MessageBox.Show(message2);

    string message3_1 = "Und ich ";
    string message3_2 = "bin auch ";
    string message3_3 = "einer!";
    MessageBox.Show(message3_1 + message3_2 + message3_3);

    MessageBox.Show("Zeilenumbruch im Code "
               + "wird nicht angezeigt!");

    string message4 = "Der {0} ist im {1}.";
    string message4_1 = string.Format(message4, "Kamm", "Schrank");
    string message4_2 = string.Format(message4, "Schrank", "Badezimmer");
    MessageBox.Show(message4_1);
    MessageBox.Show(message4_2);
  }
}
```

String Pfadvariable

Vermutlich ist der in Textfeldern oft verfügbare Menüpunkt PFADVARIABLE EINFÜGEN… bereits bekannt (Bild 2.43 bis Bild 2.45). Erreichbar ist dieser über das Kontextmenü in einem Textfeld, das einen Speicherort definiert (z. B. DATEI > EXPORTIEREN > FERTIGUNGSDATEN > BESCHRIFTUNGEN > ZIELDATEI > RECHTE MAUSTASTE > PFADVARIABLE EINFÜGEN …).

Bild 2.43 Beschriftung erzeugen

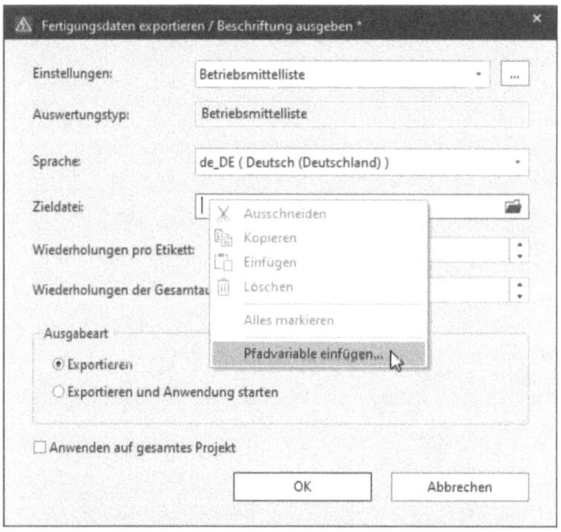

Bild 2.44 Beschriftung ausgeben

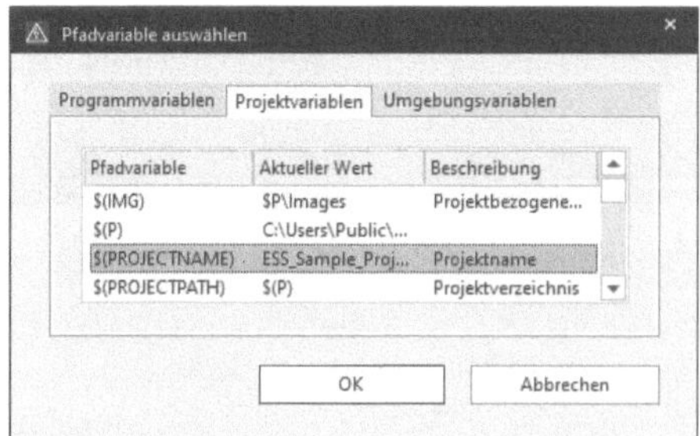

Bild 2.45 Pfadvariable einfügen

Auf diese Werte können wir auch in Scripten zurückgreifen. Mit der Methode `PathMap.SubstitutePath()` bekommen wir den Wert für die angegebene Pfadvariable zurück. Dies ist sehr nützlich, um z. B. den Projektnamen herauszufinden. Oft ist nicht klar, für welches Projekt eine Aktion ausgeführt wird. Dann bietet sich dieser Befehl an, um User:innen das aktuelle Projekt anzuzeigen.

Wir erstellen ein neues Script mit dem Namen C# *02_String_Pfadvariable.cs* und dem Attribut `[Start]`. Nun erstellen wir einen neuen String und weisen diesem gleich die Pfadvariable zu:

```
string projectName = PathMap.SubstitutePath("$(PROJECTNAME)");
```

Die Pfadvariable schreiben wir in Klammern und mit Anführungszeichen (Typ String). Die verschiedenen Pfadvariablen finden wir im Dialog in EPLAN. Später, wenn es darum geht, Dateien in einem fest definierten Pfad (wie z. B. Projektordner) zu speichern, werden die Variablen sehr wichtig.

Nun haben wir den Projektnamen des aktuell aktiven Projekts im Script zur Verfügung. Diesen lassen wir jetzt wieder in einer MessageBox anzeigen (Bild 2.46).

Bild 2.46
Projektnamen anzeigen

```
using System.Windows.Forms;
using Eplan.EplApi.Base;
using Eplan.EplApi.Scripting;

public class _03_Klassen_02_String_Pfadvariable
{
  [Start]
  public void Function()
  {
    string projectName = PathMap.SubstitutePath("$(PROJECTNAME)");
    MessageBox.Show(projectName);
  }
}
```

2.3.2 Integer

Nun müssen wir uns ein bisschen mit Mathematik beschäftigen. Doch keine Angst, über die Grundrechenarten hinaus werden wir nichts berechnen. Die Klasse vom Typ `Integer` (kurz `Int`) stellt einen Zahlenwert dar. Es darf aber keine Gleitkommazahl sein. Dafür gibt es eine andere Klasse.

Es gibt mehrere Arten von Ganzzahlen-Datentypen in C#:

- 16 Bit (-32768 bis 32767)
- 32 Bit (-2147483648 bis 2147483647)
- 64 Bit (-9223372036854775808 bis 9223372036854775807)
- 128 Bit (-170141·10^38 bis 170141·10^38)

Vom Typ Integer sind nur 16 und 32 Bit. Wird ein neuer Integer im Code erstellt, ist dieser standardmäßig ein *Int32*.

Wir erstellen uns ein neues Script C# *03_Integer.cs* mit den Objekten, die wir zunächst im Script verwenden. Wir benötigen drei Integer-Objekte für die Rechnung (Zahl 1 + Zahl 2 = Ergebnis):

```
int result;
int number1 = 6;
int number2 = 3;
```

Im Beispiel zum String-Objekt haben wir gelernt, dass z. B. eine MessageBox als Text nur einen String entgegennimmt. Nun möchten wir aber einen Integer-Wert als Text definieren. Hierzu müssen wir die Zahl in einen String umwandeln. C# stellt dafür die Methode `ToString()` bereit. Hiermit ist es möglich, den Integer von Zahl 1 direkt als Variable im Dialog zu hinterlegen:

```
MessageBox.Show(number1.ToString());
```

Der Datentyp bleibt aber ein Int. Er wird nur für die MessageBox zur Laufzeit gewandelt.

Nun werden wir verschiedene Berechnungen durchführen. Ähnlich wie in der Verkettung von String-Objekten gibt es auch bei Integer sogenannte Operatoren.

Addition:

```
result = number1 + number2;
```

Subtraktion:

```
result = number1 – number2;
```

Multiplikation:

```
result = number1 * number2;
```

Division:

```
result = number1 / number2;
```

Wir fügen nach jeder Berechnung einen Dialog mit dem Ergebnis `result` ein:

```
MessageBox.Show(result.ToString());
```

Nun wird dem Objekt `result` jedes Mal ein neuer Wert zugewiesen:

```
using System.Windows.Forms;
using Eplan.EplApi.Scripting;

public class _03_Klassen_03_Integer
{
  [Start]
  public void Function()
  {
    int result;
    int number1 = 6;
    int number2 = 3;

    MessageBox.Show(number1.ToString());

    result = number1 + number2;
    MessageBox.Show(result.ToString());

    result = number1 – number2;
    MessageBox.Show(result.ToString());

    result = number1 * number2;
    MessageBox.Show(result.ToString());

    result = number1 / number2;
    MessageBox.Show(result.ToString());
  }
}
```

Ergebnisse:

- 6
- 9 (6 + 3)
- 3 (6 − 3)
- 18 (6 × 3)
- 2 (6 ÷ 3)

Mögliche Fehler bei Integer-Berechnungen

Werden Berechnungen zur Laufzeit durchgeführt, kann es zu Fehlern kommen, die das Programm/Script beenden. Es gibt aber auch logische Fehler, die oft schwer auffindbar sind, da das Programm keine Rückmeldung gibt.

Wir erstellen ein neues Script mit dem Attribut `[Start]` und dem Namen C# *04_Fehler_Integer.cs*. Nun initialisieren wir drei Strings, und vergeben die Werte. Diese lassen wir, wie gewohnt, in einer MessageBox anzeigen:

```
string number1String = "10";
string number2String = "2";
string resultString = number1String + number2String;
MessageBox.Show(resultString);
```

Wir führen das Script aus. Als Ergebnis wird *102* angezeigt (Bild 2.47). Bei einer Rechnung von *10 + 2* ist dies aber komisch. Dennoch hat das Programm richtig „gerechnet“, denn es hat eine String-Verkettung wie im vorherigen Beispiel vollzogen.

Bild 2.47
Fehler: 10 + 2 = 102

Wenn eine Zahl als Typ String deklariert ist, kann damit nicht gerechnet werden. Hierfür muss die Zahl in ein Integer-Objekt umgewandelt werden.

Als Nächstes produzieren wir bewusst den Fehler „durch Null teilen“. Wir erstellen dazu drei Integer und berechnen das Ergebnis von *10 ÷ 0*:

```
int result;
int number1 = 10;
int number2 = 0;
result = number1 / number2;
MessageBox.Show(result.ToString());
```

Beim Ausführen des Scripts wird zuerst der „String-Fehler“ angezeigt. Daraufhin stürzt das Script ab (MessageBox wird nicht angezeigt). Stattdessen erscheint die Fehlermeldung aus Bild 2.48.

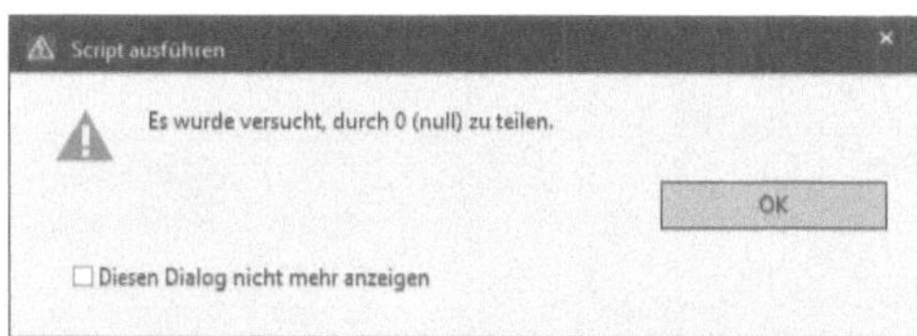

Bild 2.48 Es wurde versucht, durch 0 (null) zu teilen.

```
using System.Windows.Forms;
using Eplan.EplApi.Scripting;

public class _03_Klassen_04_Fehler_Integer
{
  [Start]
  public void Function()
  {
    string number1String = "10";
    string number2String = "2";
    string resultString = number1String + number2String;
```

```
    MessageBox.Show(resultString);

    int result;
    int number1 = 10;
    int number2 = 0;
    result = number1 / number2;
    MessageBox.Show(result.ToString());
  }
}
```

2.3.3 Float

Wie wir gerade festgestellt haben, ist z.B. die Division in einem Script nicht immer trivial. Bis jetzt haben wir nur mit Ganzzahlen gerechnet. Um auch Gleitkommazahlen darzustellen, stellt uns .NET das Objekt `Float` bereit.

Eigenschaften von Float:

- ±1,5 × 10^−45 bis ±3,4 × 10^38
- sechs bzw. sieben Nachkommastellen
- unterstützt +0, −0, +∞, −∞ und NaN

Wir fertigen uns ein neues Beispiel mit dem Namen C# *05_Float.cs* an. Darin erstellen wir drei Float-Objekte:

```
float result;
float number1 = 10;
float number2 = 3;
```

Wie im vorangegangenen Beispiel berechnen wir das Ergebnis einer Division und zeigen diese in einer MessageBox an:

```
using System.Windows.Forms;
using Eplan.EplApi.Scripting;

public class _03_Klassen_05_Float
{
  [Start]
  public void Function()
  {
    float result;
    float number1 = 10;
    float number2 = 3;

    result = number1 / number2;
    MessageBox.Show(result.ToString());
  }
}
```

Nun wird unser Ergebnis richtig angezeigt (Bild 2.49).

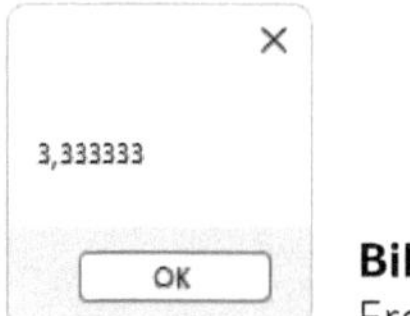

Bild 2.49
Ergebnis von 10/3

Mögliche Fehler bei Float-Berechnungen

Wie auch schon bei Integer-Werten können auch bei Float-Objekten Fehler auftreten, die vom Programm nicht erkannt werden.

Wir kopieren unser voriges Beispiel und ändern den Namen in C# *06_Fehler_Float.cs*. Nun ändern wir die Zeile der Berechnung so ab, dass die Werte nicht zusätzlich in den Speicher geschrieben werden.

HINWEIS: In diesem Beispiel kann man die Methode `ToString()` auch weglassen. Der Compiler weiß bereits durch die String-Verkettung, dass es ein String sein muss.

```
using System.Windows.Forms;
using Eplan.EplApi.Scripting;

public class _03_06_Fehler_Float
{
  [Start]
  public void Function()
  {
    float result;
    result = 10 / 3;
    MessageBox.Show("10 / 3 = " + result.ToString());
  }
}
```

Bei Ausführen des Scripts stellen wir fest, dass die Berechnung falsch „rundet“ (Bild 2.50).

Bild 2.50
Fehler bei der Float-Berechnung

Schauen wir uns die Berechnung des Ergebnisses einmal genauer an:

```
result = 10 / 3;
```

Einem Float-Objekt wird das Ergebnis der Rechnung *10 ÷ 3* zugewiesen. Dies müsste *3,333333* sein. Damit wir den Fehler verstehen können, muss man wissen, wie die Rechnung zur Laufzeit interpretiert wird. Beide Zahlen werden in den Speicher geladen. Da es Integer-Zahlen sind, wird dafür jeweils ein Speicher von 32 Bit reserviert. Es wird davon ausgegangen, dass auch das Ergebnis ein Integer-Wert ist. Deshalb wird nicht gerundet, sondern die Nachkommastellen werden einfach entfernt (Bild 2.51).

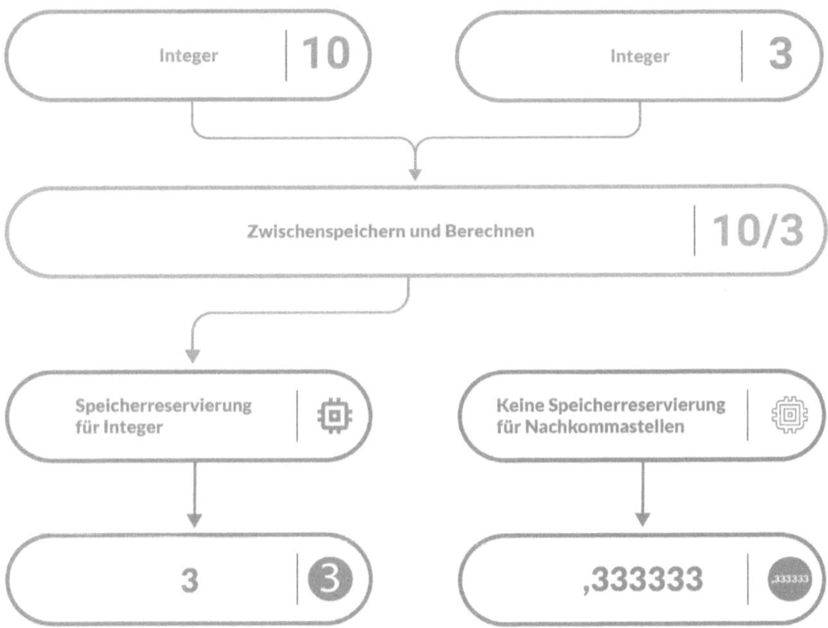

Bild 2.51 Speicherabbild bei der Berechnung von Float

2.3.4 Fehlerbehandlung – Try und Catch

Fehler, die zur Laufzeit auftreten und zum Beenden des Scripts führen, stellen ein Problem dar. Durch User:innen-Interaktionen ist nicht immer sichergestellt, dass ein erwarteter Wert eingegeben wird.

Um Fehler abzufangen, wird die Funktion *Try & Catch* (dt. Versuchen & Abfangen) bereitgestellt. Die Funktion besteht immer aus zwei Bereichen:

- `try`: der Programmcode, welcher überwacht werden soll
- `catch`: der Programmcode, welcher bei einem Fehler ausgeführt wird

Wir kopieren das Beispiel C# *04_Fehler_Integer.cs* und erstellen ein neues Script C# *07_TryCatch.cs*. Anschließend entfernen wir den Programmcode in der Funktion bis zur Division durch null. Dann fügen wir den Namespace `System` per `using` hinzu:

```
using System;
[...]

int result;
int number1 = 10;
int number2 = 0;

result = number1 / number2;

//Ab hier wird kein Code mehr ausgeführt
MessageBox.Show(result.ToString());
MessageBox.Show("Berechnung erfolgreich beendet");
```

Dies ist der zu überprüfende Code. Wir fügen nun eine Try-Catch-Überprüfung ein. Dazu markieren wir den Programmcode und wählen im Kontextmenü die Funktion AUSSCHNITT > UMSCHLIESSEN MIT ... aus (Bild 2.52).

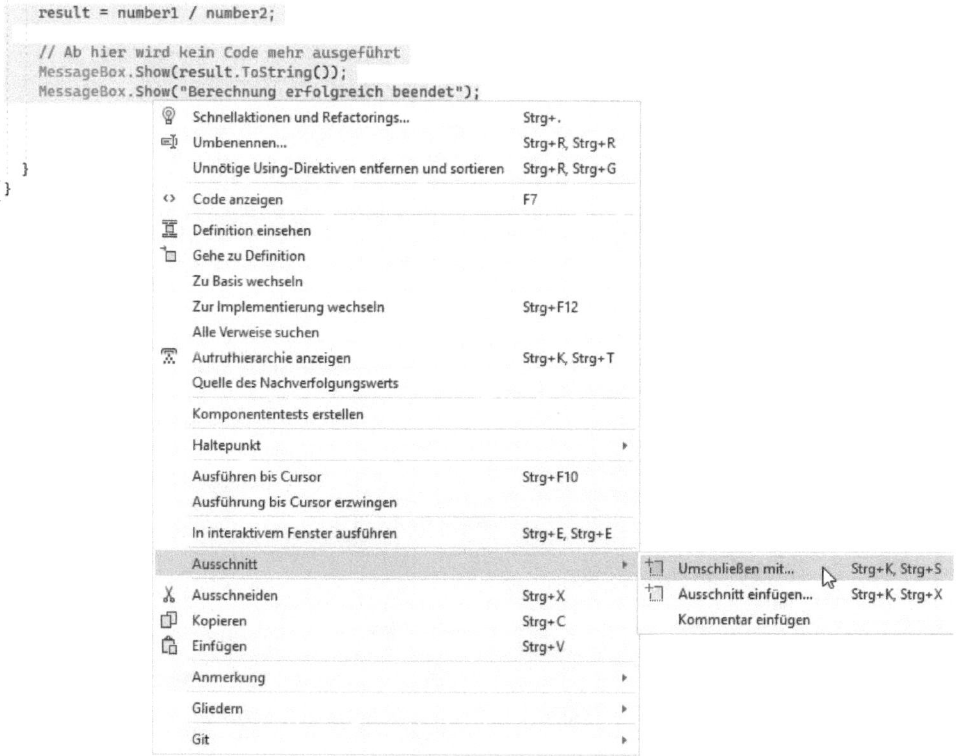

```
result = number1 / number2;

// Ab hier wird kein Code mehr ausgeführt
MessageBox.Show(result.ToString());
MessageBox.Show("Berechnung erfolgreich beendet");
    }
}
```

Schnellaktionen und Refactorings...	Strg+.
Umbenennen...	Strg+R, Strg+R
Unnötige Using-Direktiven entfernen und sortieren	Strg+R, Strg+G
Code anzeigen	F7
Definition einsehen	
Gehe zu Definition	
Zu Basis wechseln	
Zur Implementierung wechseln	Strg+F12
Alle Verweise suchen	
Aufrufhierarchie anzeigen	Strg+K, Strg+T
Quelle des Nachverfolgungswerts	
Komponententests erstellen	
Haltepunkt	▸
Ausführen bis Cursor	Strg+F10
Ausführung bis Cursor erzwingen	
In interaktivem Fenster ausführen	Strg+E, Strg+E
Ausschnitt	▸
Ausschneiden	Strg+X
Kopieren	Strg+C
Einfügen	Strg+V
Anmerkung	▸
Gliedern	▸
Git	▸

Untermenü Ausschnitt	Tastenkürzel
Umschließen mit...	Strg+K, Strg+S
Ausschnitt einfügen...	Strg+K, Strg+X
Kommentar einfügen	

Bild 2.52 *Umschließen mit ...*

Nun erscheint ein Eingabe-Dialog, in dem wir die Funktion (mit welcher der Programmcode umrandet wird) auswählen oder eintippen können (Bild 2.53).

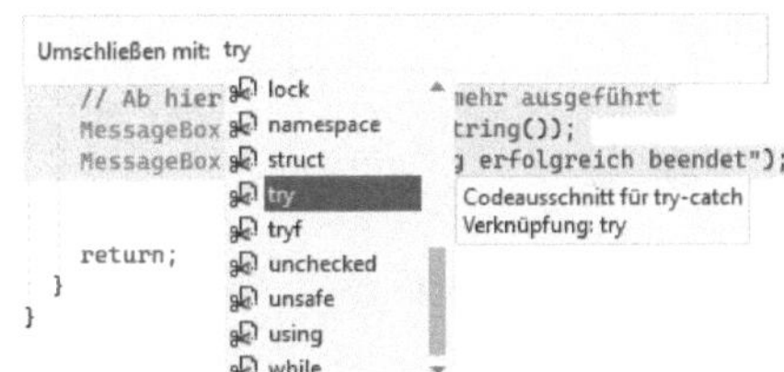

Bild 2.53
Umschließen mit . . .: Eingabe-Dialog

Den nun automatisch erstellten Programmcode müssen wir etwas anpassen:

```
try
{
  result = number1 / number2;

  //Ab hier wird kein Code mehr ausgeführt
  MessageBox.Show(result.ToString());
  MessageBox.Show("Berechnung erfolgreich beendet");
}
catch (Exception)
{
  throw;
}
```

Am Ende der Try-Anweisung fügen wir eine weitere MessageBox ein, um zu kontrollieren, ob die Berechnung erfolgreich ist:

```
MessageBox.Show("Berechnung erfolgreich beendet");
```

Zusätzlich zeigen wir die `Exception` (dt. Ausnahme) in einem weiteren Dialog an. Dafür erstellen wir das Objekt `exception` und weisen als MessageBox-Text die Eigenschaft `exception.Message` (Meldungstext) zu. Der Meldungstext wird automatisch vom Betriebssystem bereitgestellt und muss nicht selbst erstellt werden.

```
catch (Exception exception)
{
  MessageBox.Show(exception.Message);
}
```

Die Anweisung `throw` wird nicht benötigt, da diese die Ausnahme des Catch-Blocks erneut auslöst.

Nach der Try-Catch-Anweisung fügen wir eine weitere MessageBox ein. Diese wird immer angezeigt, auch wenn ein Fehler zur Laufzeit entsteht:

```
MessageBox.Show("Berechnung beendet");
```

Wir führen jetzt das Script aus. Die Fehlermeldung wird nicht mehr in den Systemmeldungen von EPLAN angezeigt. Nach der Berechnung wird das Script fertig ausgeführt (Bild 2.54):

```
using System.Windows.Forms;
using Eplan.EplApi.Scripting;
using System;

public class _03_Klassen_07_TryCatch
{
  [Start]
  public void Function()
  {
    int result;
    int number1 = 10;
    int number2 = 0;

    try
    {
      result = number1 / number2;

      //Ab hier wird kein Code mehr ausgeführt
      MessageBox.Show(result.ToString());
      MessageBox.Show("Berechnung erfolgreich beendet");
    }
    catch (Exception exception)
    {
      MessageBox.Show(exception.Message);
    }
  }
}
```

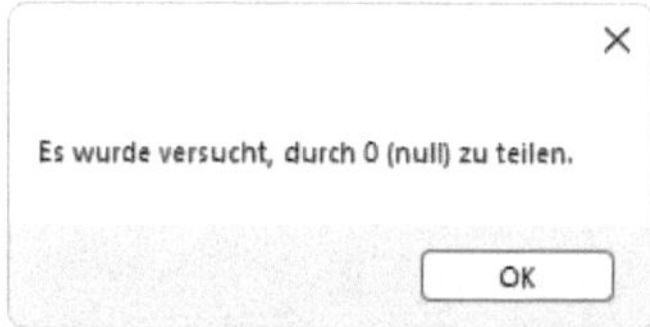

Bild 2.54
Der Fehler wurde abgefangen.

Nun ändern wir die Werte der Objekte ab und führen das Script erneut aus:

```
int result;
int number1 = 10;
int number2 = 5;
```

Nun wird das Script korrekt ausgeführt, und es entsteht keine *Exception* (Bild 2.55).

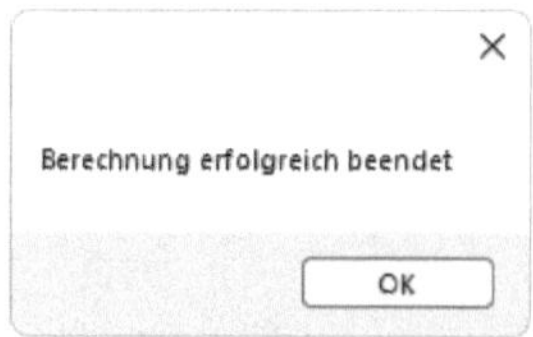

Bild 2.55
Die Berechnung wurde erfolgreich beendet.

2.3.5 Systemmeldungen

Wir erstellen ein Script mit dem Namen C# *08_Systemmeldungen.cs* und dem Attribut `[Start]`. In EPLAN gibt es verschiedene Systemmeldungen. Es ist immer das gleiche Objekt mit unterschiedlichem `MessageLevel`. Mit dieser Eigenschaft wird festgelegt, welches Icon die Meldung anzeigt (Tabelle 2.2).

Tabelle 2.2 Für das Objekt mögliche Attribute

Error	⊗
FatalError	⊖
Message	ⓘ
Warning	⚠

HINWEIS: Es gibt auch das `MessageLevel` `Assert`, dieses wird aber nicht in der EPLAN-Oberfläche angezeigt. Zusätzlich gibt es noch `Trace`, welches auch nicht angezeigt wird, aber in der *EplLog*-Datei im „Advanced mode" gespeichert wird.

Wir erstellen ein Objekt vom Typ `BaseException`. Da wir für jeden Meldungstyp ein eigenes Objekt nutzen, erweitern wir den Objektnamen mit folgender Eigenschaft:

```
BaseException bexAssert =
            new BaseException("Assert", MessageLevel.Assert);
```

Die erste Eigenschaft ist vom Typ String und gibt den Meldungstext wieder. Die zweite Eigenschaft ist vom Typ `MessageLevel` und spiegelt das Icon wider.

Wir erstellen für jeden `MessageLevel` ein eigenes Objekt mit dem dazugehörigen Meldungstext:

```
BaseException bexError =
    new BaseException("Error", MessageLevel.Error);
bexError.FixMessage();

BaseException bexFatalError =
    new BaseException("FatalError", MessageLevel.FatalError);
bexFatalError.FixMessage();

BaseException bexMessage =
    new BaseException("Message", MessageLevel.Message);
bexMessage.FixMessage();

BaseException bexTrace =
    new BaseException("Trace", MessageLevel.Trace);
bexTrace.FixMessage();
```

```
BaseException bexWarning =
    new BaseException("Warning", MessageLevel.Warning);
bexWarning.FixMessage();
```

Am Ende rufen wir die Systemmeldungen auf, um das Script zu testen:

```
CommandLineInterpreter cli = new CommandLineInterpreter();
cli.Execute("SystemErrDialog");
```

Nach dem Ausführen in EPLAN werden Systemmeldungen erzeugt (Bild 2.56). Es ist von Vorteil, Ereignisse, die im Script erzeugt wurden, zu speichern, um diese bei Fehlern auswerten zu können.

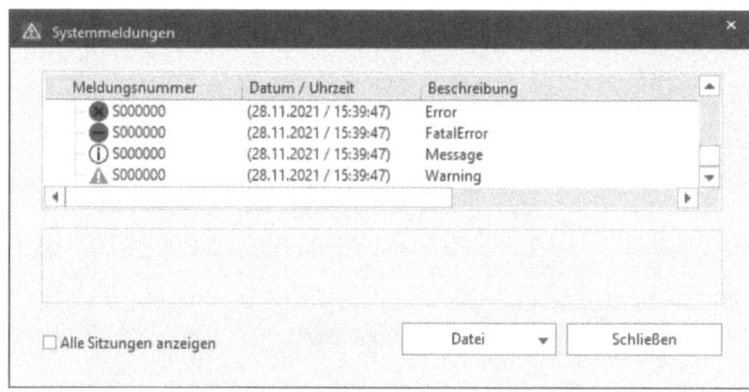

Bild 2.56
Unterschiedliche Icons für Systemmeldungen

Das gesamte Script sieht wie folgt aus:

```
using Eplan.EplApi.ApplicationFramework;
using Eplan.EplApi.Base;
using Eplan.EplApi.Scripting;

public class _03_Klassen_08_BaseException
{
  [Start]
  public void Function()
  {
    BaseException bexAssert =
      new BaseException("Assert", MessageLevel.Assert);
    bexAssert.FixMessage();

    BaseException bexError =
      new BaseException("Error", MessageLevel.Error);
    bexError.FixMessage();

    BaseException bexFatalError =
      new BaseException("FatalError", MessageLevel.FatalError);
    bexFatalError.FixMessage();

    BaseException bexMessage =
      new BaseException("Message", MessageLevel.Message);
    bexMessage.FixMessage();

    BaseException bexTrace =
      new BaseException("Trace", MessageLevel.Trace);
    bexTrace.FixMessage();
```

```
        BaseException bexWarning =
          new BaseException("Warning", MessageLevel.Warning);
        bexWarning.FixMessage();

        CommandLineInterpreter cli = new CommandLineInterpreter();
        cli.Execute("SystemErrDialog");
    }
}
```

2.3.6 Parameterübergabe: String

In Abschnitt 2.2.3, „Action mit Parameter“, haben wir Werte an EPLAN übergeben. Es ist jedoch auch möglich, einem Script einen Parameter von der EPLAN-Oberfläche aus zu übergeben. Im ersten Beispiel werden wir dem Script einen String übergeben und diesen dann weiterverarbeiten.

Wir erstellen ein neues Script mit dem Namen C# *09_Parameter_String.cs*. Dieses Script hat `[DeclareAction("StringParameter")]` als Attribut. Wie schon erwähnt, muss das Script geladen werden. Wir erstellen zusätzlich einen neuen Befehl in der EPLAN-Registerkarte mit der Action (Befehlszeile) *StringParameter* und dem Parameter */parameter*. Als Wert definieren wir „Beispielausgabe“ (Bild 2.57).

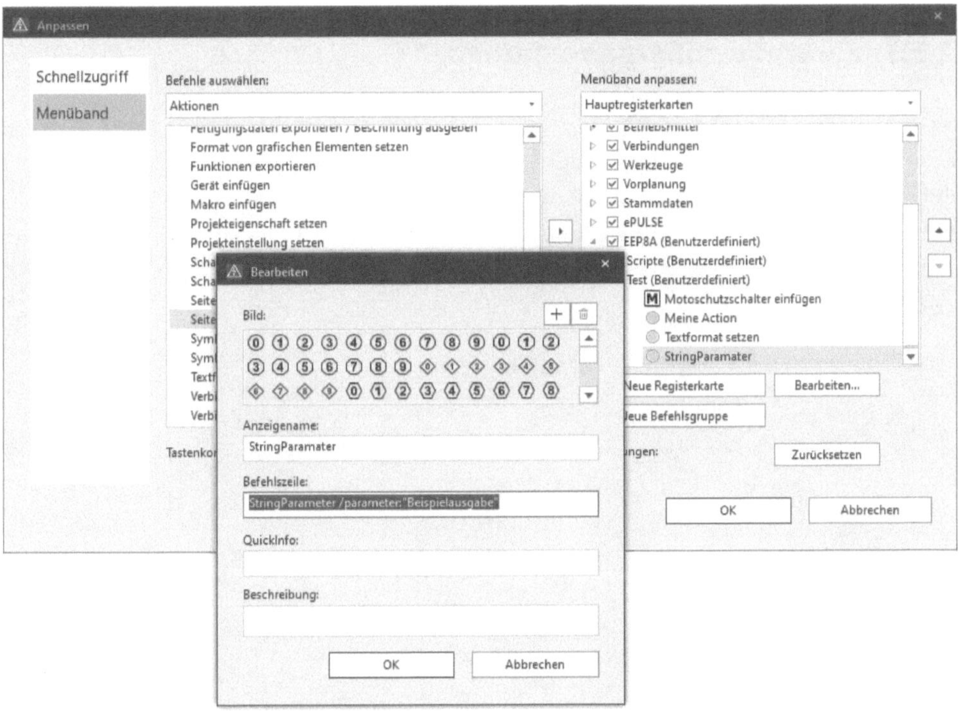

Bild 2.57 String-Parameter übergeben

HINWEIS: Zusätzlich zur direkten Parameter-Übergabe gibt es noch die Möglichkeit via `ActionCallingContext`, welche in Abschnitt 2.4.6, „Action mit ActionCallingContext“, beschrieben ist.

Unser Script soll den Parameterwert entgegennehmen und diesen in einer MessageBox wiedergeben. Um einem Script einen Parameter zu übergeben, deklarieren wir diesen zusammen mit der Methode:

```
using System.Windows.Forms;
using Eplan.EplApi.Scripting;

public class _03_Klassen_09_Parameter_String
{
  [DeclareAction("StringParameter")]
  public void Function(string parameter)
  {
    MessageBox.Show(parameter);
  }
}
```

Rufen wir nun den Befehl in EPLAN auf, sehen wir unsere Beispielausgabe. Wir müssen darauf achten, dass der Text bei Parameterwerten mit Leerzeichen immer in Anführungszeichen stehen muss. Deshalb sollte man diese Werte generell in Anführungszeichen schreiben.

2.3.7 Parameterübergabe: Integer

Als nächstes Beispiel (C# *10_Parameter_Integer.cs*) werden wir zwei Integer-Werte miteinander addieren. Wir erstellen diese zusammen mit der Methode und zeigen den Rechenweg mit dem Ergebnis an. Jeder Integer-Wert muss mit `ToString()` in ein String-Objekt gewandelt werden:

```
using System.Windows.Forms;
using Eplan.EplApi.Scripting;

public class _03_Klassen_10_Parameter_Integer
{
  [DeclareAction("IntParameter")]
  public void Function(int int1, int int2)
  {
    int result = int1 + int2;

    string message = int1.ToString() +
        " + " + int2.ToString() +
        " = " + result.ToString();

    MessageBox.Show(message);
  }
}
```

Um das Script zu testen, erstellen wir einen weiteren Befehl mit der Action *IntParameter* und den Parametern *int1* und *int2* und lassen uns das Ergebnis anzeigen (Bild 2.58).

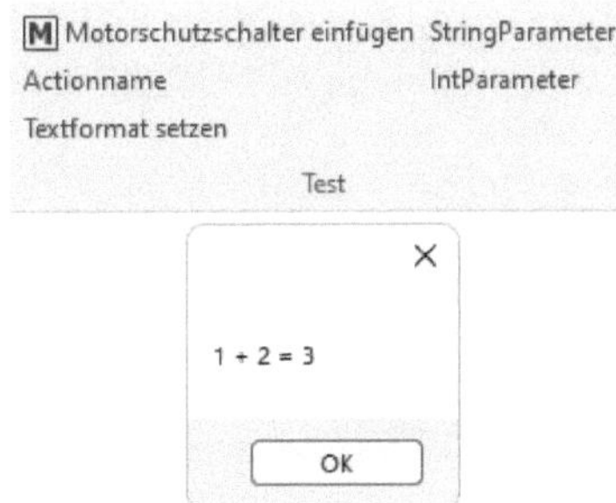

Bild 2.58
Integer-Parameter übergeben

2.3.8 MessageBox

Zur Überprüfung der korrekten Ausführung unserer Scripte haben wir in den meisten Beispielen eine Dialogbox verwendet. Die Klasse `MessageBox` bietet noch viele weitere Möglichkeiten, die im Scripting sehr praktisch sind.

Wir erstellen eine neue Scriptdatei mit dem Attribut `[Start]` und vergeben den Namen C# *11_MessageBox.cs*. Bis jetzt haben wir nur einen Text an die MessageBox übergeben. Es gibt aber mehrere Eigenschaften der MessageBox. Um zum Beispiel den Projektnamen in der Titelzeile anzuzeigen, laden wir den Projektnamen über die Pfadvariable und fügen als zweite Überladung den String ein (Bild 2.59):

```
string projectName = PathMap.SubstitutePath("$(PROJECTNAME)");

MessageBox.Show("Text", projectName);
```

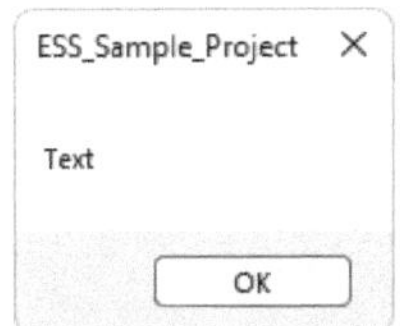

Bild 2.59
Titelzeilentext

Eine MessageBox muss nicht nur den Button OK beinhalten, sondern es gibt folgende Möglichkeiten:

- `AbortRetryIgnore` (dt. Abbrechen/Wiederholen/Ignorieren)
- `OK`
- `OKCancel` (dt. OK/Abbrechen)

- `RetryCancel` (dt. Wiederholen/Abbrechen)
- `YesNo` (dt. Ja/Nein)
- `YesNoCancel` (dt. Ja/Nein/Abbrechen)

Die nächste MessageBox erstellen wir mit einer Ja-Nein-Abfrage. Dies hat jedoch noch keinen Effekt auf unseren Programmcode, da wir keine Programmsteuerung hinterlegt haben (Bild 2.60):

```
MessageBox.Show(
    "Text",
    projectName,
    MessageBoxButtons.YesNo
    );
```

Bild 2.60 MessageBox-Buttons

Zusätzlich besteht die Möglichkeit, Icons anzuzeigen. Tabelle 2.3 zeigt die Icons, die zur Auswahl stehen. Wie man sieht, gibt es einige doppelte Icons. Grund dafür ist die Kompatibilität zu älteren Betriebssystemen, die gewahrt werden soll.

Tabelle 2.3 Verfügbare MessageBox-Icons

None	-
Asterisk	
Error	
Exclamation	
Hand	
Information	
Question	
Stop	
Warning	

In unserem Beispiel fügen wir das Informationssymbol ein (Bild 2.61):

```
MessageBox.Show(
    "Text",
    projectName,
    MessageBoxButtons.AbortRetryIgnore,
    MessageBoxIcon.Information
    );
```

Bild 2.61
MessageBox-Icons

Das komplette Script sieht wie folgt aus:

```
using System.Windows.Forms;
using Eplan.EplApi.Base;
using Eplan.EplApi.Scripting;

public class _03_Klassen_11_MessageBox
{
  [Start]
  public void Function()
  {
    string projectName = PathMap.SubstitutePath("$(PROJECTNAME)");

    MessageBox.Show("Text", projectName);

    MessageBox.Show(
        "Text",
        projectName,
        MessageBoxButtons.YesNo
        );

    MessageBox.Show(
        "Text",
        projectName,
        MessageBoxButtons.AbortRetryIgnore,
        MessageBoxIcon.Information
        );
  }
}
```

2.3.9 Eigene Klasse

Wie der Name vielleicht vermuten lässt, kann man sich in einer objektorientierten Programmiersprache auch eigene Objekte bzw. Klassen erstellen.

Wir erstellen uns ein Script mit dem Namen C# *12_Eigene_Klasse.cs* und dem Attribut `[Start]`. Unser Objekt soll eine Person mit Vornamen und Nachnamen darstellen. Wir erstellen uns ein Objekt der Klasse `Person` wie folgt:

```
Person max = new Person();
max.FirstName = "Max";
max.LastName = "Mustermann";
```

Visual Studio teilt uns nun jedoch mit, dass der Code Fehler enthält. Die Meldung, die in Bild 2.62 zu sehen ist, ist nicht gerade aussagekräftig.

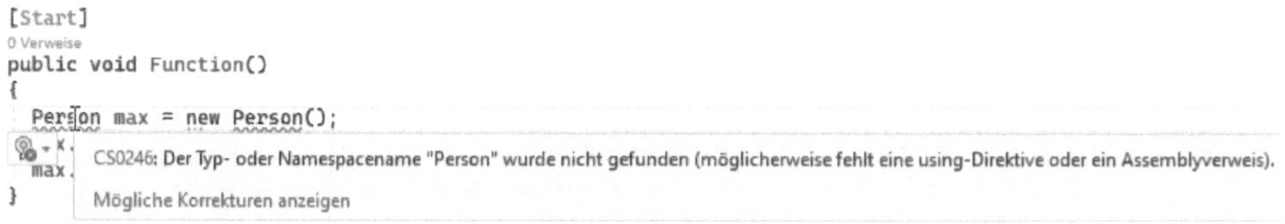

```
[Start]
0 Verweise
public void Function()
{
  Person max = new Person();
  max.
}
```

CS0246: Der Typ- oder Namespacename "Person" wurde nicht gefunden (möglicherweise fehlt eine using-Direktive oder ein Assemblyverweis).
Mögliche Korrekturen anzeigen

Bild 2.62 Fehlender Verweis

In unserem Fall fehlt schlichtweg die Klasse `Person`. Diese erstellen wir mit der Schnellaktion CLASS-OBJEKT "PERSON" GENERIEREN. Wir achten darauf, dass diese nicht in einer separaten Datei enthalten sein darf, weil wir im Scripting nur eine Datei laden können. Schnellaktionen findet man nach einem Klick auf die Glühbirne am linken Bildschirmrand (Bild 2.63).

Bild 2.63 Klasse per Schnellaktion erstellen

Die Eigenschaften `FirstName` und `LastName` erzeugen wir auch automatisch über die Schnellaktionen (Bild 2.64).

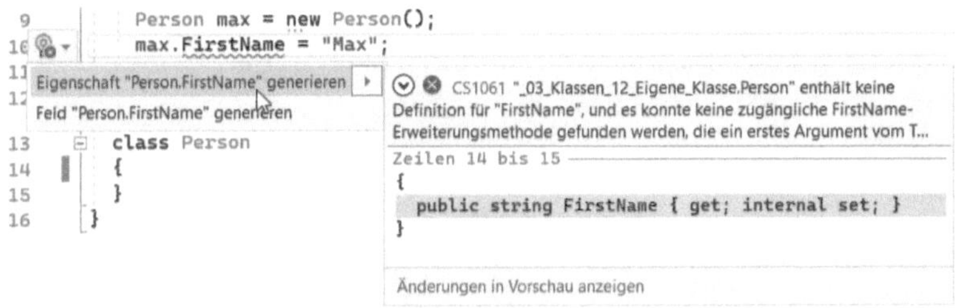

Bild 2.64 Eigenschaften per Schnellaktion erstellen

Die Klasse sieht nun wie folgt aus:

```
internal class Person
{
  public string FirstName { get; internal set; }
  public string LastName { get; internal set; }
}
```

Wir entfernen das Keyword `internal`, da es später zu Problemen führen würde, falls wir auf die Klasse zugreifen. Wir lassen nun Vor- und Nachnamen in einer MessageBox anzeigen:

```
MessageBox.Show(max.FirstName + " " + max.LastName);
```

Wir erstellen uns nun eine zweite Person, übergeben aber gleich beim Erstellen Vor- und Nachname:

```
Person maria = new Person("Maria", "Musterfrau");
```

Jetzt erhalten wir die Meldung „Person enthält keinen Konstruktor, der 2 Argumente annimmt“. Mit Konstruktor ist die Methode gemeint, die beim Erstellen einer Klasse ausgeführt wird. Standardgemäß hat diese keine Argumente bzw. Parameter. Über die Schnellaktion kann man auch den Konstruktor automatisch erstellen lassen. Wir löschen dazu die Variablen *v1* und *v2*. Im Konstruktor weisen wir `FirstName` und `LastName` direkt zu:

```
public Person(string firstName, string lastName)
{
  FirstName = firstName;
  LastName = lastName;
}
```

Nun haben wir allerdings das Problem, dass unser Konstruktor ohne Parameter überschrieben wurde. Dadurch erhalten wir eine Fehlermeldung bei der ersten Person. Das Erstellen eines Konstruktors ohne Parameter (z. B. per Schnellaktion) schafft Abhilfe:

```
public Person()
{
}
```

Wir möchten auch die zweite Person mit Vor- und Nachnamen in einer MessageBox anzeigen lassen. Es wäre doch praktisch, wenn es eine Eigenschaft `FullName` gäbe, die uns gleich die Namen kombiniert, oder? Hierfür erstellen wir uns eine Eigenschaft, die nur einen sogenannten *Getter* besitzt, das heißt, sie ist schreibgeschützt (hat also keinen *Setter* und kann somit nicht gesetzt werden):

```
public string FullName
{
  get { return FirstName + " " + LastName; }
}
```

Eigene Klassen können auch eigene Methoden besitzen. Wir erstellen uns deshalb eine Methode `DisplayFullName()`, die uns eine MessageBox mit dem vollen Namen anzeigt:

```
public void DisplayFullName()
{
  MessageBox.Show(FullName);
}
```

In unserer Action rufen wir jetzt die Methode an der zweiten Person auf:

```
maria.DisplayFullName();
```

Wir testen nun das Script. Beide MessageBoxen zeigen uns die vollen Namen, dennoch sieht man in diesem Code, dass objektorientierte Programmierung viele Möglichkeiten bietet, eigene Klassen zu erstellen bzw. zu nutzen (Bild 2.65). Man sollte den Aufwand in eigene Klassen investieren, denn dadurch wird der Code lesbarer.

Bild 2.65
Anzeige des vollen Namens

Das Script sieht nun wie folgt aus:

```
using System.Windows.Forms;
using Eplan.EplApi.Scripting;

class _03_Klassen_12_Eigene_Klasse
{
  [Start]
  public void Function()
  {
    Person max = new Person();
    max.FirstName = "Max";
    max.LastName = "Mustermann";
    MessageBox.Show(max.FirstName + " " + max.LastName);
```

```
        Person maria = new Person("Maria", "Musterfrau");
        maria.DisplayFullName();
    }

    class Person
    {
        public string FirstName { get; set; }
        public string LastName { get; set; }

        public string FullName
        {
            get { return FirstName + " " + LastName; }
        }

        public Person()
        {
        }

        public Person(string firstName, string lastName)
        {
            FirstName = firstName;
            LastName = lastName;
        }

        public void DisplayFullName()
        {
            MessageBox.Show(FullName);
        }
    }
}
```

2.4 Programmsteuerung

2.4.1 If-Abfrage

Einer der wichtigsten Punkte bei der Programmierung ist die Programmsteuerung. Zur Laufzeit interagieren User:innen mit dem Programm/Script. Dann stellt sich immer die Frage: „Was passiert, wenn …?“

Wir erstellen einen neuen Ordner mit dem Namen *04_Programmsteuerung* im Projekt. Im ersten Beispiel machen wir den Programmfluss davon abhängig, welcher Parameter dem Script übergeben wird. Wir erstellen ein neues Script (C# *01_IF_String.cs*) mit dem Attribut `[DeclareAction("IfString")]` und einen Parameter `parameter` vom Typ String.

Die wohl am häufigsten verwendete Programmsteuerung ist die If-Abfrage. Diese kann beliebig oft verschachtelt werden (Bild 2.66). Der symbolische (nicht ausführbare) Programmcode sieht wie folgt aus:

```
if (parameter == "JA")
{
  // Bedingung erfüllt
}
else
{
  // Bedingung nicht erfüllt
}
```

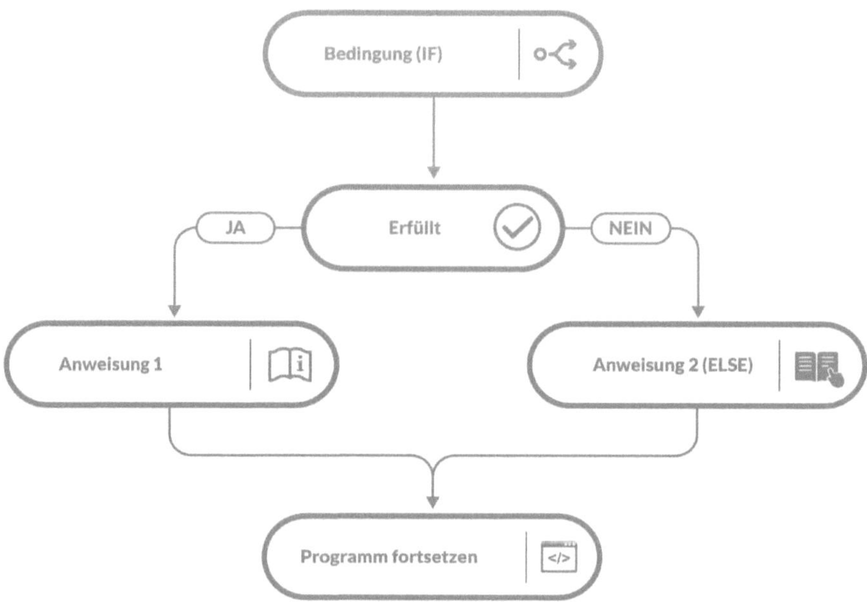

Bild 2.66 If-Else

Die Bedingung muss immer ein boolescher Wert sein. Ein Bool kann nur zwei Zustände haben:

- *true*
- *false*

Einen booleschen Wert können wir durch ein vorangestelltes Ausrufezeichen auch negieren.

Im ersten Beispiel prüfen wir, ob der übergebene Parameter den Wert JA hat oder nicht. Um einen String zu vergleichen, gibt es den Operator ==:

```
if (parameter == "JA")
```

Wir erstellen einen weiteren Befehl in EPLAN mit folgender Befehlszeile:

- Action: *IfString*
- Parameter: *parameter*
- Parameterwert: *JA*

```
if (parameter == "JA")
{
  MessageBox.Show("Bedingung erfüllt.");
}
else
{
  MessageBox.Show("Bedingung nicht erfüllt.");
}
```

Haben wir alles richtig gemacht, dann erscheint beim Ausführen die Meldung *Bedingung erfüllt* (Bild 2.67).

Bild 2.67
If-Abfrage

Die Groß- und Kleinschreibung ist in diesem Fall sehr wichtig. Genau das ist bei einem String-Parameter oft gefährlich. Bei der Weitergabe eines Scripts wird angegeben, welche Parameter möglich sind, aber oftmals nicht, wie diese geschrieben werden müssen.

Um diesem Fall vorzubeugen, besitzt ein String die Methode `ToUpper()`. Parameterwerte werden grundsätzlich großgeschrieben, um diese besser vom Programmcode unterscheiden zu können. Mit `ToUpper()` werden alle Zeichen in einem String in Großbuchstaben umgewandelt. Somit kann man einen Eingabefehler schnell und einfach abfangen.

Wir kopieren den Programmcode und fügen diesen am Ende der Methode ein. Dann passen wir die If-Abfrage wie folgt an:

```
if (parameter.ToUpper() == "JA")
```

Wir testen nun das Script mit dem Parameterwert `ja`. Die erste Abfrage ist hier nicht erfüllt, die zweite allerdings schon.

Der komplette Programmcode lautet:

```
using System.Windows.Forms;
using Eplan.EplApi.Scripting;

public class _04_Programmsteuerung_01_IF_String
{
  [DeclareAction("IfString")]
  public void Function(string parameter)
  {
    if (parameter == "JA")
    {
      MessageBox.Show("Bedingung erfüllt.");
    }
    else
    {
      MessageBox.Show("Bedingung nicht erfüllt.");
    }

    if (parameter.ToUpper() == "JA")
    {
      MessageBox.Show("Bedingung erfüllt.");
    }
    else
    {
      MessageBox.Show("Bedingung nicht erfüllt.");
    }
  }
}
```

Um nun abzufangen, welcher Button in einer MessageBox gedrückt wird, erstellen wir ein neues Script mit dem Namen C# *02_ElseIF.cs* und setzen das Attribut auf `[Start]`.

Mit der Klasse `DialogResult` können wir das Ergebnis speichern und weiterverarbeiten. Es ist ratsam, für jeden Dialog ein eigenes Objekt zuzuweisen. Ansonsten verliert man schnell den Überblick bzw. kann Fehler schwer auffinden. Ein `DialogResult` wird der MessageBox einfach vorangestellt:

```
DialogResult result = MessageBox.Show(
    "Soll die Aktion ausgeführt werden?",
    "Titelzeile",
    MessageBoxButtons.YesNoCancel,
    MessageBoxIcon.Question
    );
```

Nun erstellen wir eine If-Abfrage, um zu überprüfen, welcher Button gedrückt wurde. Hierfür benötigen wir eine Erweiterung der If-Abfrage. Um mehrere Abfragen voneinander abhängig zu machen, gibt es *Else If*. Dabei wird die erste Bedingung mit *If* geprüft und alle folgenden dann mit *Else If* (Bild 2.68).

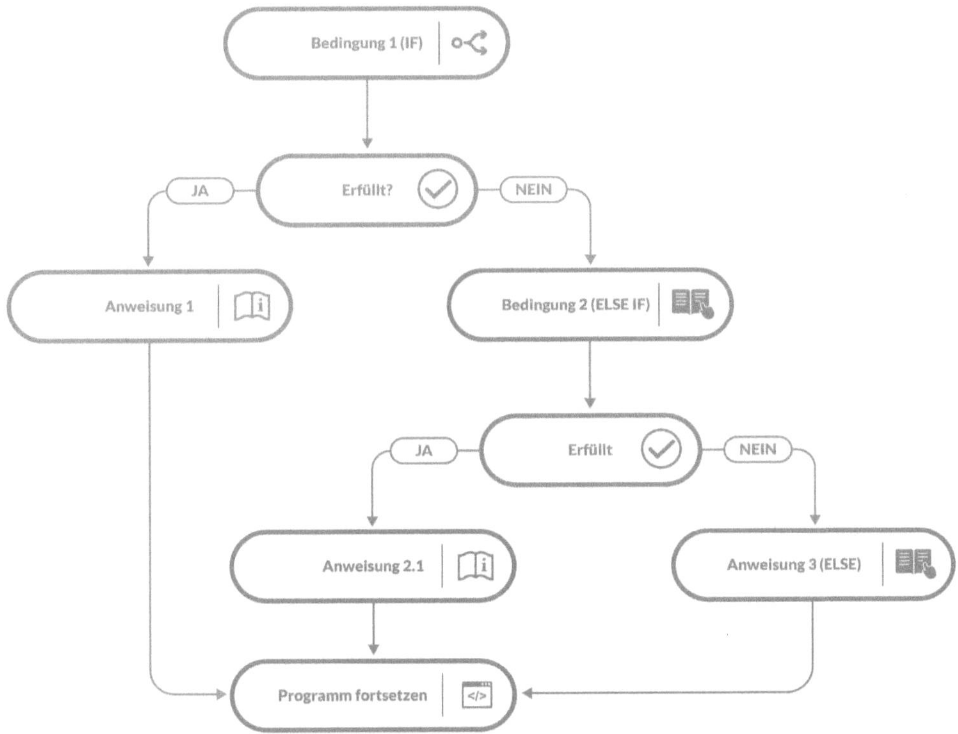

Bild 2.68 Else-If

Das Objekt `DialogResult` kann in diesem Fall folgende Ergebnisse liefern (Bild 2.69):

- *Yes*
- *No*
- *Cancel*

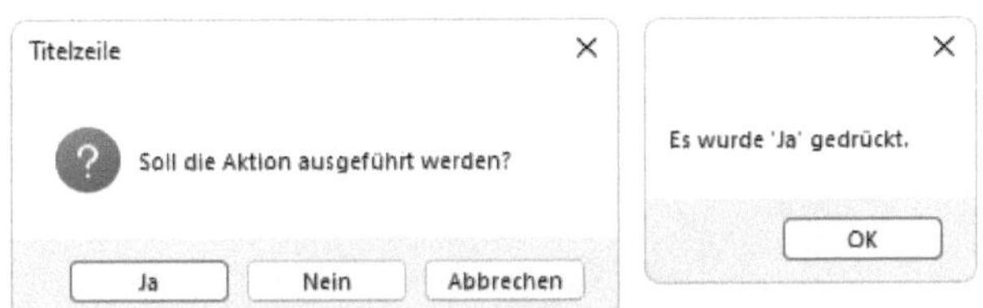

Bild 2.69 Programmsteuerung mit Dialogergebnissen

```
using System.Windows.Forms;
using Eplan.EplApi.Scripting;

public class _04_Programmsteuerung_02_ElseIF
{
  [Start]
  public void Function()
  {
    DialogResult result = MessageBox.Show(
        "Soll die Aktion ausgeführt werden?",
        "Titelzeile",
        MessageBoxButtons.YesNoCancel,
        MessageBoxIcon.Question
        );

    if (result == DialogResult.Yes)
    {
      MessageBox.Show("Es wurde 'Ja' gedrückt.");
    }
    else if (result == DialogResult.No)
    {
      MessageBox.Show("Es wurde 'Nein' gedrückt.");
    }
    else if (result == DialogResult.Cancel)
    {
      MessageBox.Show("Es wurde 'Abbrechen' gedrückt.");
    }
  }
}
```

2.4.2 Switch

Hat man nur wenige mögliche Fälle, ist eine If-Abfrage meistens die bessere und übersichtlichere Lösung. Beinhaltet ein Script jedoch z.B. mehrere Parameter, ist der Schreibaufwand enorm. Hierfür ist die Switch-Case-Abfrage besser geeignet.

Wir erstellen ein Script mit dem Attribut `[Start]` und dem Namen C# *03_Switch.cs*. Dann erzeugen wir eine MessageBox mit den Buttons JA/NEIN/ABBRECHEN:

```
DialogResult result = MessageBox.Show(
    "Soll die Aktion ausgeführt werden?",
    "Titelzeile",
    MessageBoxButtons.YesNoCancel,
    MessageBoxIcon.Question);
```

Am Anfang einer Switch-Anweisung wird immer das zu prüfende Objekt angegeben.

```
switch (result)
{
}
```

In der Anweisung werden nun verschiedene Fälle (engl. *case*) angegeben, die auftreten können. Da unser Objekt vom Typ `DialogResult` ist, muss dieser auch hinterlegt werden:

```
case DialogResult.Yes:
  MessageBox.Show("Es wurde 'Ja' gedrückt.");
  break;
```

Mit `break` wird angegeben, dass der Fall abgeschlossen ist. Falls mehrere Fälle mit demselben Programmcode abgearbeitet werden sollen, können diese per Sprungbefehl (`goto`) angegeben werden. Der Befehl `default` gibt an, was passieren soll, wenn keiner der Fälle eintritt.

Um dies alles abzubilden, verweisen wir im Fall `DialogResult.No` auf `default`:

```
case DialogResult.No:
  goto default;

default:
    MessageBox.Show("Es wurde 'Nein' oder"
    + "'Abbrechen' gedrückt.");
    break;
```

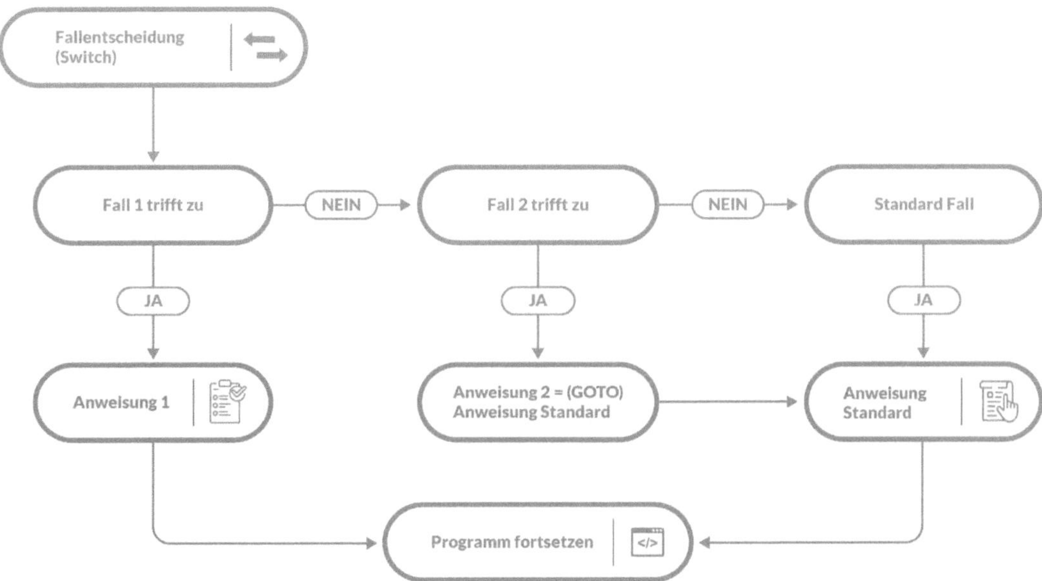

Bild 2.70 Fallentscheidung (Switch)

An dieser Stelle sei angemerkt, dass man den `goto`-Befehl (siehe Bild 2.70) generell vermeiden sollte. In diesem Beispiel kann man die Zeile sogar weglassen, da die Fälle dann aufeinanderfolgen (engl. *fallthrough*).

Das komplette Script sieht so aus:

```
using System.Windows.Forms;
using Eplan.EplApi.Scripting;

public class _04_Programmsteuerung_03_Switch
{
  [Start]
  public void Function()
  {
    DialogResult result = MessageBox.Show(
        "Soll die Aktion ausgeführt werden?",
        "Titelzeile",
        MessageBoxButtons.YesNoCancel,
        MessageBoxIcon.Question);

    switch (result)
    {
      case DialogResult.Yes:
        MessageBox.Show("Es wurde 'Ja' gedrückt.");
        break;

      case DialogResult.No:
        goto default;

      default:
        MessageBox.Show("Es wurde 'Nein' oder"
        + "'Abbrechen' gedrückt.");
        break;
    }
  }
}
```

2.4.3 Methoden extrahieren

Je mehr Funktionalität ein Script bereitstellt, desto länger und unübersichtlicher wird auch der Programmcode. Das Wiederholen von dem immer wieder gleichen Programmcode ist hinderlich, da man bei einer Änderung an mehreren Stellen Anpassungen vornehmen muss. Darum stellt .NET die Funktionalität bereit, eigene Methoden zu erstellen.

Wir erstellen ein neues Script mit folgendem Attribut und dem Namen C# *04_Methode_MessageBox.cs*: `[DeclareAction("MethodeMessageBox")]`. Wir wollen nun wieder zwei Integer-Werte miteinander addieren. Dazu geben wir zwei Parameter an (`int1`, `int2`). Wurde das komplette Script durchlaufen, soll am Ende ein Dialog mit *Berechnung abgeschlossen.* erscheinen.

Der Programmcode sollte bekannt sein und folgendermaßen aussehen:

```
public class _04_Programmsteuerung_04_Methode_MessageBox
{
  [DeclareAction("MethodeMessageBox")]
  public void Function(int int1, int int2)
  {
    int intResult = int1 + int2;

    MessageBox.Show(int1.ToString() +
        " + " + int2.ToString() +
        " = " + intResult.ToString());

    MessageBox.Show("Berechnung abgeschlossen.");
  }
}
```

Bislang beinhaltet die Action noch nichts Neues für uns. Um einen Teil des Programmcodes auszulagern (in diesem Fall die zweite MessageBox), markieren wir die Zeile und drücken die rechte Maustaste. Im Kontextmenü wählen wir den Eintrag SCHNELLAKTIONEN UND REFACTORINGS ... oder die gelbe Glühbirne an der linken Seite aus (Bild 2.71). Über METHODE EXTRAHIEREN wird automatisch eine neue Methode mit dem Namen `NewMethod` erstellt (Bild 2.72). Diese nennen wir `FinishedMessageBox`.

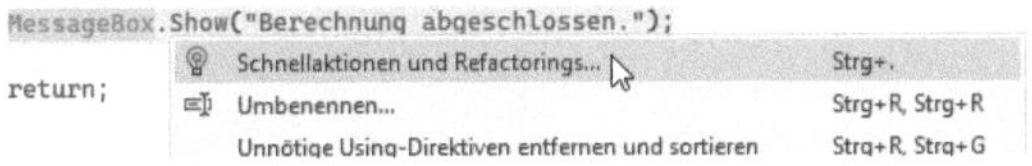

```
MessageBox.Show("Berechnung abgeschlossen.");
return;
```

Schnellaktionen und Refactorings...	Strg+.
Umbenennen...	Strg+R, Strg+R
Unnötige Using-Direktiven entfernen und sortieren	Strg+R, Strg+G

Bild 2.71 Methode extrahieren

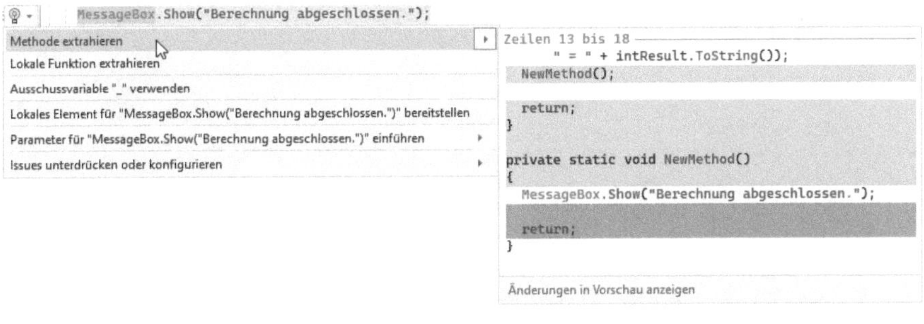

```
MessageBox.Show("Berechnung abgeschlossen.");
```

- Methode extrahieren
- Lokale Funktion extrahieren
- Ausschussvariable "_" verwenden
- Lokales Element für "MessageBox.Show("Berechnung abgeschlossen.")" bereitstellen
- Parameter für "MessageBox.Show("Berechnung abgeschlossen.")" einführen
- Issues unterdrücken oder konfigurieren

```
Zeilen 13 bis 18
      " = " + intResult.ToString());
  NewMethod();

  return;
}

private static void NewMethod()
{
  MessageBox.Show("Berechnung abgeschlossen.");

  return;
}
```

Änderungen in Vorschau anzeigen

Bild 2.72 Schnellaktionen

Die Schnellaktionen in Visual Studio sind oftmals sehr hilfreich und erleichtern das Programmieren (Bild 2.72). Ab jetzt können wir an jeder Stelle im Programm die Methode `FinishedMessageBox()` aufrufen (Bild 2.73). Möchten wir z. B. den Text verändern, müssen wir dies nur an einer Stelle im Programmcode tun.

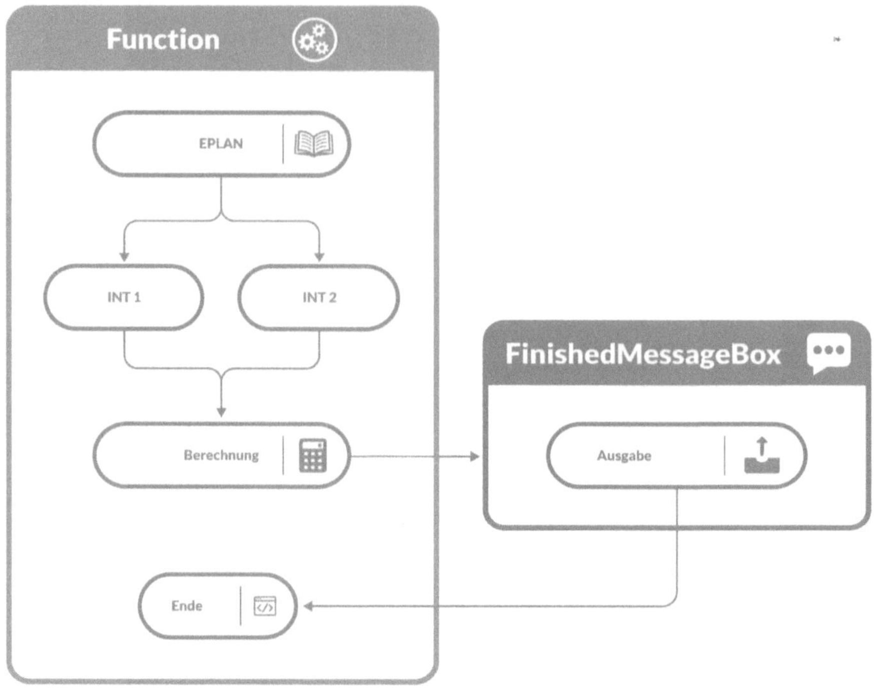

Bild 2.73 Methoden extrahieren: FinishedMessageBox

```
using System.Windows.Forms;
using Eplan.EplApi.Scripting;

public class _04_Programmsteuerung_04_Methode_MessageBox
{
  [DeclareAction("MethodeMessageBox")]
  public void Function(int int1, int int2)
  {
    int result = int1 + int2;

    MessageBox.Show(int1.ToString() +
        " + " + int2.ToString() +
        " = " + result.ToString());
    FinishedMessageBox();
  }

  private static void FinishedMessageBox()
  {
    MessageBox.Show("Berechnung abgeschlossen.");
  }
}
```

Wir erstellen eine Kopie der Datei C# *04_Methode_MessageBox.cs* mit dem Namen C# *05_Methode_Integer.cs*. Dann extrahieren wir die Berechnung und die dazugehörige MessageBox (Methodenname `CalcMessageBox()`):

```
private static void CalcMessageBox(int int1, int int2)
{
  int result = int1 + int2;
  MessageBox.Show(int1.ToString() +
      " + " + int2.ToString() +
      " = " + result.ToString());
}
```

Wie wir sehen, kann man auch im Programmcode Werte an andere Methoden (ähnlich wie Parameter) übergeben (Bild 2.74).

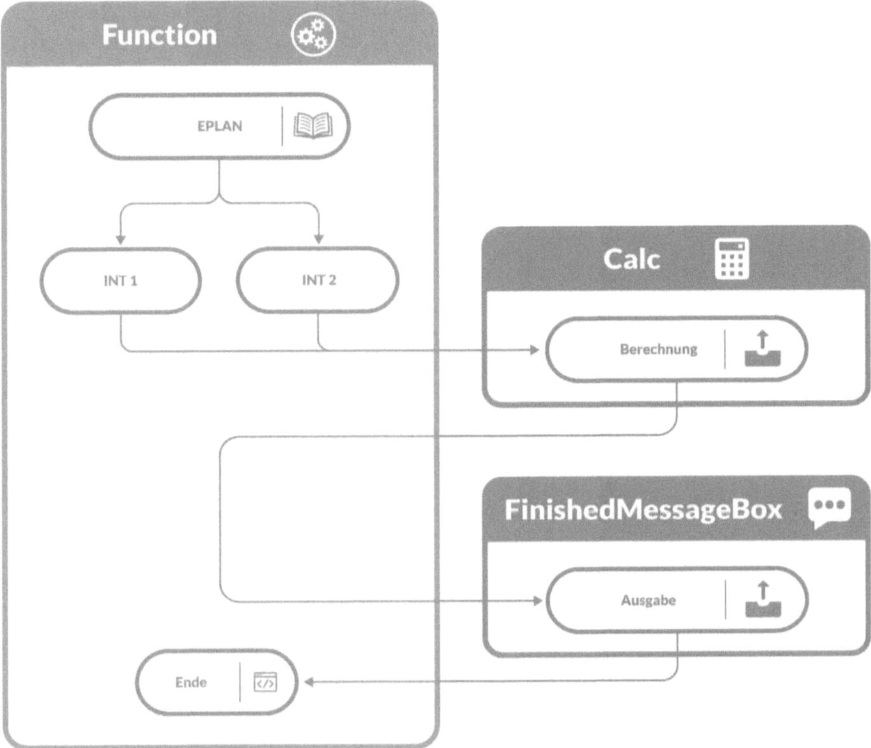

Bild 2.74 Methoden extrahieren: Calc

```
using System.Windows.Forms;
using Eplan.EplApi.Scripting;

public class _04_Programmsteuerung_05_Methode_Integer
{
  [DeclareAction("MethodeInt")]
  public void Function(int int1, int int2)
  {
    CalcMessageBox(int1, int2);
    FinishedMessageBox();
  }
```

```
  private static void CalcMessageBox(int int1, int int2)
  {
    int result = int1 + int2;
    MessageBox.Show(int1.ToString() +
        " + " + int2.ToString() +
        " = " + result.ToString());
  }

  private static void FinishedMessageBox()
  {
    MessageBox.Show("Berechnung abgeschlossen.");
  }
}
```

Wir kopieren nun das Script C# *04_Methode_MessageBox.cs* und vergeben den Namen C# *06_Methode_Rückgabewert.cs*. Als Actionname wählen wir *MethodeIntRückgabewert*. Wir markieren dieses Mal nur die Zeile der Berechnung.

Wie zuvor extrahieren wir die Methode über die Schnellaktionen (Bild 2.75). Es wird nun eine andere Art von Methode extrahiert. Wir vergeben den Namen `Calc()`. Der Typ der Methode ist jetzt `int`, da das Ergebnis (Rückgabewert) ein Integer-Wert ist. Man kann die Berechnung immer dann verwenden, wenn zwei Zahlen miteinander addiert werden und wir sie gleich einem Objekt vom Typ Integer zuweisen möchten.

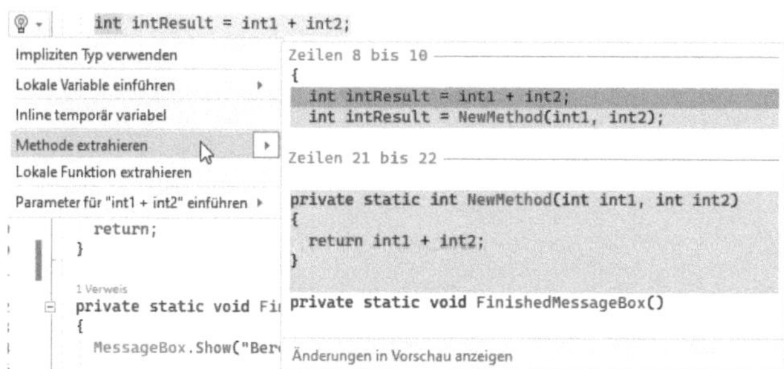

Bild 2.75 Methode extrahieren

```
using System.Windows.Forms;
using Eplan.EplApi.Scripting;

public class _04_Programmsteuerung_06_Methode_Rueckgabewert
{
  [DeclareAction("MethodeIntRückgabewert")]
  public void Function(int int1, int int2)
  {
    int result = Calc(int1, int2);

    MessageBox.Show(
        int1.ToString() +
        " + " + int2.ToString() +
```

```
        " = " + result.ToString()
        );

    FinishedMessageBox();
  }

  private static int Calc(int int1, int int2)
  {
    return int1 + int2;
  }

  private static void FinishedMessageBox()
  {
    MessageBox.Show("Berechnung abgeschlossen.");
  }
}
```

Wie bereits bekannt, kann man eine Methode mit unterschiedlichen Parametern starten. Im Beispiel der MessageBox haben wir ein Objekt mit Text und Überschrift erzeugt. Danach wurde noch die Eigenschaft für die Buttons und das Icon übergeben. Nun ist es ganz einfach, selbst eine Methode mit mehreren Überladungen zu erstellen.

Wir erstellen ein neues Script mit dem Namen C# *07_Methoden_Überladungen.cs* und dem Attribut `[Start]`. In der Funktion deklarieren wir ein String-Objekt, das später den Text für die MessageBox enthält:

```
using System.Windows.Forms;
using Eplan.EplApi.Scripting;

public class _04_Programmsteuerung_07_Methoden_Ueberladungen
{
  [Start]
  public void Function()
  {
    string message = string.Empty;

    // [...]
  }
}
```

Wir erstellen nun eine neue String-Methode mit einem Parameter. In diesem Beispiel wollen wir eine variable Methode erstellen, um dem oder der Benutzer:in mitzuteilen, was wir gerade gegessen haben:

```
private static string DoSomething(string food)
{
  string fullMessage = "Ich habe gerade " + food + " gegessen!";

  return fullMessage;
}
```

In der Methode wird ein String zusammengesetzt. Dieser dient auch als Rückgabewert und enthält den kompletten Satz. In der Hauptfunktion weisen wir dem Objekt `message` den Wert zu. Wir rufen dann eine MessageBox mit dem Objekt auf:

```
message = DoSomething("Bananen");

MessageBox.Show(message,
  "Information",
  MessageBoxButtons.OK,
  MessageBoxIcon.Information);
```

Wir kopieren nun die Funktion `DoSomething()` und ergänzen einen Parameter. Es wird ein Satz gebaut, der auch die Anzahl der Nahrungsmittel wiedergibt. In dieser Methode geben wir gleich die String-Verkettung zurück. Dadurch können wir uns eine Deklaration sparen.

```
private static string DoSomething(string food, string amount)
{
  return "Ich habe gerade " + amount + " " + food + " gegessen!";
}
```

In der Hauptfunktion weisen wir dem Objekt `message` den Wert der String-Methode zu. Jetzt gibt es zwei mögliche Überladungen (Bild 2.76).

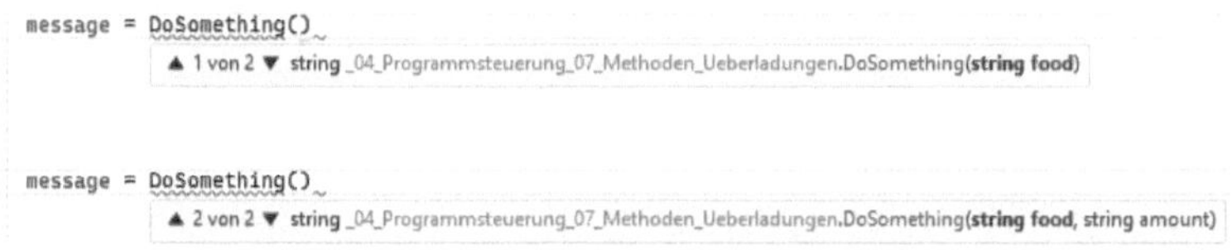

Bild 2.76 Mehrere Methoden werden über IntelliSense angezeigt.

Wir weisen den zwei Methodenaufrufen folgende Werte zu:

- Aufruf 1
  - Food: Bananen
- Aufruf 2
  - Food: Bananen
  - Amount: 3

Nun rufen wir erneut eine MessageBox auf und testen das Script (Bild 2.77).

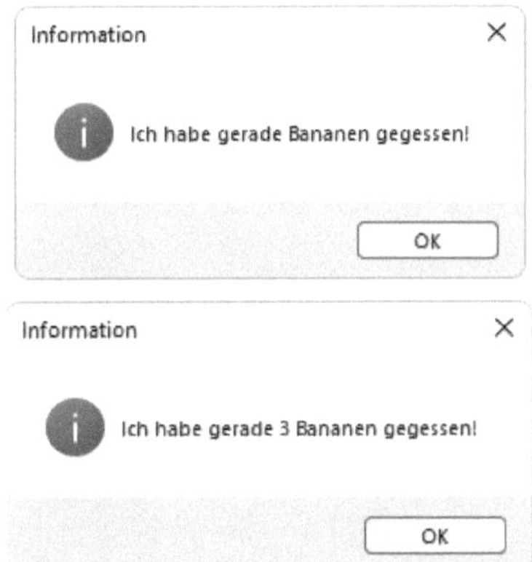

Bild 2.77
Eigene Essen-Methode

```
using System.Windows.Forms;
using Eplan.EplApi.Scripting;

public class _04_Programmsteuerung_07_Methoden_Ueberladungen
{
  [Start]
  public void Function()
  {
    string message = string.Empty;

    message = DoSomething("Bananen");

    MessageBox.Show(message,
        "Information",
        MessageBoxButtons.OK,
        MessageBoxIcon.Information);

    message = DoSomething("Bananen", "3");

    MessageBox.Show(message,
        "Information",
        MessageBoxButtons.OK,
        MessageBoxIcon.Information);
  }

  private static string DoSomething(string food)
  {
    string fullMessage = "Ich habe gerade " + food + " gegessen!";

    return fullMessage;
  }

  private static string DoSomething(string food, string amount)
  {
    return "Ich habe gerade " + amount + " " + food + " gegessen!";
  }
}
```

Man kann auch eigene Beschreibungstexte für Methoden hinzufügen. Wenn IntelliSense eine Methode erkennt, wird der Beschreibungstext (sofern vorhanden) geladen (Bild 2.78). Dies dient der besseren Dokumentation. Der Aufbau gleicht dem einer XML-Datei. Wir fügen vor den Methoden folgende Beschreibungen ein:

```
/// <summary>
/// Gibt einen Wert zurück, der den Satz enthält:
/// "Ich habe gerade [food] gegessen!"
/// </summary>
/// <param name="food">Nahrungsmittel</param>
private static string DoSomething(string food)
{
  string fullMessage = "Ich habe gerade " + food + " gegessen!";

  return fullMessage;
}

/// <summary>
/// Gibt einen Wert zurück, der den Satz enthält:
/// "Ich habe gerade [amount] [food] gegessen!"
/// </summary>
/// <param name="food">Nahrungsmittel</param>
/// <param name="amount">Menge</param>
private static string DoSomething(string food, string amount)
{
  return "Ich habe gerade " + amount + " " + food + " gegessen!";
}
```

Folgende Begriffe tauchen darin auf:

- `summary`: Beschreibung der Methode
- `param`: Parameterbeschreibung

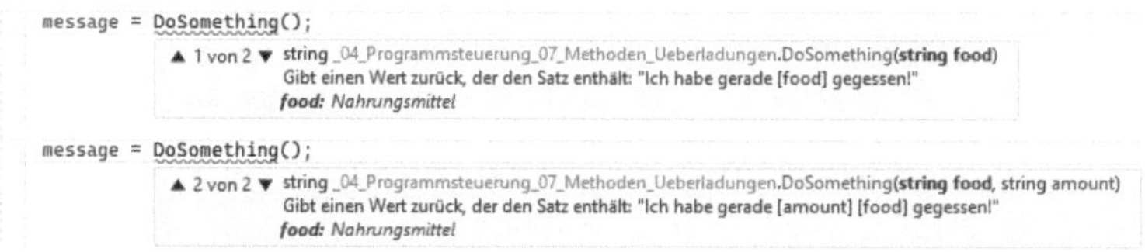

Bild 2.78 Beschreibung einer Methode

2.4.4 Decider

Wir haben nun die Standard-MessageBox von Windows kennengelernt. In EPLAN gibt es auch eine MessageBox mit der Klasse `Decider`. Mit dieser Klasse werden EPLAN-Dialoge erstellt, wie man sie kennt. Großer Vorteil dieser Klasse ist, dass man eine Batch-Antwort vordefinieren kann. Diese Entscheidung wird dann bei einem externen Aufruf, über z. B. die Befehlszeile, verwendet. Dadurch werden die Dialoge unterdrückt.

Wir erstellen für dieses Beispiel die Datei C# *08_Decider.cs*. Im ersten Beispiel erstellen wir mithilfe der Methode `Decide()` eine MessageBox mit einem OK-Button (Bild 2.79). Die Vorgehensweise ist ähnlich wie bei einer Standard-MessageBox, die mit der Methode `Show()` erstellt wird. Als Parameter werden folgende Infos übergeben:

- *Type:* Buttons der MessageBox
- *Text:* Text der MessageBox
- *Title:* Titeltext der MessageBox
- *DefaultDecision:* vorselektierter Button (bei OK notwendig, aber ohne Funktion)
- *BatchDecision:* Entscheidung bei automatisiertem Aufruf (bei OK notwendig, aber ohne Funktion)

```
Decider deciderOk = new Decider();
deciderOk.Decide(
  EnumDecisionType.eOkDecision,
  "Ich sag mal OK!",
  "Decider",
  EnumDecisionReturn.eOK,
  EnumDecisionReturn.eOK);
```

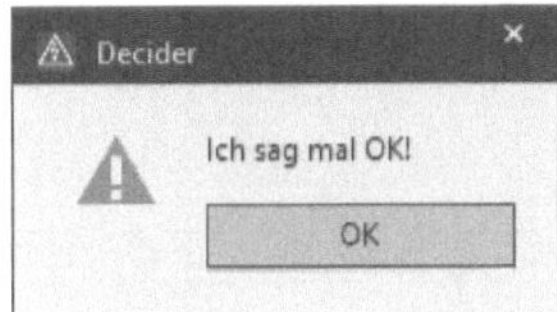

Bild 2.79
Decider OK

Als Nächstes fügen wir eine Ja-Nein-Entscheidung ein. Eine ähnliche MessageBox kennen wir schon mit dem Rückgabeobjekt `DialogResult`. Bei der EPLAN-Klasse ist dies `EnumDecisionReturn`. Diese können wir z. B. auch über ein Switch-Statement abfragen:

```
Decider deciderYesNo = new Decider();
EnumDecisionReturn decisionYesNo = deciderYesNo.Decide(
  EnumDecisionType.eYesNoDecision,
  "Ja oder Nein?",
  "Decider",
  EnumDecisionReturn.eYES,
  EnumDecisionReturn.eYES);

switch (decisionYesNo)
{
  case EnumDecisionReturn.eYES:
    MessageBox.Show("Ja");
    break;

  case EnumDecisionReturn.eNO:
```

```
    MessageBox.Show("Nein");
    break;
}
```

Hier ergibt dann auch die *BatchDecision* Sinn (Bild 2.80).

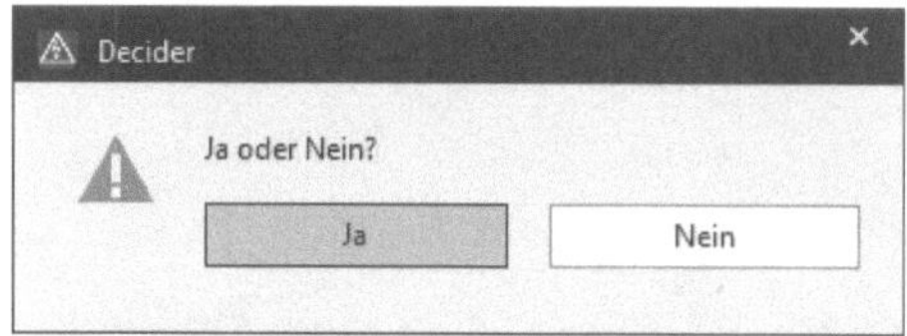

Bild 2.80 Decider YesNo

Als Nächstes fügen wir nochmals eine Ja-Nein-Abfrage ein, mit dem Zusatz, dass beide Entscheidungen auch für alle Entscheidungen gelten können (Bild 2.81):

```
// YesNoAll
Decider deciderYesNoAll = new Decider();
EnumDecisionReturn decisionYesNoAll = deciderYesNoAll.Decide(
  EnumDecisionType.eYesAllNoAllDecision,
  "Ja oder Nein für alle?",
  "Decider",
  EnumDecisionReturn.eYES,
  EnumDecisionReturn.eYES);

switch (decisionYesNoAll)
{
  case EnumDecisionReturn.eYES:
    MessageBox.Show("Ja");
    break;

  case EnumDecisionReturn.eNO:

    MessageBox.Show("Nein");
    break;

  case EnumDecisionReturn.eYES_ALL:
    MessageBox.Show("Ja für alle");
    break;

  case EnumDecisionReturn.eNO_ALL:
    MessageBox.Show("Nein für alle");
    break;
}
```

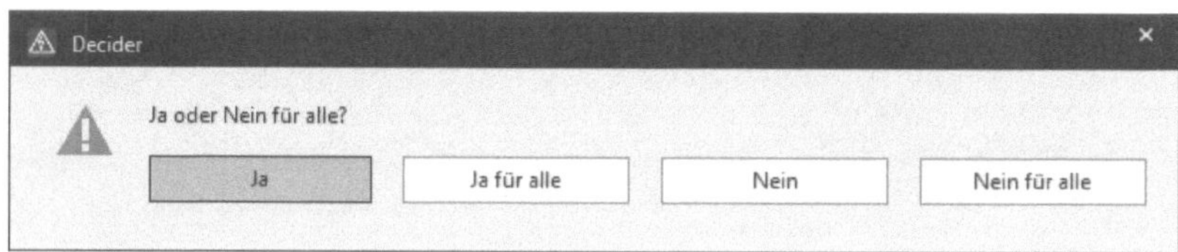

Bild 2.81 YesNoAll

Einigen dürfte auch ein EPLAN-Dialog bekannt sein, welcher dem oder der Benutzer:in anbietet, den Dialog nicht mehr anzuzeigen. Selbst das ist per Script möglich. Wir achten darauf, dass folgende Parameter zum bisherigen Methodenaufruf hinzukommen:

- `DecisionId`: eindeutiger Name des Dialogs
- `ShowCheckBox`: Einstellung, ob der Dialog in Zukunft angezeigt werden soll
- `Icon`: Icon des Dialogs

Wir zeigen die CheckBox an und wählen als Icon ein Fragezeichen (Bild 2.82). Der eindeutige Dialogname ist `DecisionIconAndCheckBox`. Es muss darauf geachtet werden, dass dieser Name kein zweites Mal in einem anderen Script verwendet wird. Es gibt auch Buttons für das Wiederholen und den Abbruch. Diese verwenden wir im Beispiel:

```
Decider deciderIconAndCheckBox = new Decider();
EnumDecisionReturn decisionIconAndCheckBox = deciderIconAndCheckBox.Decide(
  EnumDecisionType.eRetryCancelDecision,
  "Icon und CheckBox. Toll, oder?",
  "Decider",
  EnumDecisionReturn.eRETRY,
  EnumDecisionReturn.eRETRY,
  "DecisionIconAndCheckBox",
  true,
  EnumDecisionIcon.eQUESTION);

if (decisionIconAndCheckBox == EnumDecisionReturn.eRETRY)
{
  MessageBox.Show("Einmal reicht ...");
}
```

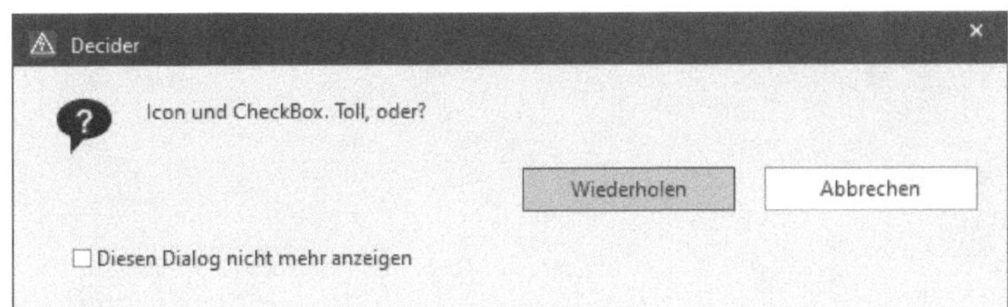

Bild 2.82 Decider mit Icon und CheckBox

Wurde die CheckBox *Diesen Dialog nicht mehr anzeigen* aktiviert, können wir diese Einstellung über BENUTZER > DARSTELLUNG > OBERFLÄCHE > UNTERDRÜCKTE MELDUNGEN REAKTIVIEREN zurücksetzen. Alle unterdrückten Dialoge werden dann nach einem EPLAN-Neustart wieder angezeigt (Bild 2.83).

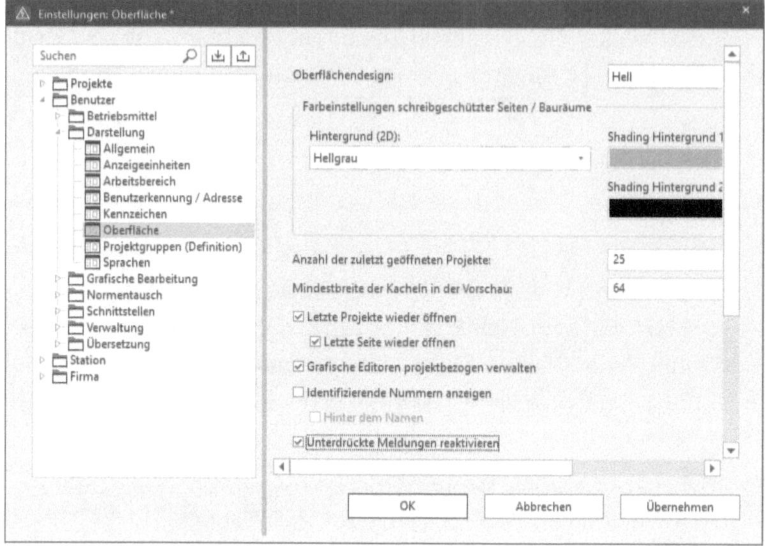

Bild 2.83 Unterdrückte Meldungen reaktivieren

Das komplette Script sieht wie folgt aus:

```
using System.Windows.Forms;
using Eplan.EplApi.Base;
using Eplan.EplApi.Scripting;

public class _04_Programmsteuerung_08_Decider
{
  [Start]
  public void Function()
  {
    // OK
    Decider deciderOk = new Decider();
    deciderOk.Decide(
      EnumDecisionType.eOkDecision,
      "Ich sag mal OK!",
      "Decider",
      EnumDecisionReturn.eOK,
      EnumDecisionReturn.eOK);

    // YesNo
    Decider deciderYesNo = new Decider();
    EnumDecisionReturn decisionYesNo = deciderYesNo.Decide(
      EnumDecisionType.eYesNoDecision,
      "Ja oder Nein?",
      "Decider",
      EnumDecisionReturn.eYES,
      EnumDecisionReturn.eYES);

    switch (decisionYesNo)
    {
```

```
        case EnumDecisionReturn.eYES:
          MessageBox.Show("Ja");
          break;

        case EnumDecisionReturn.eNO:
          MessageBox.Show("Nein");
          break;
      }

      // YesNoAll
      Decider deciderYesNoAll = new Decider();
      EnumDecisionReturn decisionYesNoAll = deciderYesNoAll.Decide(
        EnumDecisionType.eYesAllNoAllDecision,
        "Ja oder Nein für alle?",
        "Decider",
        EnumDecisionReturn.eYES,
        EnumDecisionReturn.eYES);

      switch (decisionYesNoAll)
      {
        case EnumDecisionReturn.eYES:
          MessageBox.Show("Ja");
          break;

        case EnumDecisionReturn.eNO:
          MessageBox.Show("Nein");
          break;

        case EnumDecisionReturn.eYES_ALL:
          MessageBox.Show("Ja für alle");
          break;

        case EnumDecisionReturn.eNO_ALL:
          MessageBox.Show("Nein für alle");
          break;
      }

      // Icon and CheckBox
      Decider deciderIconAndCheckBox = new Decider();
      EnumDecisionReturn decisionIconAndCheckBox =
      deciderIconAndCheckBox.Decide(
        EnumDecisionType.eRetryCancelDecision,
        "Icon und CheckBox. Toll, oder?",
        "Decider",
        EnumDecisionReturn.eRETRY,
        EnumDecisionReturn.eRETRY,
        "DecisionIconAndCheckBox",
        true,
        EnumDecisionIcon.eQUESTION);

      if (decisionIconAndCheckBox == EnumDecisionReturn.eRETRY)
      {
        MessageBox.Show("Einmal reicht ...");
      }
    }
  }
```

2.4.5 Action mit Rückgabewert

Wie die Überschrift dieses Abschnitts schon verrät, kann man auch eigene Actions erstellen, die einen Rückgabewert liefern. Dies ist sehr sinnvoll, wenn man Programmcode vorliegen hat, der in verschiedenen Scripten benötigt wird.

Als Beispiel erstellen wir die Datei C# *09_Action_mit_Rückgabewert.cs* mit dem Attribut `[Start]`. In der Methode erstellen wir einen `ActionCallingContext`. Diesem übergeben wir den Parameter `name` mit einem beliebigen Wert. Dann führen wir die Action *ReturnAction* aus, welche wir noch erstellen müssen.

```
CommandLineInterpreter cli = new CommandLineInterpreter();
ActionCallingContext actionCallingContext = new ActionCallingContext();
actionCallingContext.AddParameter("name", "Neo");
cli.Execute("ReturnAction", actionCallingContext);

actionCallingContext.GetParameter("value", ref value);
```

Neu für uns ist das Keyword `ref`. Dadurch teilt man dem Compiler mit, dass das Objekt übergeben wird und die Methode diesen Wert direkt ändert.

Nun erstellen wir eine neue Methode `ReturnAction()`, die das Attribut `[DeclareAction("ReturnAction")]` trägt. Wie man sieht, ist es möglich, ein Script zu laden und es auch auszuführen. Gerade beim Testen eines Scripts ist dies sehr praktisch. Die Methode hat den Parameter `name`, der später vom Aufruf übergeben wird, und zusätzlich den Rückgabewert `value`. Dieser muss mit dem Keyword `out` gekennzeichnet werden:

```
[DeclareAction("ReturnAction")]
public void ReturnAction(string name, out string value)
{
  value = "Hallo " + name;
}
```

Wie man sieht, müssen wir den Wert nicht extra mit einem `return` zurückgeben, sondern er wird direkt geschrieben.

Wir laden nun das Script und führen es dann aus (Bild 2.84). Man kann ruhig einmal den Parameterwert `name` ändern oder testen, ob der Aufruf auch aus anderen Scripten gemacht werden kann. Wir stellen dabei sicher, dass das Script geladen ist, damit die Action verfügbar ist. Das fertige Script sieht wie folgt aus:

```
using System.Windows.Forms;
using Eplan.EplApi.ApplicationFramework;
using Eplan.EplApi.Scripting;

public class _04_Programmsteuerung_09_Action_mit_Rueckgabewert
{
  [Start]
  public void Function()
  {
```

```
    string value = string.Empty;

    CommandLineInterpreter cli = new CommandLineInterpreter();
    ActionCallingContext actionCallingContext = new ActionCallingContext();
    actionCallingContext.AddParameter("name", "Neo");
    cli.Execute("ReturnAction", actionCallingContext);

    actionCallingContext.GetParameter("value", ref value);

    MessageBox.Show(value);
  }

  [DeclareAction("ReturnAction")]
  public void ReturnAction(string name, out string value)
  {
    value = "Hallo " + name;
  }
}
```

Bild 2.84
Action mit Rückgabewert

2.4.6 Action mit ActionCallingContext

Bei EPLAN Actions können Parameter mithilfe von `ActionCallingContext` angegeben werden. Auch bei eigenen Actions können diese Parameter in dieser Form abgefragt werden.

HINWEIS: Der `ActionCallingContext` ist als Parameter erst ab der EPLAN-Version 2.9 verfügbar.

Wir erstellen uns ein neues Script mit dem Namen C# *10_Action_mit_ActionCallingContext*. In der Action-Methode geben wir als Parameter nun z. B. nicht mehr `string` an, sondern verwenden die Klasse `ActionCallingContext`. Diesen speichern wir als private Variable:

```
private ActionCallingContext _acc;

[DeclareAction("ActionMitActionCallingContext")]
public void ReturnAction(ActionCallingContext acc)
{
  _acc = acc;
}
```

In diesem Beispiel möchten wir entweder einen (Vorname) oder zwei (Vorname + Nachname) Parameter übergeben. Um den Parameterwert zu ermitteln, erstellen wir die Methode `GetParameterValue()`. Beim Objekt vom Typ `ActionCallingContext` nutzen wir nun die Methode `GetParameter()` und übergeben ein Objekt per `ref` und geben dieses zurück:

```
private string GetParameterValue(string parameterName)
{
  string parameter = null;
  _acc.GetParameter(parameterName, ref parameter);
  return parameter;
}
```

Nun lesen wir den Vornamen (*firstName*) und Nachnamen (*lastName*) ein, prüfen, ob dieser mit der Methode `string.IsNullOrWhiteSpace()` gefüllt ist, und zeigen die Nachricht in einer `MessageBox` an (Bild 2.85).

```
string firstName = GetParameterValue("firstName");

string message - "Hello";
if (!string.IsNullOrWhiteSpace(firstName))
{
  message = message + " " + firstName;

  string lastName = GetParameterValue("lastName");
  if (!string.IsNullOrWhiteSpace(lastName))
  {
    message = message + " " + lastName;
  }
}

MessageBox.Show(message);
```

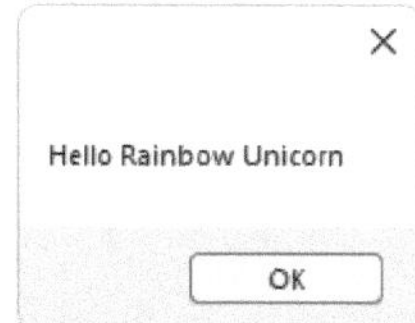

Bild 2.85
Begrüßung mit Vor- und Nachname in MessageBox

Nun können wir die Action jeweils ohne Parameter oder mit einem oder zwei Parametern testen:

```
using System.Windows.Forms;
using Eplan.EplApi.ApplicationFramework;
using Eplan.EplApi.Scripting;

public class _04_Programmsteuerung_10_Action_mit_ActionCallingContext
{
  private ActionCallingContext _acc;
```

```
    [DeclareAction("ActionWithActionCallingContext")]
    public void ReturnAction(ActionCallingContext acc)
    {
      _acc = acc;

      string firstName = GetParameterValue("firstName");

      string message = "Hello";
      if (!string.IsNullOrWhiteSpace(firstName))
      {
        message = message + " " + firstName;

        string lastName = GetParameterValue("lastName");
        if (!string.IsNullOrWhiteSpace(lastName))
        {
          message = message + " " + lastName;
        }
      }

      MessageBox.Show(message);
    }

    private string GetParameterValue(string parameterName)
    {
      string parameter = null;
      _acc.GetParameter(parameterName, ref parameter);
      return parameter;
    }
  }
```

2.5 Settings

2.5.1 String-Setting verändern

In Scripten gibt es die Möglichkeit, Settings (Einstellungen) zu verändern bzw. zu lesen.

HINWEIS: Projekteinstellungen können gesetzt werden. Lesen kann man diese allerdings nur, wenn man die XML-Datei exportiert und im Script einliest.

Jede Eigenschaft besitzt einen Standard-Datentyp (`bool`, `string`, `int`, `double`). Für jeden Typen gibt es eine eigene Methode, ein Setting zu lesen bzw. zu schreiben. Als erstes Beispiel wollen wir die Benutzerkennung (Kürzel) verändern. Wir erstellen einen neuen Ordner (*05_Settings*) für diesen Abschnitt und fügen eine Scriptdatei mit dem Namen C# *01_Verändern_String.cs* ein. Als Attribut vergeben wir `[Start]`.

Um mit Settings zu arbeiten, stellt EPLAN eine eigene Klasse im Namespace `Eplan.EplApi.Base` bereit:

```
Settings settings = new Settings();
```

Die Klasse `Settings` besitzt mehrere Methoden. Als Erstes benutzen wir `SetStringSetting()`, um eine Einstellung vom Typ String zu verändern. Als Parameter müssen folgende der Methode übergeben werden:

- Einstellungspfad
- Wert
- Index

Um den Einstellungspfad herauszufinden, exportieren wir den Knoten BENUTZER > DARSTELLUNG > BENUTZERKENNUNG/ADRESSE als XML-Datei (Bild 2.86).

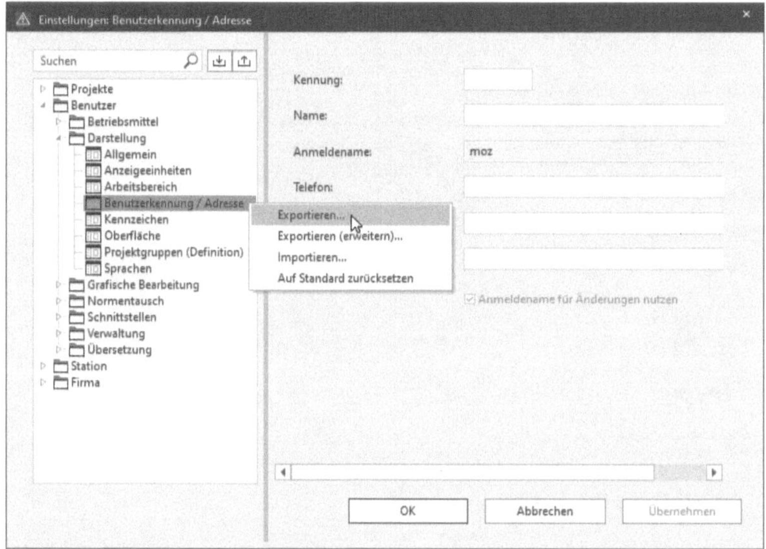

Bild 2.86 Einstellungen exportieren

Den Speicherort für die XML-Datei können wir frei wählen, da diese später nicht mehr benötigt wird. Wir öffnen die XML-Datei mit einem Doppelklick. Falls der Browser XML-Dateien nicht unterstützt, wählen wir stattdessen ÖFFNEN MIT ... und benutzen hierfür einen Texteditor.

Beim Betrachten der XML-Datei stellt man fest, dass sie ähnlich einer Baumstruktur angeordnet ist. Folgende Zeile enthält die Informationen für die Einstellung:

```
<Setting name="Identification" ver="1" type="string" desc="120">
```

Unser Setting hat den Namen `Identification` und ist vom Typ ein String.

Zum Namen kommt noch der Pfad hinzu, der sich aus den einzelnen Knoten im XML-Dokument zusammensetzt.

```
USER
    TrDMProject
        UserData
            Identification
```

Die einzelnen Knoten werden durch einen Punkt getrennt und dem Setting übergeben. Als neuen Wert für die Benutzerkennung verwenden wir "TEST", und der Index ist, sofern nicht anders in der XML-Datei angegeben, „0“.

```
settings.SetStringSetting(
    "USER.TrDMProject.UserData.Identification",
    "TEST", 0);
```

Um dem oder der Benutzer:in ein Feedback zu geben, sollten wir am Ende der Methode eine MessageBox anzeigen:

```
using System.Windows.Forms;
using Eplan.EplApi.Scripting;
using Eplan.EplApi.Base;

public class _05_Settings_01_Veraendern_String
{
  [Start]
  public void Function()
  {
    Settings settings = new Settings();

    settings.SetStringSetting(
        "USER.TrDMProject.UserData.Identification",
        "TEST", 0);

    MessageBox.Show("Einstellung wurde gesetzt.");
  }
}
```

Wir kontrollieren nun das Feld in den Einstellungen. Es sollte die Benutzerkennung *TEST* beinhalten (Bild 2.87).

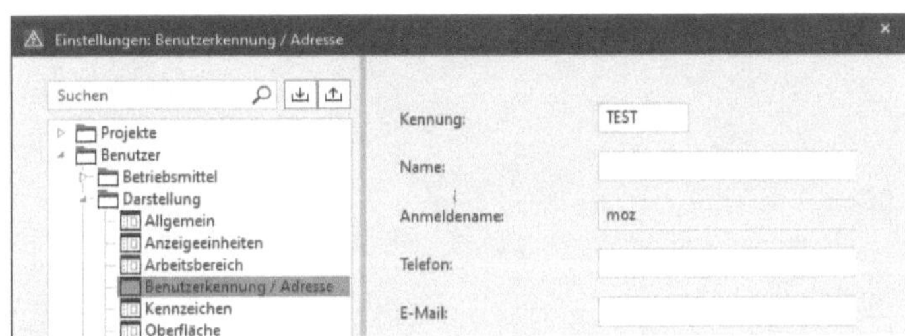

Bild 2.87 Benutzerkennung

2.5.2 Bool-Setting verändern

In den EPLAN-Einstellungen gibt es unzählige Checkboxen. Jede davon steht für ein Setting, das entweder an oder aus ist. Um nicht jedes Mal einen XML-Export starten zu müssen, gibt es in EPLAN eine versteckte Einstellung. Dieses Setting fügt zum Kontextmenü in den Einstellungen den Menüpunkt EINSTELLUNGSPFAD IN DIE ZWISCHENABLAGE KOPIEREN hinzu (Bild 2.88). Diese Einstellung ist nicht in der Hilfe dokumentiert. Um die Funktionalität bereitzustellen, muss EPLAN neu gestartet werden.

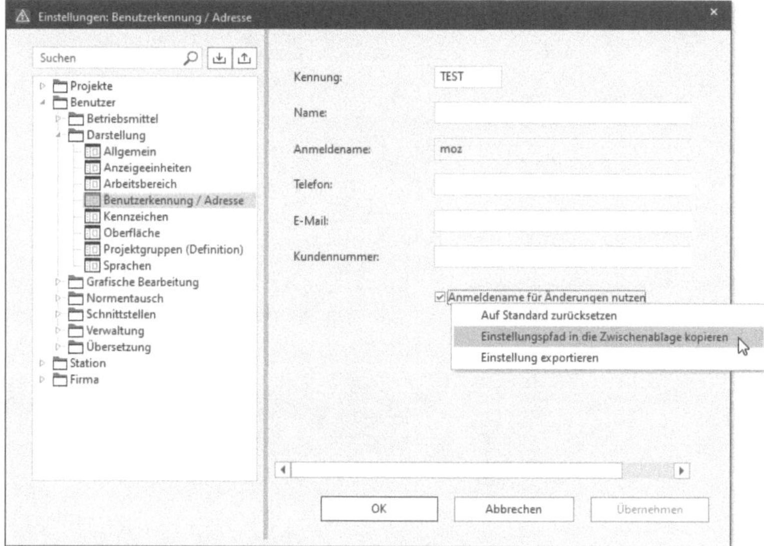

Bild 2.88 Einstellungspfad in die Zwischenablage kopieren

Um ein Bool-Setting zu verändern, kopieren wir das vorige Beispiel und ändern den Namen in C# *02_Verändern_Bool.cs*. Die Methode des Objekts `settings` deklarieren wir als `SetBoolSetting()` mit folgenden Parametern:

- Einstellungspfad: *USER.EnfMVC.ContextMenuSetting.ShowExtended*
- Wert: *true*
- Index: *0*

```
using System.Windows.Forms;
using Eplan.EplApi.Scripting;
using Eplan.EplApi.Base;

public class _05_Settings_02_Veraendern_Bool
{
  [Start]
  public void Function()
```

```
    {
        Settings settings = new Settings();

        settings.SetBoolSetting(
            "USER.EnfMVC.ContextMenuSetting.ShowExtended",
            true, 0);

        MessageBox.Show(
            "Einstellung wurde aktiviert. EPLAN-Neustart erforderlich."
            );
    }
}
```

Ist die Einstellung nun aktiviert, können wir die Einstellung bequem per Menüpunkt in die Zwischenablage kopieren. Danach kann man mit **Strg + V** die Einstellung in ein Script einfügen.

Beispiel Benutzer > Darstellung > Benutzerkennung/Adresse > Anmeldename für die Änderungen nutzen:

```
USER.XUserSettingsGui.UseLoginName 0
```

Der erste Wert ist die Einstellung mit dem kompletten Pfad. Mit „0“ wird der Index der Einstellung wiedergegeben.

2.5.3 Integer-Setting verändern

Wir kopieren das Beispiel C# *01_Verändern_String.cs* und ändern den Namen in C# *03_Verändern_Integer.cs* ab. Als Methode steht uns für Einstellungen mit Ganzzahlen `SetNumericSetting()` zur Verfügung. Wie bei allen anderen Settings auch muss man Pfad/Wert/Index angeben. Als Beispiel werden wir die Anzahl der zuletzt geöffneten Projekte auf 11 setzen (Bild 2.89).

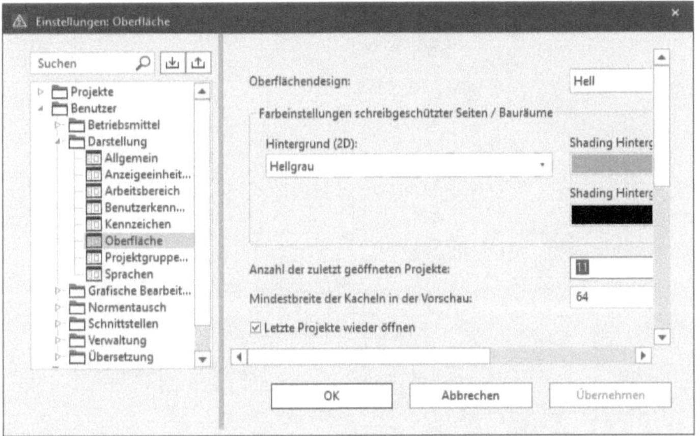

Bild 2.89 Anzahl der zuletzt geöffneten Projekte

```
using System.Windows.Forms;
using Eplan.EplApi.Scripting;
using Eplan.EplApi.Base;

public class _05_Settings_03_Veraendern_Integer
{
  [Start]
  public void Function()
  {
    Settings settings = new Settings();

    settings.SetNumericSetting(
        "USER.SYSTEM.GUI.LAST_PROJECTS_COUNT",
        11, 0);

    MessageBox.Show("Einstellung wurde gesetzt.");
  }
}
```

Wir führen das Script aus und kontrollieren den Wert in den Einstellungen.

2.5.4 String-Setting lesen

Wir erstellen ein neues Script mit dem Namen C# *04_Lesen_String.cs* und dem Attribut `[Start]`. Um ein Script z. B. von einem Setting abhängig zu machen, ist es nötig, den Wert dieser Einstellung zu ermitteln. Analog zu `SetStringSetting()` gibt es auch die Methode `GetStringSetting()`. Diese Methode gibt immer den angegebenen Datentyp zurück. In diesem Fall handelt es sich um einen String.

Wir erstellen einen neuen String und weisen diesem sofort den Settings-Wert zu. Wir wollen den Namen der Anwender:innen anzeigen lassen (Bild 2.91). Es muss sichergestellt sein, dass ein Wert in den Einstellungen eingegeben ist (Bild 2.90).

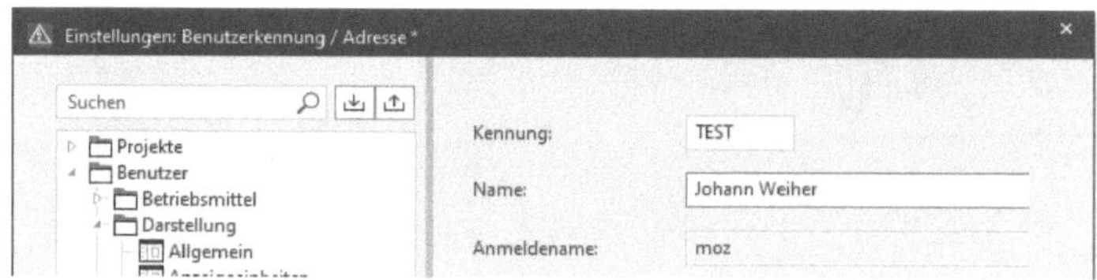

Bild 2.90 Einstellungen: Benutzerkennung/Adresse

```
using System.Windows.Forms;
using Eplan.EplApi.Scripting;
using Eplan.EplApi.Base;

public class _05_Settings_04_Lesen_String
{
  [Start]
```

```
  public void Function()
  {
    Settings settings = new Settings();

    string name = settings.GetStringSetting(
      "USER.TrDMProject.UserData.Longname", 0);

    MessageBox.Show("Hallo " + name + "!");
  }
}
```

Bild 2.91
Begrüßung der Anwender:innen per Script

2.5.5 Bool-Setting lesen

Auch boolesche Werte können im Programmcode weiterverarbeitet werden. Wir erstellen ein neues Script mit dem Namen C# *05_Lesen_Bool.cs* und dem Attribut [Start]. Wir fragen einen beliebigen booleschen Wert, wie z. B. BENUTZER > DARSTELLUNG > BENUTZERKENNUNG/ADRESSE, der Einstellungen mithilfe von GetBoolSetting() ab:

```
bool useLoginName = settings.GetBoolSetting(
"USER.XUserSettingsGui.UseLoginName", 0);
```

Abhängig vom zurückgegebenen Wert lassen wir über eine MessageBox anzeigen, ob die Einstellung aktiviert oder deaktiviert ist (Bild 2.92):

```
using System.Windows.Forms;
using Eplan.EplApi.Scripting;
using Eplan.EplApi.Base;

public class _05_Settings_05_Lesen_Bool
{
  [Start]
  public void Function()
  {
    Settings settings = new Settings();

    bool useLoginName = settings.GetBoolSetting(
    "USER.XUserSettingsGui.UseLoginName", 0);

    if (useLoginName)
    {
      MessageBox.Show("Einstellung ist aktiviert.");
    }
```

```
    else
    {
      MessageBox.Show("Einstellung ist deaktiviert.");
    }
  }
}
```

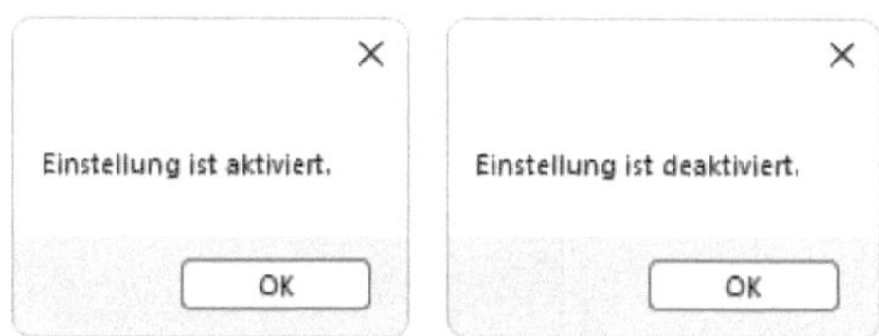

Bild 2.92
Einstellung per Script abfragen und anzeigen

2.5.6 Integer-Setting lesen

Analog zu den vorherigen Beispielen erstellen wir ein neues Script (C# *06_Lesen_Integer.cs*) und wählen `[Start]` als Attribut. Wie man unschwer erkennen kann, ist die Vorgehensweise zum Lesen bzw. Schreiben eines Settings immer die gleiche.

Wir lassen uns mit der Methode `GetNumericSetting()` per MessageBox die Mindestbreite der Kacheln in der Vorschau anzeigen (Bild 2.93). Man findet die Einstellung unter BENUTZER > DARSTELLUNG > OBERFLÄCHE.

```
using System.Windows.Forms;
using Eplan.EplApi.Scripting;
using Eplan.EplApi.Base;

public class _05_Settings_06_Lesen_Integer
{
  [Start]
  public void Function()
  {
    Settings settings = new Settings();

    int minColWidth = settings.GetNumericSetting(
    "USER.MF.PREVIEW.MINCOLWIDTH", 0);

    MessageBox.Show("Mindestbreite der Kacheln in der Vorschau: "
        + minColWidth.ToString());
  }
}
```

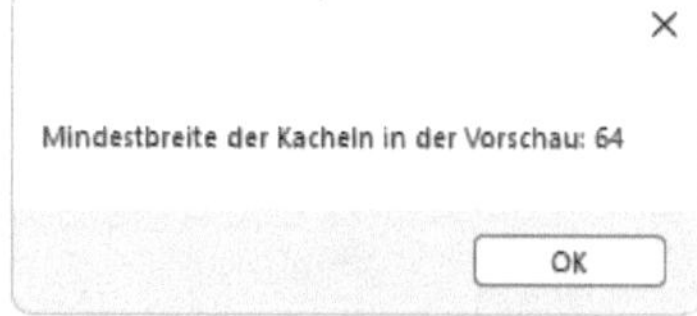

Bild 2.93
Integer-Wert von Einstellungen wiedergeben

2.5.7 Import

Um nicht jede Einstellung über den Programmcode zu setzen, gibt es die Möglichkeit, komplette XML-Settings-Dateien zu importieren. Wir erstellen ein neues Script mit dem Namen C# *07_Import.cs* und dem Attribut [Start]. Wir initialisieren ein Settings-Objekt und führen die Methode ReadSettings() aus. Als Übergabewert müssen wir eine XML-Datei angeben. Den Pfad dieser Datei kann man frei bestimmen.

```
settings.ReadSettings(@"C:\test\test.xml");
```

Wir exportieren nun einen Knoten aus den Einstellungen und verändern danach ein paar Werte, um zu kontrollieren, ob der Import erfolgreich war. Der Speicherort der Datei und die Pfadangabe im Script müssen hierbei identisch sein.

Um einen Pfad im Programmcode darzustellen, gibt es zwei Wege:

- Durch das Voranstellen eines @-Zeichens werden die Escape-Zeichen, die durch Backslash (\) eingeleitet werden, nicht berücksichtigt. Das Escape-Zeichen haben wir schon mit dem Zeilenumbruch (\n) kennengelernt. Würde dem String ein @-Zeichen vorangestellt, wird mit \n kein Zeilenumbruch ausgegeben.
- Des Weiteren ist es möglich, Pfadangaben mit Doppel-Slash (\\) anzugeben. Dann ist ein @-Zeichen nicht nötig.

Beispiel:

```
settings.ReadSettings(@"C:\test\test.xml");
settings.ReadSettings("C:\\test\\test.xml");
```

Beide Wege führen zum gleichen Ergebnis. Um den User:innen ein Feedback zu geben, lassen wir am Ende des Scripts einen Dialog erscheinen:

```
using System.Windows.Forms;
using Eplan.EplApi.Scripting;
using Eplan.EplApi.Base;

public class _05_Settings_07_Import
{
  [Start]
  public void Function()
  {
    Settings settings = new Settings();

    settings.ReadSettings(@"C:\test\test.xml");

    MessageBox.Show("Einstellungen wurden importiert.");
  }
}
```

Wir kontrollieren, ob die Einstellungen wieder in den gewünschten Zustand zurückversetzt wurden (Bild 2.94).

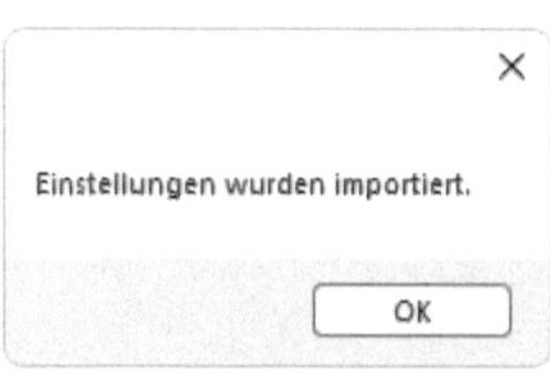

Bild 2.94
Einstellungen per Script importieren

HINWEIS: Mit dieser Action können keine Projekteinstellungen importiert werden.

2.5.8 Projekteinstellungen

Projekteinstellungen können per Script direkt mit folgender Action gesetzt werden: `XAfActionSettingProject`. Möchte man mehrere Einstellungen setzen, bietet es sich an, eine XML-Datei mit der Action `XSettingsImport` zu importieren.

Diese Action verhält sich ähnlich wie die Methode `settings.ReadSettings()`, hat aber die zusätzliche Möglichkeit, Projekteinstellungen zu verändern.

Wir erstellen ein neues Script (C# *08_Import_Projekteinstellungen.cs*) mit der Action `Verbindungsabzweigungen`. Als Parameter erstellen wir einen Integer (`setting`).

```
using System;
using System.Windows.Forms;
using Eplan.EplApi.ApplicationFramework;
using Eplan.EplApi.Base;
using Eplan.EplApi.Scripting;

public class _05_Settings_08_Import_Projekteinstellung
{
    [DeclareAction("Verbindungsabzweigungen")]
    public void Function(int setting)
    {
      // [...]
    }
}
```

Wir wechseln in EPLAN in die Einstellungen und exportieren den Knoten für Projekte > [Projektname] > Grafische Bearbeitung > Allgemein (Bild 2.95). Als Speicherort wählen wir das Scripte-Verzeichnis in den EPLAN-Stammdaten. Das Ganze wiederholen wir dreimal für jede Einstellmöglichkeit der Verbindungsabzweigungen. Du solltest nicht vergessen, die Einstellungen vor dem Export zu übernehmen:

- *Mit Zielfestlegung* (*1.xml*)
- *Als Punkt* (*2.xml*)
- *Wie gezeichnet* (*3.xml*)

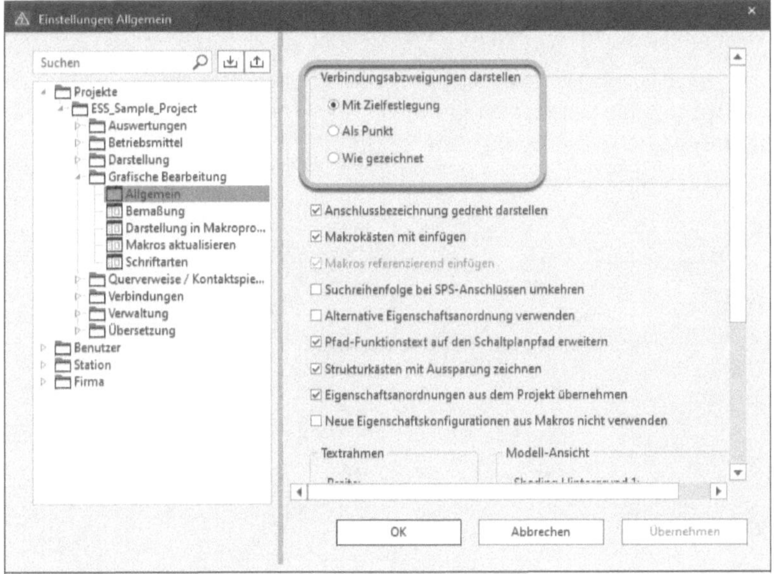

Bild 2.95 Verbindungsabzweigungen

Das Script soll über Befehle im Menüband angesteuert werden. Je nachdem, welcher Befehl geklickt wurde, wird die entsprechende Einstellung geladen (Bild 2.96). Du solltest darauf achten, dass sich immer alle Einstellungen des Einstellungsdialogs verändern.

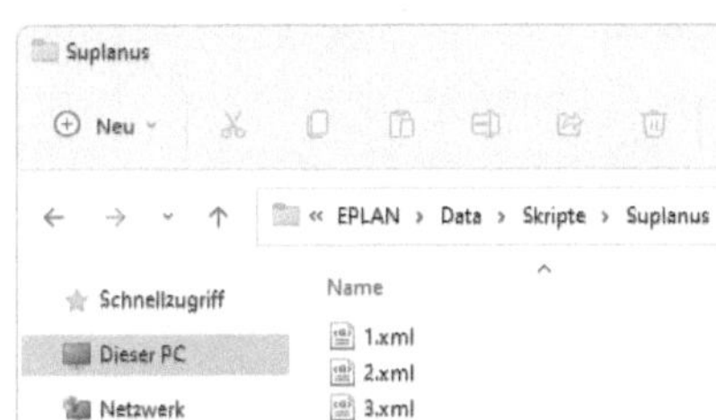

Bild 2.96
XML-Dateien unter *Skripte*

Wir initialisieren String-Objekte mit den Pfadvariablen für Skripte und dem vollständigen Projektnamen. Um die Einstellung anzuzeigen, benötigen wir noch einen String für die MessageBox:

```
string scripts = PathMap.SubstitutePath("$(MD_SCRIPTS)" + @"\");
string project = PathMap.SubstitutePath("$(P)");
string message = string.Empty;
```

Nun erstellen wir einen `CommandLineInterpreter` mit `ActionCallingContext`, um die Action später auszuführen. Der Parameter `Project` ist beim Importieren von Projekteinstellungen zwingend erforderlich.

```
CommandLineInterpreter cli = new CommandLineInterpreter();
ActionCallingContext acc = new ActionCallingContext();
acc.AddParameter("Project", project);
```

Über eine Switch-Abfrage wird der Parameterwert von `setting` überprüft, und die entsprechende Einstellung wird geladen. Wir speichern die Einstellung im Message-Objekt:

```
switch (setting)
{
  case 1:
    message = "[Mit Zielfestlegung]";
    acc.AddParameter("XmlFile", scripts + @"1.xml");
    break;

  case 2:
    message = "[Als Punkt]";
    acc.AddParameter("XmlFile", scripts + @"2.xml");
    break;

  case 3:
    message = "[Wie gezeichnet]";
    acc.AddParameter("XmlFile", scripts + @"3.xml");
    break;

  default:
    MessageBox.Show("Parameter nicht bekannt",
        "Fehler", MessageBoxButtons.OK,
        MessageBoxIcon.Error);
    return;
}
```

Wurde ein unbekannter Parameterwert übergeben, wird eine MessageBox angezeigt und das Script abgebrochen (`return`).

Wir führen nun die Action aus und zeigen die gesetzte Einstellung an:

```
cli.Execute("XSettingsImport", acc);

MessageBox.Show("Einstellungen wurden importiert." + Environment.NewLine +
                message,
  "Information",
  MessageBoxButtons.OK,
  MessageBoxIcon.Information);
```

Da zur Laufzeit nicht sichergestellt werden kann, dass die Datei vorhanden ist, sollte man das ganze Script in einen Try-Catch-Block setzen:

```
using System;
using System.Windows.Forms;
using Eplan.EplApi.ApplicationFramework;
using Eplan.EplApi.Base;
using Eplan.EplApi.Scripting;

public class _05_Settings_08_Import_Projekteinstellung
```

```
{
  [DeclareAction("Verbindungsabzweigungen")]
  public void Function(int setting)
  {
    try
    {
      string scripts = PathMap.SubstitutePath("$(MD_SCRIPTS)" + @"\");
      string project = PathMap.SubstitutePath("$(P)");
      string message = string.Empty;

      CommandLineInterpreter cli = new CommandLineInterpreter();
      ActionCallingContext acc = new ActionCallingContext();
      acc.AddParameter("Project", project);

      switch (setting)
      {
        case 1:
          message = "[Mit Zielfestlegung]";
          acc.AddParameter("XmlFile", scripts + @"1.xml");
          break;

        case 2:
          message = "[Als Punkt]";
          acc.AddParameter("XmlFile", scripts + @"2.xml");
          break;

        case 3:
          message = "[Wie gezeichnet]";
          acc.AddParameter("XmlFile", scripts + @"3.xml");
          break;

        default:
          MessageBox.Show("Parameter nicht bekannt",
              "Fehler", MessageBoxButtons.OK,
              MessageBoxIcon.Error);
          return;
      }

      cli.Execute("XSettingsImport", acc);

      MessageBox.Show("Einstellungen wurden importiert." +
          Environment.NewLine +
          message,
          "Information",
          MessageBoxButtons.OK,
          MessageBoxIcon.Information);
    }
    catch (Exception ex)
    {
      MessageBox.Show(ex.Message, "Fehler",
          MessageBoxButtons.OK,
          MessageBoxIcon.Error);
    }
  }
}
```

Wir erstellen nun in einer neuen Befehlsgruppe „Verbindungsabzweigungen“ in EPLAN drei Befehle mit folgenden Befehlszeilen (Bild 2.97 und Bild 2.98):

- *Mit Zielfestlegung*: `Verbindungsabzweigungen /setting:"1"`
- *Als Punkt*: `Verbindungsabzweigungen /setting:"2"`
- *Wie gezeichnet*: `Verbindungsabzweigungen /setting:"3"`

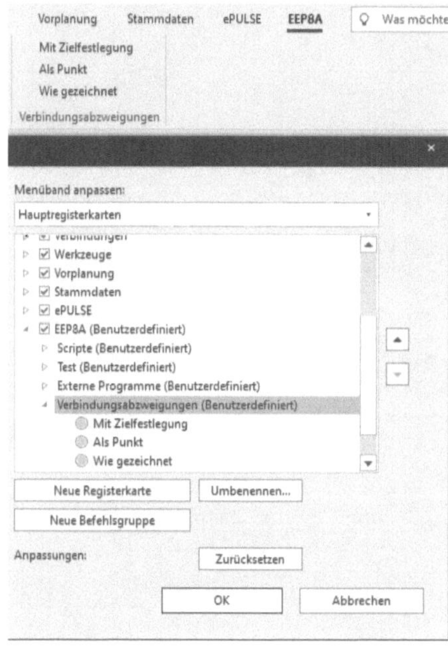

Bild 2.97
Verbindungsabzweigungen im Menüband

Bild 2.98
Modale Dialoge zur Anzeige von Einstellungen

Bei bestimmten Projekteinstellungen kann es dazu kommen, dass diese zwar gesetzt werden, EPLAN diese jedoch nicht als Änderung feststellt. Tritt dieses Fehlverhalten z. B. beim Ändern des Normblatts auf, muss man folgenden Programmcode hinzufügen:

```
new EventManager().Send("PageManagement.ProjectSettings.Changed", new
 EventParameterString());
```

■ 2.6 Ribbon und Kontextmenü

Wie bereits zu Beginn des Buches beschrieben, können in EPLAN eigene Registerkarten im Menüband erzeugt werden. Es gibt mehrere Arten von Menütypen, welche unterschiedliche Funktionen haben:

- Befehl im Menüband
- Kontextmenü

Jedem neu hinzugefügten Menüpunkt muss eine Action zugewiesen werden. Dies kann eine EPLAN-Action oder eine eigene Action sein.

HINWEIS: Vor der EPLAN-Version 2022 gab es keine Menübänder. Dort gab es die Möglichkeit, eigene Menüs in der Benutzeroberfläche hinzuzufügen. Diese Funktion gibt es als „Umstiegshilfe“ auch noch in der Version 2022. Die Funktionalität wird aber in kommenden Versionen komplett entfernt und sollte nicht mehr verwendet werden. ■

2.6.1 Ribbon

Wir erstellen ein neues Script mit dem Namen C# *01_Ribbon.cs* und zusätzlich einen neuen Ordner *06_Ribbon_Kontextmenüs*. Als Attribute benötigen wir `[DeclareAction(ACTION_NAME)]` für die Action und `[DeclareRegister]` für das Erstellen des dazugehörigen Befehls im Menüband.

Unsere Action soll nur eine MessageBox mit dem Text *Action wurde ausgeführt!* anzeigen, um die Funktionalität zu testen. Wir erstellen die folgenden zwei Methoden:

- `Function()`: Hier wird die Action für das Menü bereitgestellt.
- `Register()`: Hier wird der Befehl im Menüband erzeugt und die Action aufgerufen.

Der Actionname wird als konstante Variable in der Klasse gespeichert:

```
private const string ACTION_NAME = "RibbonAction";

[DeclareAction(ACTION_NAME)]
public void Function()
{
  MessageBox.Show("Action wurde ausgeführt!");
}
```

Für den Registerkartentext erstellen wir auch einen konstanten String mit dem Text „My Tab". In der Methode `Register()` erstellen wir ein Objekt der Klasse `RibbonBar`. Mit der Methode `GetTab()` können wir prüfen, ob es schon eine Registerkarte gibt. Falls nicht, erstellen wir diese mit `AddTab()`.

```
RibbonBar ribbonBar = new RibbonBar();
RibbonTab ribbonTab = ribbonBar.GetTab(TAB_NAME);
if (ribbonTab == null)
{
  ribbonTab = ribbonBar.AddTab(TAB_NAME);
}
```

Ein Befehl benötigt immer eine Befehlsgruppe. Aus diesem Grund erstellen wir zuerst eine Befehlsgruppe `RibbonCommandGroup` und fügen dort unseren Befehl `RibbonCommand` hinzu. Als `RibbonIcon` kann man die im EPLAN-Standardumfang enthaltenen nutzen, wie z. B. `CommandIcon.Accumulator`.

```
RibbonCommandGroup ribbonCommandGroup1 =
        ribbonTab.AddCommandGroup("My group 1");
RibbonIcon ribbonIcon1 = new RibbonIcon(CommandIcon.Accumulator);
ribbonCommandGroup1.AddCommand(
    "My action 1", ACTION_NAME, ribbonIcon1);
```

Nun erstellen wir die Methode `UnRegister()` und deklarieren die Methode mit dem Attribut `[DeclareUnregister]`.

Wird das Script entladen, soll auch die Registerkarte entfernt werden. Dies können wir über die Methode `RibbonTab.Remove()` realisieren:

```
RibbonBar ribbonBar = new RibbonBar();
RibbonTab ribbonTab = ribbonBar.GetTab(TAB_NAME);
if (ribbonTab != null)
{
  ribbonTab.Remove();
}
```

Unser Script sollte nun folgenden Inhalt haben:

```
private const string TAB_NAME = "My Tab";

[DeclareRegister]
public void Register()
{
  RibbonBar ribbonBar = new RibbonBar();
```

```
    RibbonTab ribbonTab = ribbonBar.GetTab(TAB_NAME);
    if (ribbonTab == null)
    {
      ribbonTab = ribbonBar.AddTab(TAB_NAME);
    }

    RibbonCommandGroup ribbonCommandGroup1 =
            ribbonTab.AddCommandGroup("My group 1");
    RibbonIcon ribbonIcon1 = new RibbonIcon(CommandIcon.Accumulator);
    ribbonCommandGroup1.AddCommand(
        "My action 1", ACTION_NAME, ribbonIcon1);
}

[DeclareUnregister]
public void UnRegister()
{
    RibbonBar ribbonBar = new RibbonBar();
    RibbonTab ribbonTab = ribbonBar.GetTab(TAB_NAME);
    if (ribbonTab != null)
    {
      ribbonTab.Remove();
    }
}
```

Wir laden nun unser Script in EPLAN und prüfen, ob die Registerkarte erstellt wurde (Bild 2.99).

Bild 2.99 Eigene Registerkarte in EPLAN via Script

Wir wollen nun unsere Registerkarte in mehreren Sprachen bereitstellen (Deutsch und Englisch). Für mehrsprachige Strings stellt uns EPLAN die Klasse `MultiLangString` bereit. Wir ändern also die Variable `TAB_NAME` wie folgt ab:

```
private MultiLangString TAB_NAME
{
  get
  {
    MultiLangString tabName = new MultiLangString();
    tabName.AddString(ISOCode.Language.L_de_DE, "Mein Tab");
    tabName.AddString(ISOCode.Language.L_en_US, "My Tab");
    return tabName;
  }
}
```

Die Variable ist nun ein sogenanntes *Property*, welches einen *Setter* (`set`) und einen *Getter* (`get`) haben kann. In unserem Fall benötigen wir nur den Getter, welcher uns das Objekt zurückgibt. Der Code wird immer ausgeführt, wenn auf die Variable zugegriffen wird. Mit der Methode AddString() wird ein Text in einer bestimmten Sprache hinzugefügt.

Nach der Änderung sehen wir vielleicht schon in der Visual Studio-Fehlerliste, dass die existierenden Methoden ribbonBar.GetTab() nicht mehr ausgeführt werden können. Hier muss als zweiter Parameter angegeben werden, ob alle Sprachen geprüft werden sollen. Wir setzen in beiden Fällen den zweiten Parameter auf true:

```
RibbonTab ribbonTab = ribbonBar.GetTab(TAB_NAME, true);
```

Wir erweitern nun unseren Code in der Methode Register(). Als Erstes fügen wir einen Kommentar vor unsere erste Befehlsgruppe ein, um diesen Abschnitt als „Simple" zu beschreiben. Als Nächstes erstellen wir uns mehrere Objekte der Klasse MultiLangString für den Text der Gruppe (groupText), den Text des Befehls (commandText), die QuickInfo (toolTip) und die Beschreibung (description). Diesen Bereich kommentieren wir mit Extended:

```
// Extended
MultiLangString groupText = new MultiLangString();
groupText.AddString(ISOCode.Language.L_de_DE,
    "Meine Gruppe 2");
groupText.AddString(ISOCode.Language.L_en_US,
    "My group 2");
RibbonCommandGroup ribbonCommandGroup2 =
        ribbonTab.AddCommandGroup(groupText);

MultiLangString commandText = new MultiLangString();
commandText.AddString(ISOCode.Language.L_de_DE,
    "Meine Aktion 2");
commandText.AddString(ISOCode.Language.L_en_US,
    "My action 2");

MultiLangString tooltip = new MultiLangString();
tooltip.AddString(ISOCode.Language.L_de_DE,
    "Mein ToolTip");
tooltip.AddString(ISOCode.Language.L_en_US,
    "My tooltip");

MultiLangString description = new MultiLangString();
description.AddString(ISOCode.Language.L_de_DE,
    "Meine Beschreibung");
description.AddString(ISOCode.Language.L_en_US,
    "My description");
```

Zusätzlich zu den im EPLAN-Standardumfang enthaltenen Icons kann man auch eigene Icons im Menüband verwenden. Diese müssen vom Dateityp SVG sein und sollten folgende Kriterien erfüllen:

- Die Bildgröße sollte 64 x 64 Pixel sein.
- Die Datei darf nur Vektorgrafiken beinhalten. Eingebettete Bilddateien werden nicht angezeigt.
- Die Dateigröße sollte aus Performance-Gründen so klein wie möglich sein.

In unserem Script geben wir einen Dateipfad an und laden das `RibbonIcon` in den Arbeitsbereich mit der Methode `ribbonBar.AddIcon()`. Nun haben wir alle Objekte, um den Befehl zur Befehlsgruppe hinzuzufügen:

```
string imagePath = @"C:\test\test.svg";
RibbonIcon ribbonIcon2 = ribbonBar.AddIcon(imagePath);
ribbonCommandGroup2.AddCommand(commandText, ACTION_NAME,
    tooltip, description, ribbonIcon2);
```

Unser vollständiges Script sieht dann wie folgt aus:

```
using System.Windows.Forms;
using Eplan.EplApi.Base;
using Eplan.EplApi.Gui;
using Eplan.EplApi.Scripting;

class _06_Ribbon_Kontextmenues_01_Ribbon
{
  private const string ACTION_NAME = "RibbonAction";

  private MultiLangString TAB_NAME
  {
    get
    {
      MultiLangString tabName = new MultiLangString();
      tabName.AddString(ISOCode.Language.L_de_DE, "Mein Tab");
      tabName.AddString(ISOCode.Language.L_en_US, "My Tab");
      return tabName;
    }
  }

  [DeclareRegister]
  public void Register()
  {
    RibbonBar ribbonBar = new RibbonBar();
    RibbonTab ribbonTab = ribbonBar.GetTab(TAB_NAME, true);
    if (ribbonTab == null)
    {
      ribbonTab = ribbonBar.AddTab(TAB_NAME);
    }

    // Simple
    RibbonCommandGroup ribbonCommandGroup1 =
            ribbonTab.AddCommandGroup("My group 1");
    RibbonIcon ribbonIcon1 = new RibbonIcon(CommandIcon.Accumulator);
    ribbonCommandGroup1.AddCommand(
        "My action 1", ACTION_NAME, ribbonIcon1);

    // Extended
    MultiLangString groupText = new MultiLangString();
    groupText.AddString(ISOCode.Language.L_de_DE,
        "Meine Gruppe 2");
    groupText.AddString(ISOCode.Language.L_en_US,
        "My group 2");
    RibbonCommandGroup ribbonCommandGroup2 =
            ribbonTab.AddCommandGroup(groupText);
```

```
    MultiLangString commandText = new MultiLangString();
    commandText.AddString(ISOCode.Language.L_de_DE,
        "Meine Aktion 2");
    commandText.AddString(ISOCode.Language.L_en_US,
        "My action 2");

    MultiLangString tooltip = new MultiLangString();
    tooltip.AddString(ISOCode.Language.L_de_DE,
        "Mein ToolTip");
    tooltip.AddString(ISOCode.Language.L_en_US,
        "My tooltip");

    MultiLangString description = new MultiLangString();
    description.AddString(ISOCode.Language.L_de_DE,
        "Meine Beschreibung");
    description.AddString(ISOCode.Language.L_en_US,
        "My description");

    string imagePath = @"C:\test\test.svg";
    RibbonIcon ribbonIcon2 = ribbonBar.AddIcon(imagePath);
    ribbonCommandGroup2.AddCommand(commandText, ACTION_NAME,
        tooltip, description, ribbonIcon2);
  }

  [DeclareUnregister]
  public void UnRegister()
  {
    RibbonBar ribbonBar = new RibbonBar();
    RibbonTab ribbonTab = ribbonBar.GetTab(TAB_NAME, true);
    if (ribbonTab != null)
    {
      ribbonTab.Remove();
    }
  }

  [DeclareAction(ACTION_NAME)]
  public void Function()
  {
    MessageBox.Show("Action wurde ausgeführt!");
  }
}
```

Je nach Oberflächensprache werden die Texte in der jeweiligen Sprache angezeigt (Bild 2.100).

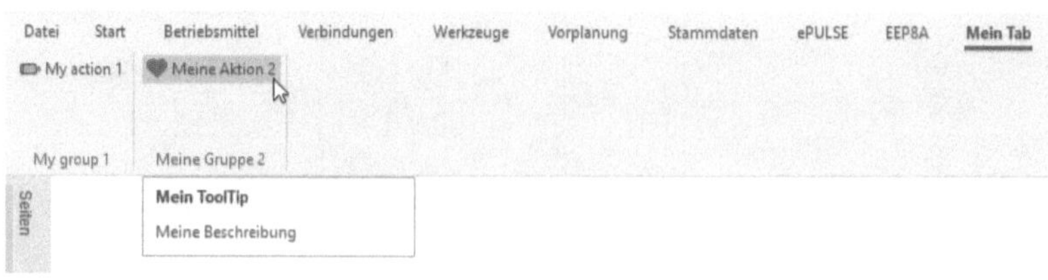

Bild 2.100 Befehl mit eigenem Icon

HINWEIS: Beim Laden eines Scripts via Add-On oder Action RegisterScript gibt es in EPLAN 2022 (Update 1) Probleme. Hier sollte der Tab in [DeclareEventHandler("Eplan.EplApi.OnMainStart")] hinzugefügt und in [DeclareEventHandler("Eplan.EplApi.OnMainEnd")] entfernt werden.

2.6.2 Kontextmenü

Eine weitere Möglichkeit, eigene Menüpunkte in EPLAN zu integrieren, bietet das Kontextmenü (Rechtsklick-Menü). Wir erstellen ein neues Script und nennen es C# *02_Menüpunkt_in_Kontextmenü.cs*. Wir erstellen eine Action mit dem Namen MenuAction, welche uns eine MessageBox anzeigt, dass die Action ausgeführt wurde.

Danach erstellen wir eine Methode MenuFunction() mit dem Attribut [DeclareMenu]. Darin werden zwei neue Objekte benötigt:

- Eplan.EplApi.Gui.ContextMenu: Kontextmenü-Klasse
- Eplan.EplApi.Gui.ContextMenuLocation: Position-Klasse für das Kontextmenü

Diese Objekte erstellen wir wie folgt:

```
Eplan.EplApi.Gui.ContextMenu menu = new Eplan.EplApi.Gui.ContextMenu();

Eplan.EplApi.Gui.ContextMenuLocation contextMenuLocation =
    new Eplan.EplApi.Gui.ContextMenuLocation(
        "GedEditGuiText",
        "1002"
        );
```

Der Konstruktor von ContextMenuLocation besitzt die Parameter *DialogName* und *ContextMenuName*. Es wird der Dialog (Fenster) angegeben, in dem das Menü verfügbar ist. Zusätzlich wird angegeben, welchen Namen das Kontextmenü hat.

In diesem Beispiel werden wir das Menü im grafischen Editor um das Editieren von Text erweitern (GedEditGuiText). Als Kontextmenü-ID benötigen wir die *1002*. Aber woher bekommt man diese Daten? Hierfür gibt es wieder eine versteckte Einstellung in EPLAN.

Wir erstellen ein neues Script C# *03_Kontextmenü_ID.cs*. Als Attribute wählen wir [DeclareRegister] und [DeclareUnregister]. Das Script soll eine Einstellung beim Laden auf *true* und beim Entladen auf *false* setzen. Der Name der versteckten Einstellung ist USER.EnfMVC.ContextMenuSetting.ShowIdentifier. Wir erstellen nun die zwei benötigten Methoden:

```
using System.Windows.Forms;
using Eplan.EplApi.Scripting;
using Eplan.EplApi.Base;

public class _06_Menues_03_Kontextmenue_ID
{
  [DeclareRegister]
  public void Register()
  {
    Settings settings = new Settings();

    settings.SetBoolSetting(
        "USER.EnfMVC.ContextMenuSetting.ShowIdentifier",
        true,
        0
        );

    MessageBox.Show("Kontextmenü-ID: sichtbar");
  }

  [DeclareUnregister]
  public void UnRegister()
  {
    Settings settings = new Settings();

    settings.SetBoolSetting(
        "USER.EnfMVC.ContextMenuSetting.ShowIdentifier",
        false,
        0
        );

    MessageBox.Show("Kontextmenü-ID: unsichtbar");
  }
}
```

Im nächsten Schritt laden wir das Script (Bild 2.101).

Bild 2.101
Kontextmenü-ID sichtbar machen

Wir erstellen jetzt einen beliebigen Text im grafischen Editor und editieren diesen. Wir klicken mit der rechten Maustaste in das Feld. Durch das gerade aktivierte Setting erscheint ein neuer Menüpunkt mit dem Dialognamen und der Menü-ID (Bild 2.102).

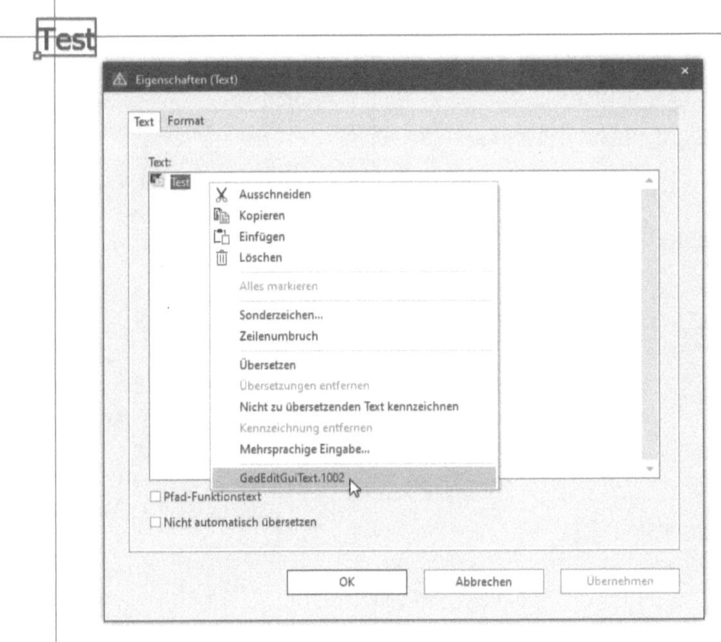

Bild 2.102 Dialogname und Menü-ID

Mit einem Klick auf den Kontextmenüeintrag können die Daten kopiert werden. Wir wechseln in das Script C# *02_Menüpunkt_in_Kontextmenü.cs* und erzeugen ein Objekt der Klasse `ContextMenuLocation`:

```
Eplan.EplApi.Gui.ContextMenuLocation contextMenuLocation =
    new Eplan.EplApi.Gui.ContextMenuLocation(
        "GedEditGuiText",
        "1002"
        );
```

Im Anschluss daran können wir das Menü-Objekt erzeugen und mit der Methode `AddMenuItem()` zusätzlich zum Dialog noch folgende Parameter angeben:

- Menüpunkt Name
- Action
- Separator davor
- Separator danach

Wir laden das Script und prüfen, ob ein neuer Eintrag im Kontextmenü vorhanden ist (Bild 2.103):

```
using System.Windows.Forms;
using Eplan.EplApi.Scripting;
```

```
public class _06_Ribbon_Kontextmenues_02_Menuepunkt_in_Kontextmenue
{
  [DeclareAction("MenuAction")]
  public void ActionFunction()
  {
    MessageBox.Show("Action wurde ausgeführt!");
  }

  [DeclareMenu]
  public void MenuFunction()
  {
    Eplan.EplApi.Gui.ContextMenuLocation contextMenuLocation =
        new Eplan.EplApi.Gui.ContextMenuLocation(
            "GedEditGuiText",
            "1002"
            );

    Eplan.EplApi.Gui.ContextMenu menu =
      new Eplan.EplApi.Gui.ContextMenu();
    menu.AddMenuItem(
        contextMenuLocation,
        "Menüpunkt in Kontextmenü",
        "MenuAction",
        true,
        false
        );
  }
}
```

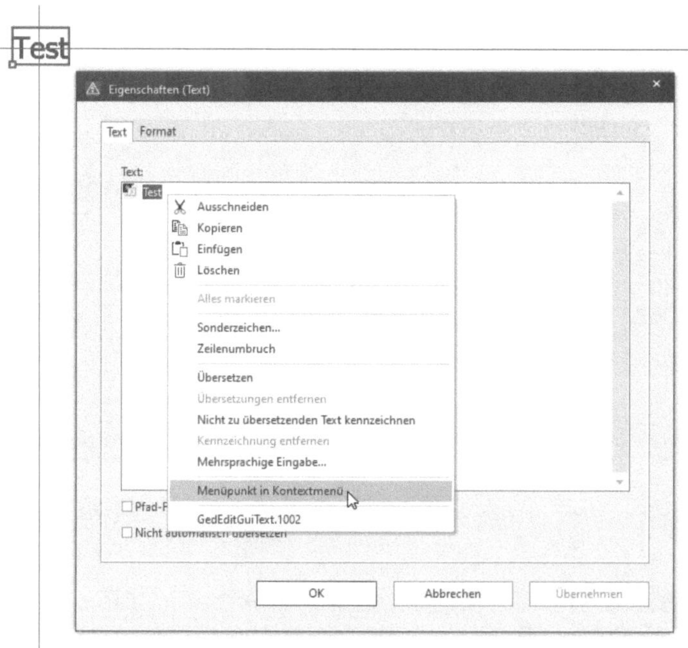

Bild 2.103 Neuer Eintrag im Kontextmenü

2.7 Progressbar

Um Anwender:innen ein Feedback über die Dauer einer Operation mitzuteilen, stellt EPLAN die Klasse `Progress` bereit. Es gibt zwei Typen von `Progress` in EPLAN:

- *SimpleProgress* (ein Ladebalken)
- *EnhancedProgress* (zwei Ladebalken)

Je nach zeitlicher Länge und Anzahl der Actions kann man zwischen diesen beiden wählen. Bei mehreren Actions möchten wir eventuell die verbleibende Dauer der gerade aktiven Action und zugleich den Gesamtfortschritt sehen.

2.7.1 SimpleProgress

Wir erzeugen eine neue Scriptdatei mit dem Namen C# *01_SimpleProgress.cs* im Ordner *07_Progressbar*. Als Attribut wählen wir `[Start]`. Beim Erstellen eines Progress-Objekts muss man den Typ als String mit angeben (*SimpleProgress* oder *EnhancedProgress*):

```
Progress progress = new Progress("SimpleProgress");
```

Zusätzlich besitzt ein Objekt des Typs `Progress` mehrere Eigenschaften. Die wichtigsten sind hier beschrieben:

- *SetAllowCancel*: Darf der Vorgang abgebrochen werden? (Bool)
- *SetAskOnCancel*: Soll beim Abbrechen nachgefragt werden? (Bool)
- *SetNeededSteps*: Anzahl der Schritte (Integer)
- *SetTitle*: Beim ersten Zuweisen ist dies der Text, der immer angezeigt wird (String).
- *ShowImmediately*: zeigt den Ladebalken-Dialog sofort an

Wir weisen dem Objekt die Eigenschaften wie folgt zu:

```
Progress progress = new Progress("SimpleProgress");
progress.SetAllowCancel(true);
progress.SetAskOnCancel(true);
progress.SetNeededSteps(3);
progress.SetTitle("Meine Progressbar");
progress.ShowImmediately();
```

Um abzufangen, wann ein `Progress` abgebrochen wurde, hat das Objekt die Methode `Canceled()`. Ist der Wert *true*, hat der oder die Benutzer:in auf ABBRECHEN gedrückt (Bild 2.104). Voraussetzung hierfür ist das Setzen der Eigenschaft `SetAllowCancel(true)`.

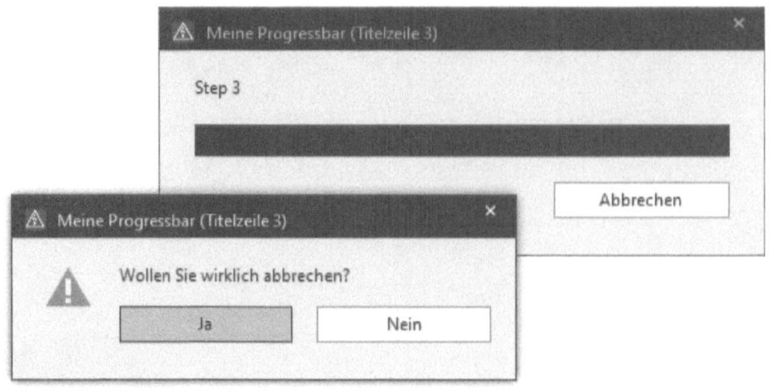

Bild 2.104 Progressbar abbrechen

Nach dem Abbrechen wird der gerade aktive Programmteil noch fertig abgearbeitet. Diese Eigenschaft fragen wir mit einer If-Abfrage ab. Das Ausrufezeichen (`!`) negiert den Wert. In Worten: „Wird der Prozess nicht abgebrochen, dann …“

```
if (!progress.Canceled())
{
}
```

Diese Abfrage müssen wir für jeden einzelnen Schritt (engl. *step*) durchführen. Es kann nämlich immer erst der nächste Schritt abgebrochen werden. Im jeweiligen Schritt wird zugleich der Text im Dialog und der Titelzeile neu vergeben:

```
progress.SetActionText("Step 1");
progress.SetTitle("Titelzeile 1");
```

Um dem Ladebalken mitzuteilen, dass ein Schritt fertig ist, benutzen wir die Methode `Step()`. Als Parameter wird die Anzahl der Schritte als Integer eingetragen:

```
progress.Step(1);
```

Zum Testen des Scripts benötigen wir eine Wartezeit, um den Fortschritt zu verfolgen. Die .NET-Umgebung stellt hier die Methode `Thread.Sleep()` bereit. Als Parameter wird die Wartezeit in Millisekunden angegeben (Integer). Wir fügen dem Script die Using-Direktive `System.Threading` hinzu und deklarieren das Warten wie folgt:

```
Thread.Sleep(1000);
```

Der Wert 1000 (Millisekunden) entspricht einer Sekunde.

Wir erstellen zwei weitere Schritte mit dazugehörigem Text. Ist der Vorgang für den Ladebalken beendet, muss zwingend `EndPart(true)` aufgerufen werden. Ansonsten kann der Dialog nicht geschlossen werden, falls ein Fehler auftritt. Um dies sicherzustellen, packen wir ein *Try-Catch* mit einem *Finally* darum. *Finally* wird immer ausgeführt, egal ob ein Fehler aufgetreten ist oder nicht.

```
using Eplan.EplApi.Base;
using Eplan.EplApi.Scripting;
using System.Threading;

public class _07_Progressbar_01_SimpleProgress
{
  [Start]
  public void Function()
  {
    Progress progress = new Progress("SimpleProgress");
    progress.SetAllowCancel(true);
    progress.SetAskOnCancel(true);
    progress.SetNeededSteps(3);
    progress.SetTitle("Meine Progressbar");
    progress.ShowImmediately();

    try
    {
      if (!progress.Canceled())
      {
        progress.SetActionText("Step 1");
        progress.SetTitle("Titelzeile 1");
        progress.Step(1);

        Thread.Sleep(1000);
      }

      if (!progress.Canceled())
      {
        progress.SetActionText("Step 2");
        progress.SetTitle("Titelzeile 2");
        progress.Step(1);

        Thread.Sleep(1000);
      }

      if (!progress.Canceled())
      {
        progress.SetActionText("Step 3");
        progress.SetTitle("Titelzeile 3");
        progress.Step(1);

        Thread.Sleep(1000);
      }
    }
    finally
    {
      progress.EndPart(true);
    }
  }
}
```

Wir führen das Script nun aus. Wurde alles richtig gemacht, werden drei Schritte mit jeweils einer Sekunde Wartezeit angezeigt (Bild 2.105).

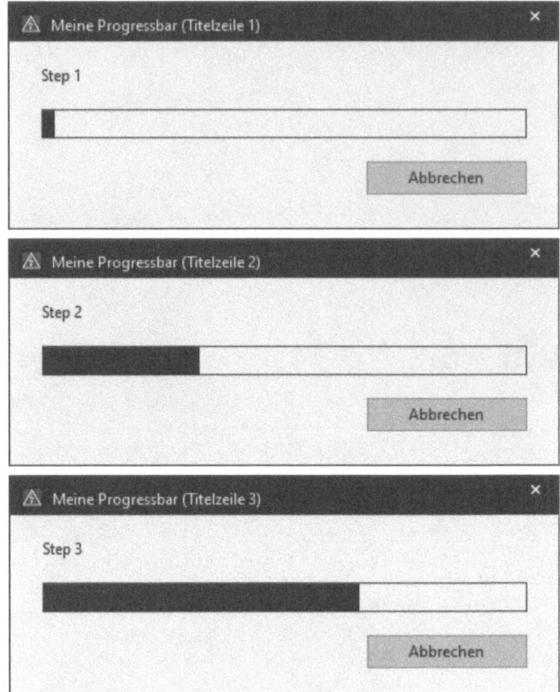

Bild 2.105
SimpleProgress

2.7.2 EnhancedProgress

Wir kopieren das erste Beispiel und vergeben den Namen C# *02_EnhancedProgress.cs*. Um einen `Progress`-Dialog mit zwei Ladebalken anzuzeigen, stellt EPLAN den Typ `EnhancedProgress` bereit. Hierfür wird der Typ des Objekts `Progress` wie folgt angegeben:

```
Progress progress = new Progress("EnhancedProgress");
```

Der Ladebalken sollte folgendermaßen initialisiert werden:

```
progress.SetAllowCancel(false);
progress.ShowImmediately();
```

Wir löschen die Wartezeiten und fügen einen `CommandLineInterpreter` mit folgenden Actions zum Ausführen ein:

- Verbindungen aktualisieren
- Auswertungen erzeugen
- Projekt komprimieren

Um die Teilbereiche zu definieren, müssen wir den Wert, der bei diesem Schritt hinzugefügt wird, angeben:

```
progress.BeginPart(33, "Part 1");
```

Zusätzlich muss angegeben werden, wann ein Teilbereich abgeschlossen ist:

```
progress.EndPart();
```

Das vollständige Script sieht wie folgt aus:

```
using Eplan.EplApi.ApplicationFramework;
using Eplan.EplApi.Base;
using Eplan.EplApi.Scripting;

public class _07_Progressbar_02_EnhancedProgress
{
  [Start]
  public void Function()
  {
    CommandLineInterpreter cli = new CommandLineInterpreter();

    Progress progress = new Progress("EnhancedProgress");
    progress.SetAllowCancel(false);
    progress.ShowImmediately();

    try
    {
      progress.BeginPart(33, "Part 1");
      cli.Execute("generate /TYPE:CONNECTIONS");
      progress.EndPart();

      progress.BeginPart(33, "Part 2");
      cli.Execute("reports");
      progress.EndPart();

      progress.BeginPart(33, "Part 3");
      cli.Execute("compress /FILTERSCHEME:Standard");
      progress.EndPart();
    }
    finally
    {
      progress.EndPart(true);
    }
  }
}
```

Für den Dialog wurde kein Text vergeben. EPLAN stellt intern für die jeweiligen Actions eigene Texte zur Verfügung (Bild 2.106).

Bild 2.106 EnhancedProgress

2.8 Formulare

Ein sehr spannendes Thema sind Formulare (engl. *Forms* genannt). Firmen, die sich auf die Programmierung von Programmen/Betriebssystemen spezialisiert haben, beschäftigen meist eigene Abteilungen, welche ausschließlich für die Erstellung von grafischen Oberflächen (Graphical User Interface, GUI) verantwortlich sind.

Wir werden in diesem Abschnitt auf die Standard-Steuerelemente eingehen, die im Scripting relevant sind. Bei komplexeren Anwendungen schränkt der Funktionsumfang im Scripting bei der Programmierung jedoch sehr ein (z. B. kein WPF möglich). Dann ist es oftmals ratsam, das API-Modul zu nutzen.

2.8.1 Vorlage erstellen

Wir erstellen einen Ordner mit dem Namen *08_Formulare.* Nun benötigen wir eine neue Scriptdatei. Wir fügen über PROJEKT > WINDOWS FORM HINZUFÜGEN ... ein neues Element zum Projekt hinzu. Alternativ führt man einen Rechtsklick auf ORDNER > HINZUFÜGEN > WINDOWS FORM ... aus (Bild 2.107).

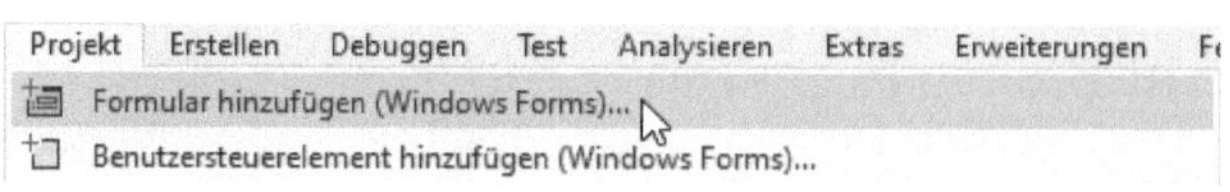

Bild 2.107 Neue Windows-Forms-Scriptdatei

Wir vergeben als Dateinamen C# *01_Vorlage.cs* und erstellen sie dann. Es ist nicht ganz einfach, in einem Script Formulare zu verwenden, deshalb erstellen wir uns eine leere Vorlage für spätere Scripte.

Ein Formular besteht standardmäßig aus zwei Dateien:

- Programmdatei (Programmcode *.cs)
- Designerdatei (Formularcode *.Designer.cs)

Da EPLAN nur eine Scriptdatei laden bzw. ausführen kann, müssen wir den Code für die grafische Darstellung mit in den Programmcode einfügen. Wir sehen nun ein kleines Fenster im Designer (grafischer Editor, Bild 2.108).

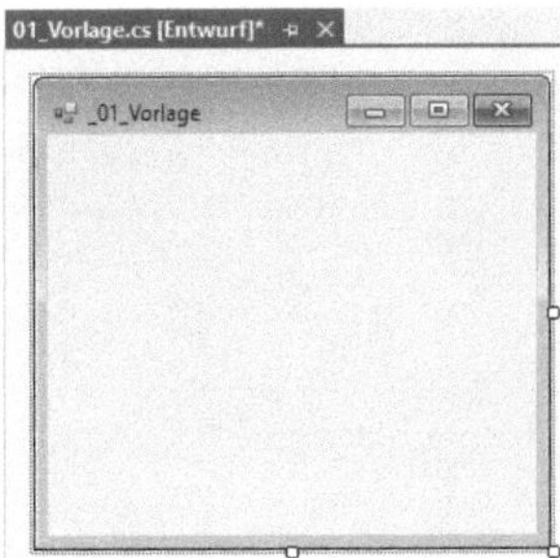

Bild 2.108
Vorlage

Durch das Drücken von **F7** oder durch Auswahl von ANSICHT > CODE in der Menüleiste wechseln wir in die Code-Ansicht (Bild 2.109).

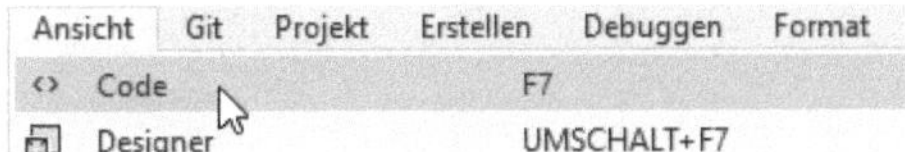

Bild 2.109
Code-Ansicht einblenden

Als Erstes entfernen wir den Namespace und ändern gegebenenfalls den Klassennamen:

```
public partial class _08_Formulare_01_Vorlage : Form
{
  public _08_Formulare_01_Vorlage()
  {
    InitializeComponent();
  }
}
```

Nun wird uns die Fehlermeldung bei `InitializeComponent()` angezeigt: *Der Name „InitializeComponent" ist im aktuellen Kontext nicht vorhanden.*

Der Grund für die Meldung ist, dass diese Methode im Designer-Code enthalten ist. Deswegen wechseln wir in die Datei *01_Vorlage.Designer.cs*. Wir kopieren den kompletten Inhalt der Klasse in unseren Programmcode. Anschließend löschen wir die Designer-Datei. Sie wird nicht mehr benötigt. Zur besseren Übersicht verschieben wir die Regionsmarkierungen über den Designer-Code und löschen die Kommentare.

HINWEIS: Eine Regionsmarkierung hat keinen Einfluss auf das Programm. Sie dient ausschließlich dazu, den Programmcode übersichtlicher zu gestalten. Über `#region` können wir einzelne Codefragmente ein- bzw. ausblenden.

Man nutzt die Funktion wie folgt:

```
#region Name der Region
  // Programmcode
#end region
```

Im Code-Editor besteht nun die Möglichkeit, den Programmcode aus- bzw. einzublenden.

```
using System.Windows.Forms;
using Eplan.EplApi.Scripting;

public partial class FormVorlage : Form
{
  #region Windows Form Designer generated code
  public FormVorlage()
  {
    InitializeComponent();
  }

  private System.ComponentModel.IContainer components = null;

  protected override void Dispose(bool disposing)
  {
    if (disposing && (components != null))
    {
      components.Dispose();
    }
    base.Dispose(disposing);
  }

  private void InitializeComponent()
  {
    this.SuspendLayout();
    //
    // FormVorlage
    //
    this.AutoScaleDimensions = new System.Drawing.SizeF(6F, 13F);
    this.AutoScaleMode = System.Windows.Forms.AutoScaleMode.Font;
    this.ClientSize = new System.Drawing.Size(284, 261);
    this.Name = "FormVorlage";
    this.Text = "Vorlage";
    this.ResumeLayout(false);

  }
  #endregion
}
```

Am Ende der Region fügen wir nun unsere eigentliche Methode, welche die Action beinhaltet, ein. Jetzt müssen wir das Formular aufrufen. Es ist zwar bereits geladen, doch man muss es noch mit `Show()` zur Anzeige bringen. Wie alles in .NET sind Formulare auch Objekte und werden auf die uns schon bekannte Weise initialisiert. Wir haben eine eigene Form-Klasse mit dem Namen `FormVorlage` erstellt.

```
[Start]
public void Function()
{
  FormVorlage form = new FormVorlage();
  form.ShowDialog();
}
```

Wir wechseln nun durch Drücken von **Umschalt + F7** oder durch Auswahl von ANSICHT > DESIGNER in der Menüleiste in den Designer (Bild 2.110).

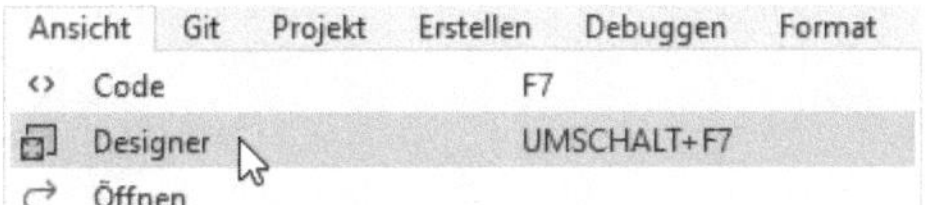

Bild 2.110
Designer einblenden

Anschließend blenden wir, falls noch nicht sichtbar, über ANSICHT > EIGENSCHAFTENFENSTER das Eigenschaftenfenster ein (Bild 2.111).

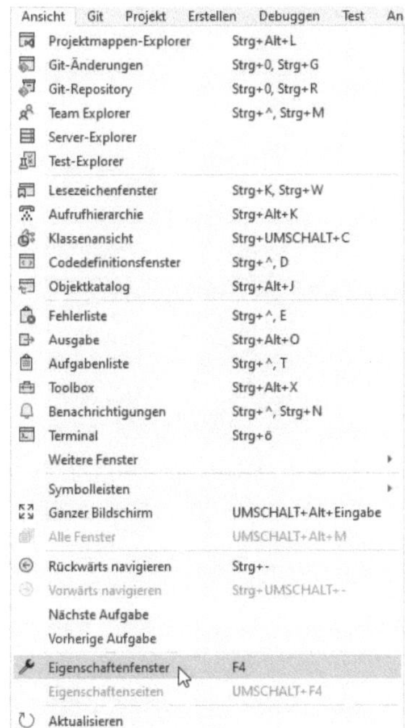

Bild 2.111
Eigenschaftenfenster einblenden

Nun können wir die Eigenschaften des jeweils markierten Objekts bearbeiten. Da unser Formular bis jetzt nur aus einem Fenster besteht, markieren wir dieses durch Drücken der linken Maustaste. Die verfügbaren Eigenschaften werden jetzt geladen, und man kann diese anschließend verändern.

Wie man sieht, gibt es sehr viele verschiedene Eigenschaften für das Programmfenster. Einige beziehen sich auf das Aussehen (z. B. *BackgroundColor*), andere auf die Funktion (z. B. *CancelButton*). Jedes Steuerelement (Button, Textbox usw.) hat spezifische Eigenschaften. Dennoch gibt es viele Überschneidungen, wie z. B. die Hintergrundfarbe. Die Startposition *CenterScreen* sorgt dafür, dass unser Formular immer mittig auf dem aktiven Monitor angezeigt wird.

Wir passen folgende Eigenschaften an (Bild 2.112 und Bild 2.113):

- Name: *FormVorlage*
- StartPosition: *CenterScreen*
- Text: *Vorlage*

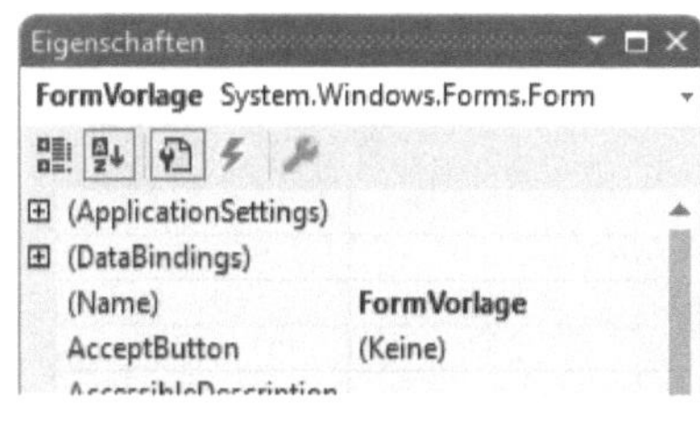

Bild 2.112
Name des Formulars

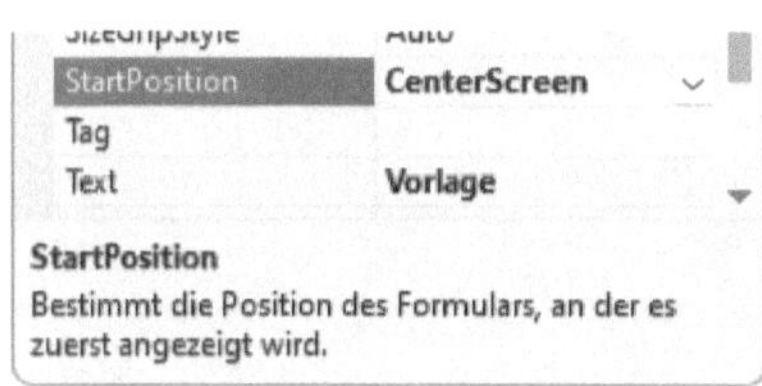

Bild 2.113
Startposition und Titeltext des Formulars

Wir speichern das Script und führen es in EPLAN testweise aus. Wenn wir alles richtig gemacht haben, erscheint das Formularfenster beim Ausführen des Scripts (Bild 2.114).

Bild 2.114
Formularvorlage

2.8.2 Button

Wir kopieren die Vorlage und vergeben den Dateinamen *02_Formularbeispiel.cs*. Wir müssen nun den Namen der Klasse verändern.

```
public partial class FormVorlage : System.Windows.Forms.Form
```

wird umbenannt in:

```
public partial class FormularBeispiel : System.Windows.Forms.Form
```

Zusätzlich sehen wir in der Fehlerliste, dass der Konstruktor ebenfalls angepasst werden muss.

```
public FormVorlage()
```

wird geändert in

```
public FormularBeispiel()
```

Unsere Klasse hat sich dadurch geändert, und wir müssen die Funktion zum Aufrufen der Form verändern:

```
public void Function()
{
  FormularBeispiel form = new FormularBeispiel();
  form.ShowDialog();
}
```

Als Text für das Formular verwenden wir *Formularbeispiel* (Bild 2.115).

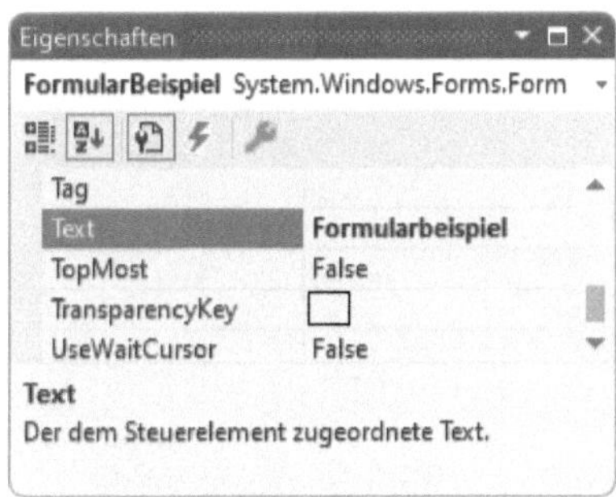

Bild 2.115 Text für das Formular festlegen

Wir fügen jetzt ein Steuerelement zum Formular hinzu. Dazu blenden wir die sogenannte Toolbox über ANSICHT > TOOLBOX ein (Bild 2.116).

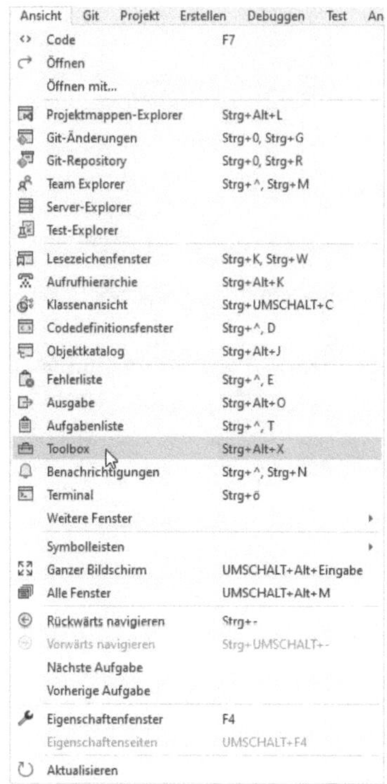

Bild 2.116
Toolbox einblenden

Nun sehen wir verschiedene Gliederungspunkte (Bild 2.117). In den folgenden Beispielen verwenden wir nur Steuerelemente aus *Allgemeine Steuerelemente*.

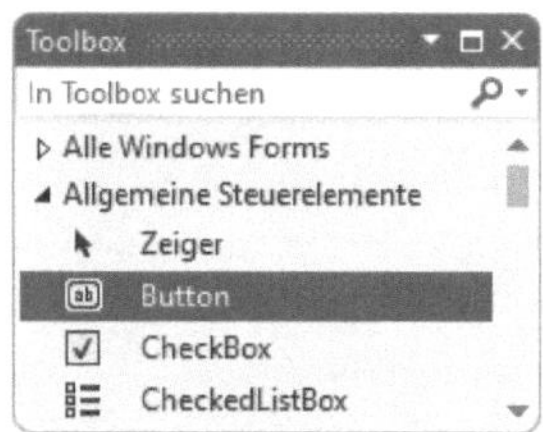

Bild 2.117
Toolbox-Funktionen

Wir ziehen per Drag & Drop den Eintrag *Button* auf das Formular. Das Verschieben funktioniert auf dieselbe Weise. Hier sieht man Andockhilfslinien, wenn man ein Steuerelement an den Rand des Formulars zieht. Wir platzieren den Button rechts unten auf dem Formular. Wir wiederholen den Vorgang, um einen weiteren Button einzufügen. Diesen reihen wir links davon ein. Den beiden Buttons vergeben wir folgende Werte:

button1:

- Name: *ButtonCancel*
- Text: *Abbrechen*

button2:

- Name: *ButtonOk*
- Text: *OK*

Man sollte beachten, dass in einem Standardformular der Abbrechen-Button rechts und der OK-Button links daneben platziert wird (Bild 2.118).

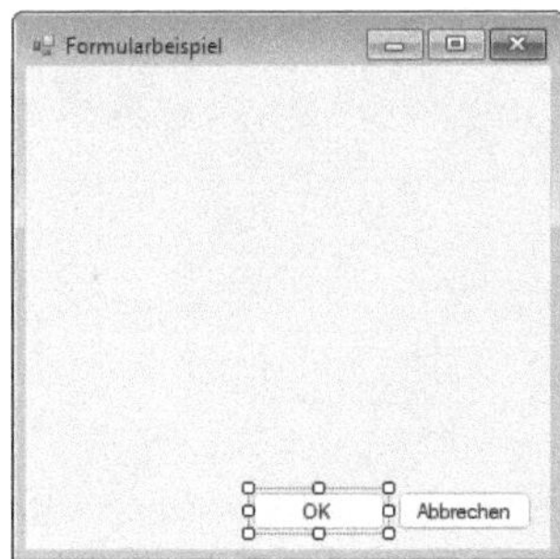

Bild 2.118
Buttons hinzufügen

Jedes Steuerelement hat verschiedene Ereignisse, die man dem Code zuweisen kann. Mit einem Doppelklick darauf wird automatisch das Ereignis eingefügt, das für dieses Steuerelement am häufigsten verwendet wird. Bei einem Button ist es z.B. das Drücken (*Click*).

Zusätzlich kann man weitere Ereignisse einfügen. Diese sind im Eigenschaftenfenster verfügbar. Mit einem Doppelklick auf den jeweiligen Ereignisnamen wird das Ereignis automatisch in den Code eingefügt (Bild 2.119).

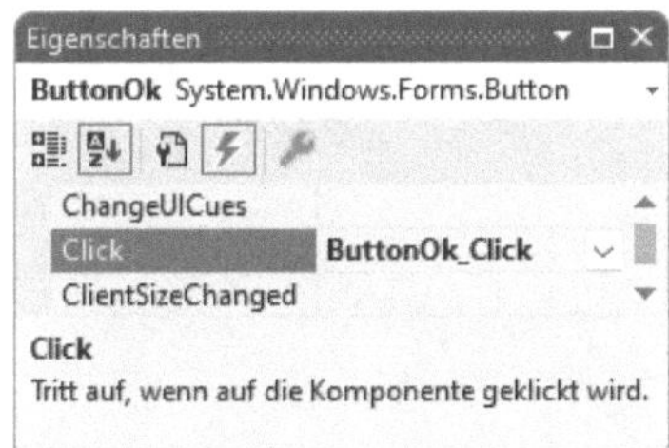

Bild 2.119
Ereignis über Doppelklick dem Programmcode hinzufügen

Der OK-Button sollte nur kurz eine MessageBox ausgeben und danach das Formular schließen. Mit `this` wird immer das Objekt der Klasse selbst angesprochen. Mit dem Befehl `this.Close()` wird das Formular geschlossen:

```
private void ButtonOk_Click(object sender, System.EventArgs e)
{
  MessageBox.Show("OK wurde gedrückt.");
  this.Close();
}
```

Mit ABBRECHEN soll es dem oder der User:in möglich gemacht werden, das Formular zu schließen, ohne dass etwas passiert. Wir fügen das Ereignis nun auch für den Abbrechen-Button ein. Hierfür wechseln wir in den Designer und fügen über das Eigenschaftenfenster auch ein Ereignis für `ButtonCancel_Click()` ein.

```
private void ButtonCancel_Click(object sender, System.EventArgs e)
{
  this.Close();
}
```

Wir führen nun das Script aus, um zu kontrollieren, ob alle Funktionen verfügbar sind.

2.8.3 Checkbox

Um verschiedene Funktionen in einem Formular bereitzustellen, müssen oft Entscheidungen bezüglich der Programmsteuerung getroffen werden. Hier bietet es sich an, Programmabläufe zu aktivieren bzw. zu deaktivieren.

Dafür stellt Visual Studio das Steuerelement *CheckBox* bereit. Im Beispiel aus Abschnitt 2.2.2, „Mehrere Actions“, hatten wir einen festen Ablauf von Actions, die gestartet wurden.

Wir wollen nun über das Formular festlegen, welche Actions ausgeführt werden. Wir fügen zwei Checkboxen zum Formular hinzu und nennen diese *CheckBoxProjectCheck* und *CheckBoxReport*. Wir setzen die Eigenschaft *Checked* auf *true*. Dadurch sind diese standardmäßig beim Laden des Formulars aktiviert. Als Text vergeben wir „Prüflauf“ und „Auswertung erzeugen“ (Bild 2.120).

Bild 2.120
Checkboxen einfügen

Unser Programm soll nun bei Klick auf den Button OK überprüfen, welche Checkboxen aktiviert sind, und dann die jeweilige Action ausführen. Darum wechseln wir in die Codeansicht und fügen eine If-Abfrage für die Checkboxen hinzu:

```
if (CheckBoxProjectcheck.Checked)
{
}
```

Es wird überprüft, ob die Checkbox *CheckBoxProjectCheck* aktiviert ist. Diese Eigenschaft hat einen booleschen Wert. Dies wiederholen wir für *CheckBoxReport*. Nun fügen wir unseren bekannten `CommandLineInterpreter` und die dazugehörigen Actions ein. Unsere fertige Methode sieht wie folgt aus:

```
private void ButtonOk_Click(object sender, System.EventArgs e)
{
  CommandLineInterpreter cli = new CommandLineInterpreter();

  if (CheckBoxProjectCheck.Checked)
  {
    cli.Execute("XMsgActionStartVerification");
  }

  if (CheckBoxReport.Checked)
  {
    cli.Execute("reports");
  }

  this.Close();
}
```

Wir testen nun das Script.

Bei mehreren Checkboxen ist es oft praktisch, alle gleichzeitig an- bzw. abzuwählen. Darum fügen wir eine weitere Checkbox mit dem Namen *CheckBoxCheckAll* hinzu (Bild 2.121).

Bild 2.121
Checkbox zum Aktivieren aller Funktionen

Wir hinterlegen nun für diese Checkbox das Ereignis *CheckedChanged*. Wir fügen diese Methode durch einen Doppelklick (oder über *Ereignisse*) in den Programmcode ein. Das Ereignis wird nun immer ausgeführt, wenn die Checkbox an- bzw. abgewählt wird. Jetzt soll unterschieden werden, ob die Checkbox aktiviert oder deaktiviert wurde. Da es nur zwei Zustände gibt *(true/false)*, können wir dies mit einer einfachen *if/else*-Abfrage handhaben.

Das Programm funktioniert wie folgt: *WENN CheckBoxCheckAll aktiviert ist, DANN aktiviere CheckBoxProjectCheck und CheckBoxReport, ANDERNFALLS deaktiviere CheckBoxProjectCheck und CheckBoxReport.*

```
private void chbCheckall_CheckedChanged(object sender, System.EventArgs e)
{
  if (chkCheckall.Checked)
  {
    CheckBoxProjectCheck.Checked = true;
    CheckBoxReport.Checked = true;
  }
  else
  {
    CheckBoxProjectCheck.Checked = false;
    CheckBoxReport.Checked = false;
  }
}
```

2.8.4 Label

Um Informationen an Anwender:innen weiterzugeben, bietet sich das Steuerelement *Label* an. Dies ist ein einfacher Text.

Wir wollen in unserem Beispiel das aktuelle Projekt anzeigen lassen. Wir fügen direkt über den Checkboxen ein Label ein (Bild 2.122):

- Name: *LabelProject*
- Text: *Projektname*

Bild 2.122
Label hinzufügen

Den Projektnamen laden wir beim Öffnen des Formulars. Dafür steht im Fenster das Ereignis *Load* bereit. Wie gehabt, fügen wir dieses in den Programmcode ein (Bild 2.123).

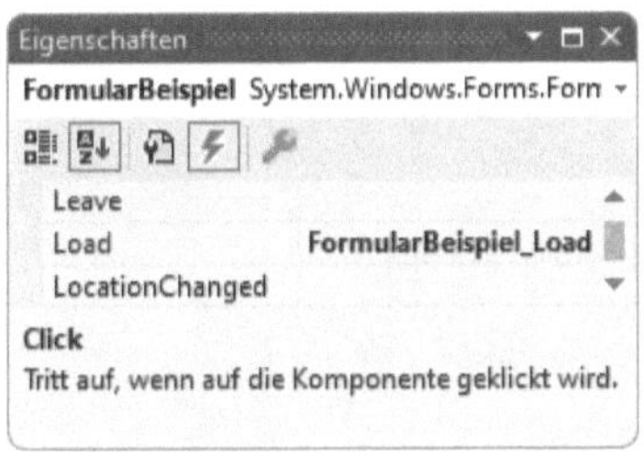

Bild 2.123
Load-Ereignis des Formulars

Im Beispiel der String-Klasse haben wir schon einmal den Projektnamen über die Pfadvariable geladen. Diesmal belegen wir gleich den Text des Labels mit diesem Wert, da diese Eigenschaft auch ein Objekt des Typs String ist.

```
private void FormularBeispiel_Load(object sender, System.EventArgs e)
{
  LabelProject.Text = PathMap.SubstitutePath("$(PROJECTNAME)");
}
```

`PathMap` finden wir im Namespace `Eplan.EplApi.Base`. Wir fügen diese Using-Direktive zum Projekt hinzu. Wenn wir das Script nun ausführen, wird der Projektname angezeigt (Bild 2.124).

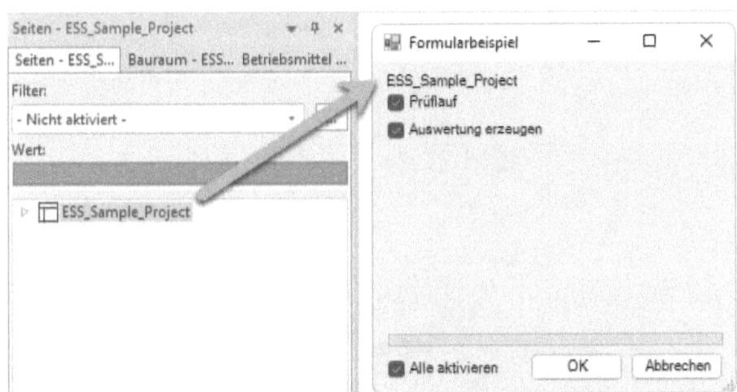

Bild 2.124 Projektnamen im Formular anzeigen

2.8.5 TabIndex

Anwender:innen, die oft die Funktion der Tab-Taste nutzen, möchten gerne in der richtigen Reihenfolge durch die Steuerelemente springen. Für diese Funktion stellt die Entwicklungsumgebung die Eigenschaft *TabStop* bereit. Besitzt diese den Zustand *true*, kann man diese Steuerelemente mit der Tab-Taste auswählen. In welcher Reihenfolge dies geschieht, gibt die Eigenschaft *TabIndex* an. Wir vergeben beliebige Ganzzahlen in Ihrer favorisierten Reihenfolge und testen das Script erneut (Bild 2.125).

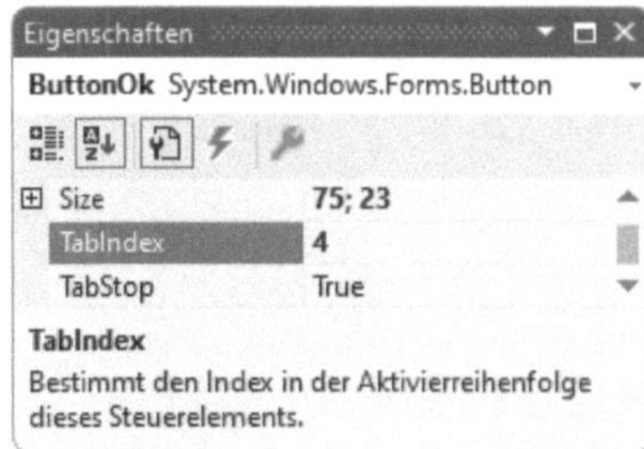

Bild 2.125
TabStop und TabIndex festlegen

2.8.6 Progressbar

Die EPLAN-Klasse `Progress` haben wir schon kennengelernt. Oft will man aber in einem Formular selbst eine *ProgressBar* einfügen. Wir platzieren die Progressbar oberhalb der Buttons und geben ihr den Namen *ProgressBarFull* (Bild 2.126).

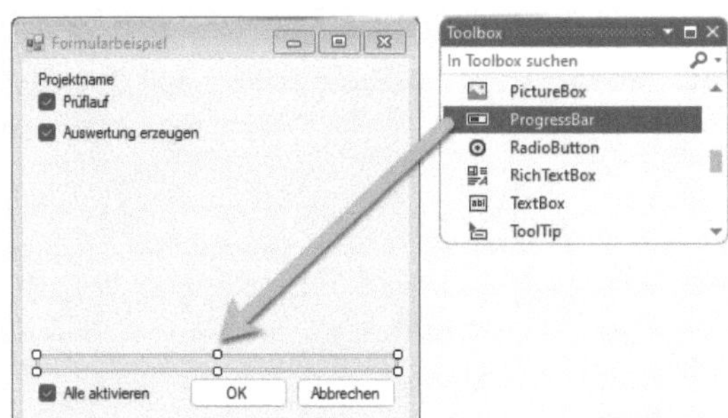

Bild 2.126
ProgressBar einfügen

Die *ProgressBar* (Bild 2.127) hat die Eigenschaft *Step* (ähnlich wie die Klasse von EPLAN). Wir setzen den Wert auf „1“ (bei jedem Schritt wird um eins erhöht). Das Maximum setzen wir auf „3“ (drei Schritte werden ausgeführt). Im Programm muss noch deklariert werden, wann ein Schritt ausgeführt wird. Dies geschieht über `PerformStep()`. Wenn das Formular nach dem Ablauf noch sichtbar ist, müssen wir den aktuellen Wert der *ProgressBar* auf „0“ setzen. Hier ist das nicht nötig, da nach den Actions das Formular geschlossen wird.

```
private void ButtonOk_Click(object sender, System.EventArgs e)
{
  CommandLineInterpreter cli = new CommandLineInterpreter();

  ProgressBarFull.PerformStep();
  if (CheckBoxProjectCheck.Checked)
  {
    cli.Execute("XMsgActionStartVerification");
  }
```

```
    ProgressBarFull.PerformStep();
    if (CheckBoxReport.Checked)
    {
      cli.Execute("reports");
    }
    ProgressBarFull.PerformStep();

    ProgressBarFull.Value = 0;

    this.Close();
  }
```

Bild 2.127
ProgressBar

2.8.7 Mauszeiger ändern

Im Scripting werden oft Actions ausgeführt, die EPLAN etwas beschäftigen, zu denen User:innen jedoch keine Rückmeldung erhalten. Hier ist es oft zu aufwendig, extra eine *ProgressBar* anzulegen. Für diesen Anwendungsfall eignet sich das Ändern des Mauszeigers (engl. *cursor*). Wenn Anwender:innen eine Sanduhr sehen, ist klar, dass etwas berechnet/ausgeführt wird.

Wir erstellen ein neues Script mit dem Attribut `[Start]`. Als Namen vergeben wir C# *03_Cursor.cs*. Dies wird eine normale Scriptdatei ohne Formular.

Der gerade sichtbare Cursor ist immer das Objekt `Cursor.Current`. Diesem Objekt können wir verschiedene Darstellungsarten zuweisen. In unserem Beispiel verwenden wir drei Arten:

- `AppStarting` wird angezeigt, wenn ein Programm gestartet wird bzw. ein Hintergrundprozess ausgeführt wird.
- `WaitCursor` wird angezeigt, wenn das Programm etwas berechnet/ausführt.
- `Default` ist der Standard-Cursor.

Um den Mauszeiger länger sichtbar zu machen, fügen wir wieder eine Wartezeit ein (drei Sekunden):

```
using Eplan.EplApi.Scripting;
using System.Threading;
using System.Windows.Forms;

public class _08_Formulare_03_Cursor
{
  [Start]
  public void Function()
  {
    Cursor.Current = Cursors.AppStarting;
    Thread.Sleep(3000);
    Cursor.Current = Cursors.WaitCursor;
    Thread.Sleep(3000);
    Cursor.Current = Cursors.Default;
  }
}
```

Bild 2.128 zeigt die verschiedenen Darstellungsarten des Mauszeigers unter .NET.

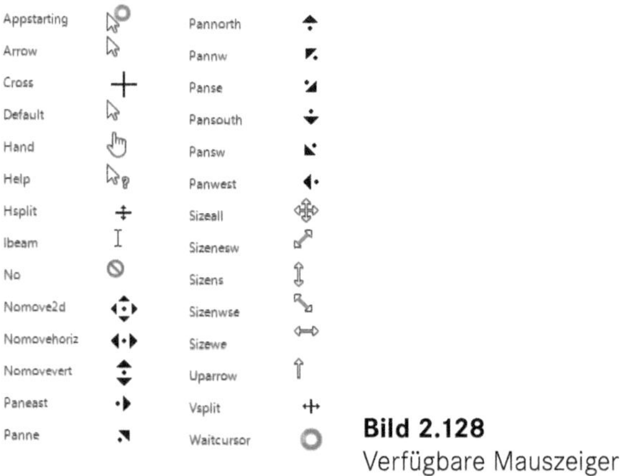

Bild 2.128
Verfügbare Mauszeiger

2.8.8 ListView

Wir erstellen ein neues Script aus der Vorlage *01_Vorlage.cs* mit dem Namen *04_Projektsuche.cs* und passen die Klassennamen ähnlich wie im Beispiel in Abschnitt 2.8.2, „Button“, an. Wir fügen folgende Steuerelemente zum Formular hinzu:

- Button: *ButtonOK*
- Button: *ButtonCancel*
- Button: *ButtonSearch*

- Button: *ButtonOpenProject*
- TextBox: *TextBoxSearch*
- StatusStrip: *StatusStripMain*
- ToolStripStatusLabel: *ToolStripLabel*
- ListView: *ListViewResult*
- ListView-Spalten:
  - Projektname
  - Pfad
  - Erweiterung

Um das Objekt *ToolStripStatusLabel* einzufügen, muss zuerst ein *StatusStrip* platziert werden. Dieses Objekt finden wir unter *Menüs & Symbolleisten* (Bild 2.129).

Bild 2.129
Toolbox: *StatusStrip*

Nun erstellen wir *ToolStripStatusLabel* über das Symbol *Neu* am linken unteren Rand des *StatusStrips* (Bild 2.130).

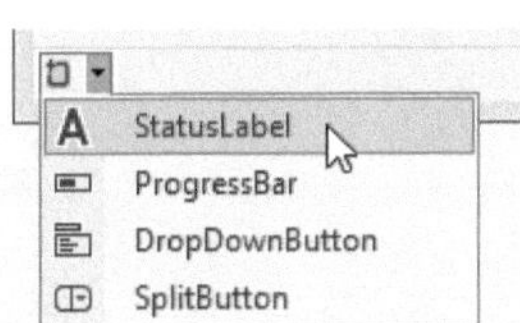

Bild 2.130
StatusLabel erzeugen

Um Spalten zu einem *ListView* hinzuzufügen, markieren wir das Objekt im Designer. Nun erscheint ein kleiner Pfeil am oberen rechten Rand (Bild 2.131).

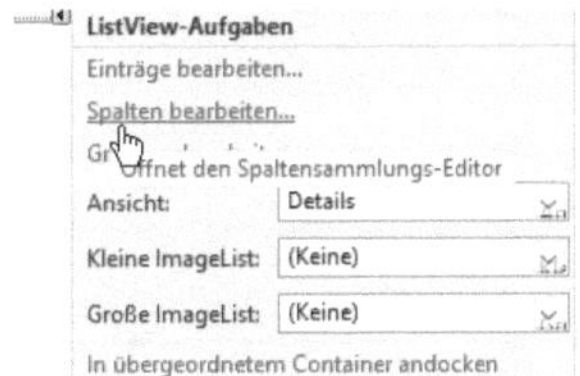

Bild 2.131
Spalten zum ListView hinzufügen

Wichtig ist, dass dem Steuerelement *ListView* folgende Eigenschaften zugewiesen werden:

- FullRowSelect: *True*
- HideSelection: *False*
- Sorting: *Ascending*
- View: *Details*

Das Script dient dazu, den EPLAN-Projekte-Ordner nach Projekten zu durchsuchen und gegebenenfalls zu öffnen. Voraussetzung hierfür ist, dass alle Projektdateien in einem Ordner liegen.

In Bild 2.132 sehen wir einen Beispielaufbau des Formulars.

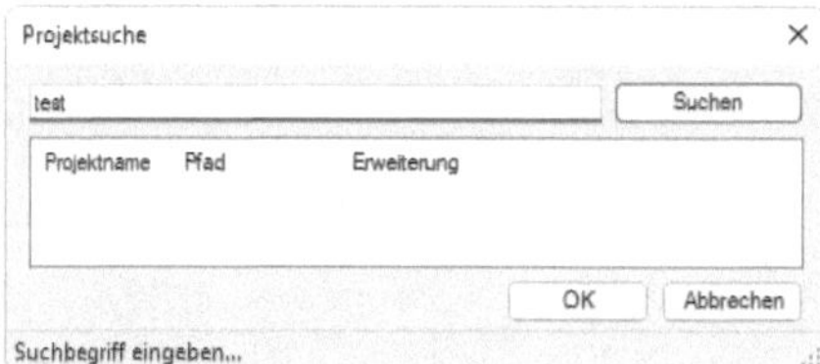

Bild 2.132
Dialog für die Projektsuche

Nun wechseln wir in die Codeansicht. Als Erstes erzeugen wir eine Variable `ProjectPath`, welche in **jeder** Stelle des Scripts verfügbar ist. Hierfür stellen wir der Variablen-Deklaration ein `public` voraus. Solch eine Initialisierung muss immer in der Klasse (`Class`) geschehen, da hier übergeordnete Elemente zugewiesen werden.

Dies sind die benötigten Using-Direktiven für das aktuelle Beispiel:

```
using System;
using System.IO;
using System.Windows.Forms;
using Eplan.EplApi.ApplicationFramework;
using Eplan.EplApi.Base;
using Eplan.EplApi.Scripting;

public class FrmProjektsuche : System.Windows.Forms.Form
{
    public string ProjectPath = string.Empty;
    // [...]
}
```

Der String `ProjectPath` ist nun immer verfügbar. Jetzt erstellen wir die Action mit dem Aufruf des Formulars:

```
[DeclareAction("Projektsuche")]
public void SearchMacrosVoid()
{
  Projektsuche form = new Projektsuche();
  form.ShowDialog();
}
```

Im Ereignis `Load()` des Formulars weisen wir den EPLAN-Projekte-Pfad zu (Bild 2.133).

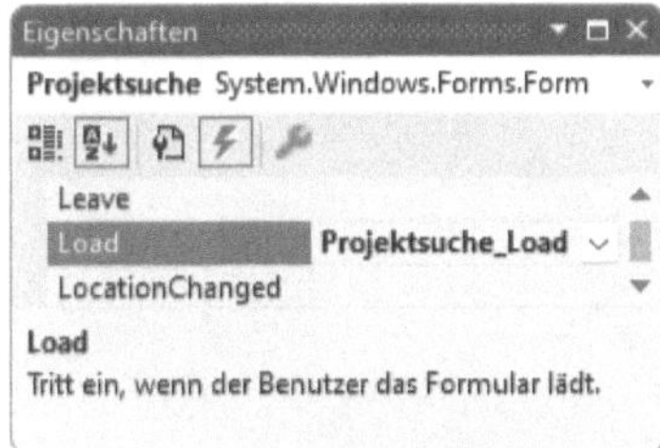

Bild 2.133
Ereignis *Load* hinzufügen

```
private void Projektsuche_Load(object sender, System.EventArgs e)
{
  ProjectPath = PathMap.SubstitutePath("$(MD_PROJECTS)");
  TextBoxSearch.Select();
}
```

Mit dem Befehl `Select()` soll der Cursor gleich das Textfeld auswählen. Dadurch kann sofort der Suchbegriff eingegeben werden. Als Nächstes hinterlegen wir am Button ABBRECHEN ein Event für das Schließen des Formulars:

```
private void btnCancel_Click(object sender, System.EventArgs e)
{
  this.Close();
}
```

Nun erzeugen wir die Methoden zum Suchen der Projekte. Wir erstellen das Ereignis für `ButtonSearch_Click()` und setzen den Cursor und den Text in die Statusleiste.

Um eine schönere Anzeige zu erreichen, besitzt das Steuerelement *ListView* die Methoden `BeginUpdate()` und `EndUpdate()`. Zwischen diesen beiden Befehlen wird das Steuerelement nicht neu gezeichnet. Wären diese Methoden nicht vorhanden, würden Anwender:innen bei größeren Datenmengen sehen, wie sich der ListView füllt.

`GetProjects()` ist der Name für eine neue Methode, in der die Projekte gesucht werden.

Da die Spaltenbreite abhängig vom Inhalt der Zellen ist, lassen wir diese nach dem Füllen des *ListViews* neu berechnen. Hierzu gibt es die Methode `AutoResizeColumns()`. Nun müssen wir noch die Art der Sortierung übergeben. Folgende Typen sind verfügbar:

- *ColumnContent*: nach Inhalt der Spalte
- *HeaderSize*: nach Spaltenüberschrift
- *None*: keine

```
private void ButtonSearch_Click(object sender, System.EventArgs e)
{
  Cursor.Current = Cursors.WaitCursor;

  ToolStripLabel.Text = "Projekt(e) werden gesucht ...";

  ListViewResult.BeginUpdate();

  GetProjects();

  ListViewResult.AutoResizeColumns(
    ColumnHeaderAutoResizeStyle.ColumnContent);

  ListViewResult.EndUpdate();

  Cursor.Current = Cursors.Default;
}
```

Als Nächstes erstellen wir die Methode `GetProjects()`, um alle EPLAN-Projekte im Verzeichnis zu suchen und in der Liste anzuzeigen. Da ein Suchvorgang eventuell mehrmals hintereinander ausgeführt wird, muss die Liste vor Beginn geleert werden. Ansonsten würden die Ergebnisse nur angefügt werden. Mit `Items.Clear()` löschen wir alle Einträge (*Items*). Würden wir nur `Clear()` ausführen, werden auch die Spalten entfernt.

```
ListViewResult.Items.Clear();
```

Nun lernen wir eine Schleife vom Typ `ForEach` kennen. Wir möchten das Verzeichnis nach Dateien durchsuchen, welche die Endung **.el** besitzen. Hierzu stellt .NET die Methode `Directory.GetFiles()` im Namespace `System.IO` bereit. Es müssen aber zunächst Parameter für die Suche festgelegt werden:

- *path*: Pfad, welcher durchsucht werden soll
- *searchPattern*: wonach gesucht werden soll
- *searchOption*: wie gesucht werden soll
  - *AllDirectories*: Unterverzeichnisse mit einbeziehen
  - *TopDirectoryOnly*: nur das angegebene Verzeichnis durchsuchen

Als Ergebnis wird eine Liste mit Strings zurückgegeben, wobei jeder String den kompletten Dateinamen (mit Pfad) beinhaltet. Eine Auflistung (engl. *array*) wird immer mit `[ ]` gekennzeichnet.

```
string[] result = Directory.GetFiles(ProjectPath,
    "*" + TextBoxSearch.Text + "*.el*",
    SearchOption.TopDirectoryOnly
    );
```

Es wird nun nach *.el* gesucht. Man sollte beachten, dass das Suchergebnis auch andere Dateien beinhalten kann als die EPLAN-Projekte (Tabelle 2.4).

Tabelle 2.4 Übersicht der EPLAN-Dateiendungen

EPLAN-Projekt (*.elk)	
gepacktes EPLAN-Projekt (*.elp)	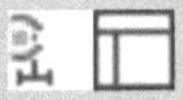
ausgelagertes EPLAN-Projekt (*.els)	
ausgelagertes gepacktes EPLAN-Projekt (*.elx)	
archiviertes EPLAN-Projekt (*.ela)	
abgeschlossenes EPLAN-Projekt (*.elr)	
EPLAN-Referenzprojekt (REV*.elr)	
EPLAN-Revisionsprojekt (*.ell)	

In der Schleife muss jetzt mit jedem String etwas passieren. In der `ForEach`-Schleife benötigen wir immer ein Objekt, dem der Wert des aktuellen Rückgabe-Objekts übergeben wird (Bild 2.134).

```
foreach(object AktuellesObjekt in Objektsammlung)
{
  // Mache etwas mit AktuellesObjekt
}
```

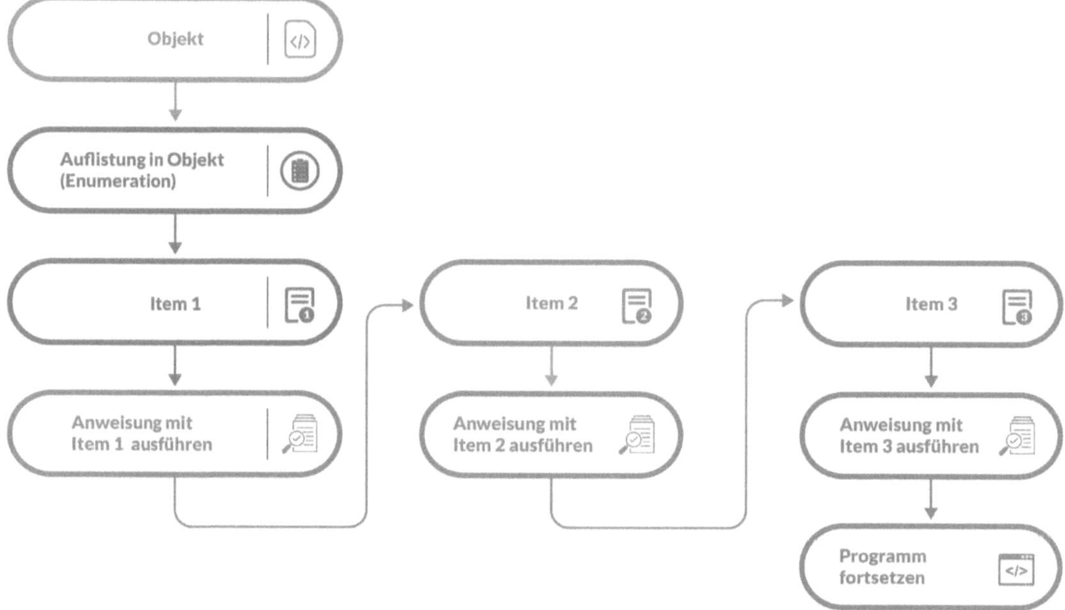

Bild 2.134 ForEach

Übertragen wir diese Funktion auf unsere Objekte im Script, sollte dies wie folgt lauten, wobei die Methode `FillListView()` noch nicht bekannt ist:

```
foreach (string project in result)
{
  FillListView(project);
}
```

Nun lassen wir auch die Anzahl der gefundenen Projekte anzeigen:

```
ToolStripLabel.Text = "Projekte gefunden: " +
  ListViewResult.Items.Count.ToString();
```

Die Eigenschaft `Count` vom ListView-Items-Objekt gibt die Anzahl der Objekte zurück, die das Steuerelement beinhaltet. Da es sich um einen Integer-Wert handelt, muss man diesen mit `ToString()` umwandeln.

Die komplette Methode muss wie folgt aussehen:

```
private void GetProjects()
{
  ListViewResult.Items.Clear();

  string[] result = Directory.GetFiles(ProjectPath,
      "*" + TextBoxSearch.Text + "*.el*",
      SearchOption.TopDirectoryOnly
      );
```

```
    foreach (string project in result)
    {
      FillListView(project);
    }

    ToolStripLabel.Text = "Projekte gefunden: "
        + ListViewResult.Items.Count.ToString();
}
```

Nun erstellen wir die Methode, um einen neuen Eintrag zum *ListView* hinzuzufügen. Der Übergabewert (*fullpath*) soll aufgeteilt werden in

- Dateiname ohne Erweiterung,
- Pfad sowie
- Erweiterung.

Die .NET-Umgebung stellt hier die Klasse `FileInfo` zur Verfügung, um, wie der Name schon sagt, Informationen über eine Datei wiederzugeben.

Wir erstellen nun ein Objekt der Klasse `FileInfo` mit dem kompletten Dateinamen als Übergabewert:

```
FileInfo fileInfo = new FileInfo(fullPath);

string fileNameWithoutExtension =
    Path.GetFileNameWithoutExtension(fileInfo.FullName);
string directory = fileInfo.Directory + @"\";
string extension = fileInfo.Extension;
```

Um die Funktion ein bisschen übersichtlicher zu gestalten, schreiben wir die Werte zuerst in ein String-Objekt und übergeben dieses dem *ListView*-Eintrag.

Jetzt benötigen wir noch Objekte, welche dem *ListView* übergeben werden können. Mit *ListViewItem* können wir einen Eintrag mit vielen verschiedenen Eigenschaften füllen und dann hinzufügen. Ein *ListViewItem* muss einen Text besitzen (erste Spalte). Wir können beliebig viele *SubItems* hinzufügen (weitere Spalten). Man muss nur sicherstellen, dass immer so viele Spalten wie *SubItems* vorhanden sind. Ansonsten wird ein Fehler ausgegeben.

Wurden alle Informationen hinterlegt, kann das Objekt mit `Items.Add()` hinzugefügt werden. Die komplette Methode sieht wie folgt aus:

```
private void FillListView(string fullPath)
{
  FileInfo fileInfo = new FileInfo(fullPath);

  string fileNameWithoutExtension =
      Path.GetFileNameWithoutExtension(fileInfo.FullName);
  string directory = fileInfo.Directory.ToString() + @"\";
  string extension = fileInfo.Extension;

  ListViewItem listViewItem = new ListViewItem();
  listViewItem.Text = fileNameWithoutExtension;
```

```
    listViewItem.SubItems.Add(directory);
    listViewItem.SubItems.Add(extension);
    ListViewResult.Items.Add(listViewItem);
}
```

Zu diesem Zeitpunkt können wir das Script bereits testen und prüfen, ob alle Projekte zum *ListView* hinzugefügt wurden.

User:innen sollen die Möglichkeit haben, ein Projekt in der Liste zu markieren und es anschließend über OK oder über einen Doppelklick auf das Element öffnen zu können. Wir erstellen hierfür das Ereignis `ButtonOK_Click()`. Nun weisen wir einem String-Objekt die Werte so zu, dass am Ende der komplette Pfad der Projektdatei wieder verfügbar ist.

Folgende Reihenfolge muss nachgebildet werden:

Pfad + Dateiname + Erweiterung

Die Spalten werden in .NET nummeriert. Wie in der Informatik üblich, beginnt die Zählung bei Null:

1 (Pfad) + 0 (Dateiname) + 2 (Erweiterung)

Auf das gerade markierte Objekt wird mit `SelectedItems[0]` zugegriffen. Es ist auch möglich, in einem *ListView* über die Eigenschaften festzulegen, dass eine Mehrfachselektion erlaubt ist. Darum müssen wir den Index mit „0“ angeben. Der Inhalt der einzelnen Zellen wird über die Eigenschaft `SubItems.Text` ausgelesen. Im Programmcode sieht das wie folgt aus:

```
string project =
      ListViewResult.SelectedItems[0].SubItems[1].Text
    + ListViewResult.SelectedItems[0].SubItems[0].Text
    + ListViewResult.SelectedItems[0].SubItems[2].Text;
```

Nun rufen wir die Methode `OpenProject()` auf. Nach dem Öffnen des EPLAN-Projekts soll das Formular geschlossen werden:

```
OpenProject(project);
this.Close();
```

Wir extrahieren auch diese Methode als `GetFileNameAndOpen()`. Wir fügen nun noch eine Überprüfung der Anzahl der markierten Objekte mit ein. Es kann bei diesem Steuerelement passieren, dass ein „leerer“ Eintrag geöffnet wird, was zu einem Fehler führt:

```
private void GetFileNameAndOpen()
{
  if (ListViewResult.SelectedItems.Count > 0)
  {
    string project =
          ListViewResult.SelectedItems[0].SubItems[1].Text
        + ListViewResult.SelectedItems[0].SubItems[0].Text
        + ListViewResult.SelectedItems[0].SubItems[2].Text;
```

```
    OpenProject(project);
  }

  this.Close();
}
```

Wir wiederholen den Vorgang für das Ereignis `DoubleClick()` auf das *ListView*:

```
private void ListViewResult_DoubleClick(
  object sender, EventArgs e)
{
  GetFileNameAndOpen();
}
```

Die Funktion `OpenProject()` für das Öffnen des Projekts in EPLAN erstellen wir als eigene Methode. Es soll der komplette Pfad der Projektdatei entgegengenommen und per Action (`ProjectOpen`) geöffnet werden.

Um dem oder der Benutzer:in ein Feedback zu geben, dass gerade etwas gemacht wird, setzen wir den Cursor auf `WaitCursor`. Dem Label in der Statusleiste wird der Projektname übergeben. Mit `Path.GetFileNameWithoutExtension()` wird nur der Dateiname übergeben. Da EPLAN hier sehr schnell ist, wird die Projektöffnen-Action schneller ausgeführt, als unser Programm den Text setzen kann. Hierfür wird `this.Update()` verwendet, um das ganze Formular neu zu zeichnen.

```
Private void OpenProject(string fullProjectPath)
{
  Cursor.Current = Cursors.WaitCursor;

  ToolStripLabel.Text = "Projekt '"
      + Path.GetFileNameWithoutExtension(fullProjectPath)
      + "' wird geöffnet ...";

  this.Update();

  CommandLineInterpreter cli = new CommandLineInterpreter();
  ActionCallingContext acc = new ActionCallingContext();
  acc.AddParameter("Project", fullProjectPath);
  cli.Execute("ProjectOpen", acc);

  Cursor.Current = Cursors.Default;
}
```

Nun ist das Script fast fertig. Der Button *Suchen* soll nur aktiv sein, wenn in der Textbox auch ein Suchbegriff enthalten ist. Hierfür erstellen wir das Ereignis `TextBoxSearch_TextChanged()` und überprüfen über eine If-Abfrage den Inhalt:

```
private void TextBoxSearch_TextChanged(
  object sender, System.EventArgs e)
{
  if (TextBoxSearch.Text == "")
  {
```

```
      ButtonSearch.Enabled = false;
    }
    else
    {
      ButtonSearch.Enabled = true;
    }
  }
```

Wir suchen mit verschiedenen Begriffen und überprüfen die Ergebnisse in EPLAN (Bild 2.135).

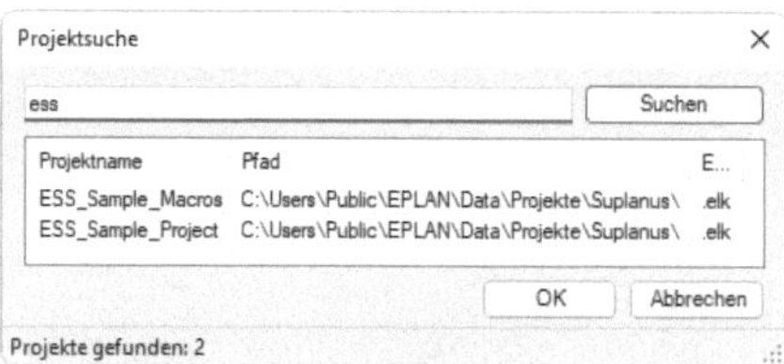

Bild 2.135
Projektsuche

Das komplette Script sieht so aus:

```
using System;
using System.IO;
using System.Windows.Forms;
using Eplan.EplApi.ApplicationFramework;
using Eplan.EplApi.Base;
using Eplan.EplApi.Scripting;

public class Projektsuche : System.Windows.Forms.Form
{
  public string ProjectPath = string.Empty;

  // Formulardaten im Buch nicht abgedruckt, sind aber notwendig

  [DeclareAction("Projektsuche")]
  public void SearchMacrosVoid()
  {
    Projektsuche form = new Projektsuche();
    form.ShowDialog();
  }

  private void Projektsuche_Load(object sender, System.EventArgs e)
  {
    ProjectPath = PathMap.SubstitutePath("$(MD_PROJECTS)");
    TextBoxSearch.Select();
  }

  private void btnCancel_Click(object sender, System.EventArgs e)
  {
    this.Close();
  }

  private void OpenProject(string fullProjectPath)
```

```
{
  Cursor.Current = Cursors.WaitCursor;

  ToolStripLabel.Text = "Projekt '"
      + Path.GetFileNameWithoutExtension(fullProjectPath)
      + "' wird geöffnet ...";

  this.Update();

  CommandLineInterpreter cli = new CommandLineInterpreter();
  ActionCallingContext acc = new ActionCallingContext();
  acc.AddParameter("Project", fullProjectPath);
  cli.Execute("ProjectOpen", acc);

  Cursor.Current = Cursors.Default;
}

private void ButtonSearch_Click(object sender, System.EventArgs e)
{
  Cursor.Current = Cursors.WaitCursor;

  ToolStripLabel.Text = "Projekt(e) werden gesucht ...";

  ListViewResult.BeginUpdate();

  GetProjects();

  ListViewResult.AutoResizeColumns(
    ColumnHeaderAutoResizeStyle.ColumnContent);
  ListViewResult.EndUpdate();

  Cursor.Current = Cursors.Default;
}

private void GetProjects()
{
  ListViewResult.Items.Clear();

  string[] result = Directory.GetFiles(ProjectPath,
      "*" + TextBoxSearch.Text + "*.el*",
      SearchOption.TopDirectoryOnly
      );

  foreach (string project in result)
  {
    FillListView(project);
  }

  ToolStripLabel.Text = "Projekte gefunden: "
      + ListViewResult.Items.Count.ToString();
}

private void FillListView(string fullPath)
{
  FileInfo fileInfo = new FileInfo(fullPath);
```

```
    string fileNameWithoutExtension =
        Path.GetFileNameWithoutExtension(fileInfo.FullName);
    string directory = fileInfo.Directory.ToString() + @"\";
    string extension = fileInfo.Extension;

    ListViewItem listViewItem = new ListViewItem();
    listViewItem.Text = fileNameWithoutExtension;
    listViewItem.SubItems.Add(directory);
    listViewItem.SubItems.Add(extension);
    ListViewResult.Items.Add(listViewItem);
  }

  private void ButtonOK_Click(object sender, System.EventArgs e)
  {
    GetFileNameAndOpen();
  }

  private void ListViewResult_DoubleClick(
    object sender, EventArgs e)
  {
    GetFileNameAndOpen();
  }

  private void GetFileNameAndOpen()
  {
    if (ListViewResult.SelectedItems.Count > 0)
    {
      string project =
            ListViewResult.SelectedItems[0].SubItems[1].Text
          + ListViewResult.SelectedItems[0].SubItems[0].Text
          + ListViewResult.SelectedItems[0].SubItems[2].Text;

      OpenProject(project);
    }

    this.Close();
  }

  private void TextBoxSearch_TextChanged(
    object sender, System.EventArgs e)
  {
    if (TextBoxSearch.Text == "")
    {
      ButtonSearch.Enabled = false;
    }
    else
    {
      ButtonSearch.Enabled = true;
    }
  }
}
```

2.9 Debugging

In diesem Abschnitt lernen wir das Debugging bei der Scriptprogrammierung kennen. Mit Debugging ist das Auffinden von Fehlern oder die Diagnose von Code gemeint. In einer C#-Anwendung ist das über den Menüpunkt DEBUGGEN > DEBUGGING STARTEN möglich. Da wir aber an einem Hauptprozess (EPLAN) hängen, müssen wir uns an diesen Prozess anheften.

Das Debugging ist in EPLAN standardgemäß deaktiviert. Hierfür gibt es ab der EPLAN-Version 2.4 eine versteckte Einstellung namens `USER.EplanEplApiScriptLog.DebugScripts`. Wir setzen diese Einstellung vom Typ *Bool* per Script auf *true* und starten EPLAN neu.

Das Debugging testen wir anhand des Scripts *03_Klassen* C# *07_TryCatch.cs*. Wir achten darauf, dass `number2` den Wert *0* hat.

Wir ergänzen folgende Zeile am Anfang der Methode `Function()`:

```
Debugger.Break();
```

Die Methode teilt Visual Studio mit, an dieser Stelle anzuhalten. Man findet die Klasse im Namespace `System.Diagnostics`. Wir fügen die Using-Direktive hinzu.

Über den Menüpunkt DEBUGGEN > AN DEN PROZESS ANHÄNGEN ... verbinden wir Visual Studio mit EPLAN (Bild 2.136).

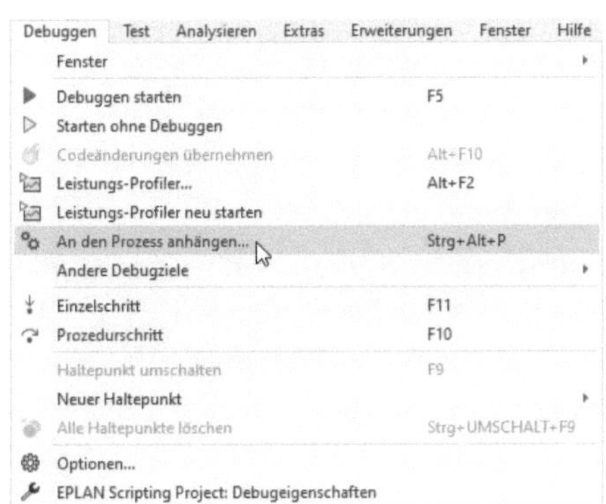

Bild 2.136
Menüpunkt *An den Prozess anhängen*

Wir wählen den Prozess *EPLAN.exe* aus. Über ANFÜGEN starten wir das Debugging (Bild 2.137).

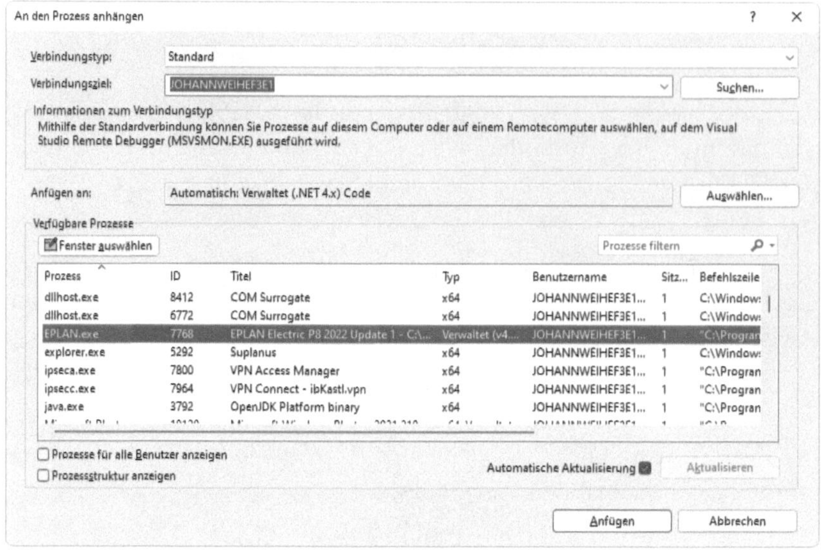

Bild 2.137 An den Prozess anhängen

Wir führen das Script nun aus. Visual Studio sollte automatisch im Vordergrund erscheinen und an der Zeile anhalten (Bild 2.138).

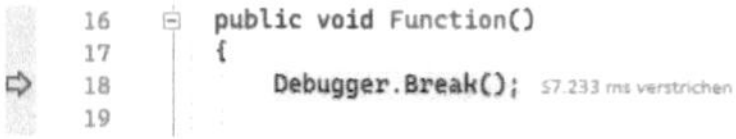

```
public void Function()
{
    Debugger.Break();  57.233 ms verstrichen
```

Bild 2.138
Haltepunkt im Code

Nachdem diese Methode erreicht wurde, können wir nun manuelle Haltepunkte setzen. Wir verwenden den Menüeintrag DEBUGGEN > HALTEPUNKT UMSCHALTEN oder klicken mit der Maus auf den grauen Rand an der linken Seite des Code-Fensters (Bild 2.139).

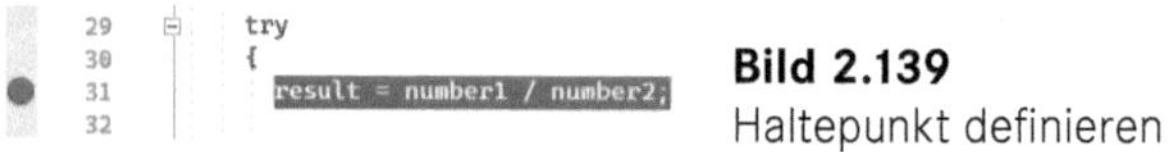

Bild 2.139
Haltepunkt definieren

Jetzt drücken wir auf den Toolbar-Button oder im Menü auf Debuggen ▶ Weiter. Der Code wird nun bis zum nächsten Haltepunkt ausgeführt. Wir können auch manuell, das heißt ohne Haltepunkte und Schritt für Schritt, vorgehen. Wir nutzen hierfür den Toolbar-Button oder den Menüpunkt DEBUGGEN > EINZELSCHRITT. Wir lassen den Code bis zu dieser Zeile durchlaufen:

```
result = number1 / number2;
```

Wir wissen, dass ein Fehler geschehen wird, da durch 0 geteilt wird. Vielleicht sieht man, dass dies noch nicht geschehen ist, denn es müsste eine MessageBox erscheinen. Grund dafür ist, dass der Haltepunkt vor dem Code steht. Das heißt, die aktuelle Zeile wurde noch nicht ausgeführt. Wir fahren mit der Maus über das Objekt `number2`. Wir sehen nun den Objektnamen und dahinter den Wert (Bild 2.140).

```
try
{
    result = number1 / number2;   ≤1 ms verstrichen
                        number2   0
    // Ab hier wird kein Code mehr ausgeführt
```

Bild 2.140 Werte anzeigen im Tooltip

Wir können einzelne Werte zur Überwachung hinzufügen (Bild 2.141). Es ist auch möglich, mehrere Werte zur Überwachung hinzuzufügen, die sich so z. B. sehr schön vergleichen lassen. Ist das Fenster nicht sichtbar, können wir es mit DEBUGGEN > FENSTER > ÜBERWACHEN > ÜBERWACHEN 1 öffnen.

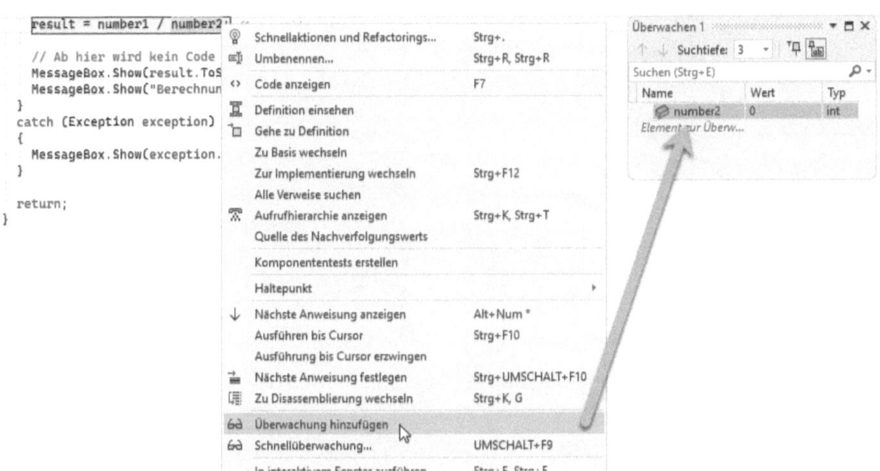

Bild 2.141 Überwachung hinzufügen

Wir gehen das Script nun Schritt für Schritt durch. Es wird klar, wie das Catch-Statement die Fehlerbehandlung übernimmt. Vielleicht ist dir schon aufgefallen, dass wir eigentlich nicht unser Script betrachten, sondern eine andere Datei (Bild 2.142).

Bild 2.142 Temporäre Datei

Grund dafür ist, dass EPLAN für das Debugging eine temporäre Datei in diesem Pfad anlegt: *C:\Users\username\AppData\Local\Temp*. Es handelt sich hierbei um deinen benutzerbezogenen Temp-Ordner. Wir könnten Änderungen am Programmcode vornehmen, wenn ein Haltepunkt aktiv ist, doch diese Änderungen werden nicht in der Originaldatei übernommen.

Um das Debugging zu beenden und somit Visual Studio von EPLAN zu trennen, verwenden wir die Funktion Debuggen > Alle trennen. Wir entfernen alle Aufrufe von `Debugger.Break()` in einem fertigen Script, da es sonst zu einem Fehler in EPLAN führt. Alternativ könnte man abfragen, ob das Debugging aktiv ist. Dann wird der Code nur ausgeführt, wenn Visual Studio mit EPLAN verbunden ist:

```
if (Debugger.IsAttached)
{
  Debugger.Break();
}
```

Sicherlich ist es auch sinnvoll, dass Visual Studio nicht jedes Mal anhält, wenn wir Werte sehen möchten. Um dies zu verhindern, können wir `Debug.WriteLine()` verwenden. Wie der Name schon verrät, gibt man damit einen Text aus. Dieser wird in Visual Studio im Ausgabe-Fenster angezeigt. Wir können es über Debuggen > Fenster > Ausgabe anzeigen lassen (Bild 2.143).

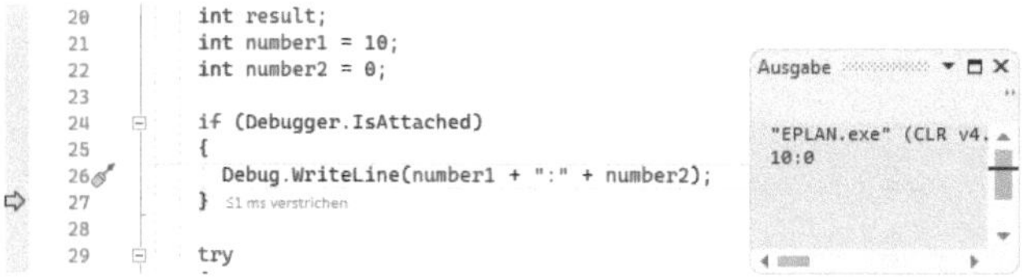

Bild 2.143 Ausgabe

Das komplette Script sieht wie folgt aus:

```
using System.Windows.Forms;
using Eplan.EplApi.Scripting;
using System;
using System.Diagnostics;

public class _03_Klassen_07_TryCatch
{
  [Start]
  public void Function()
  {
    if (Debugger.IsAttached)
    {
      Debugger.Break();
    }

    int result;
    int number1 = 10;
```

```
    int number2 = 0;

    if (Debugger.IsAttached)
    {
      Debug.WriteLine(number1 + ":" + number2);
    }

    try
    {
      result = number1 / number2;

      // Ab hier wird kein Code mehr ausgeführt
      MessageBox.Show(result.ToString());
      MessageBox.Show("Berechnung erfolgreich beendet");
    }
    catch (Exception exception)
    {
      MessageBox.Show(exception.Message);
    }
  }
}
```

3 Schnittstellen-programmierung

3.1 Externe Programme

3.1.1 Prozess ausführen

Für verschiedenste Anwendungsfälle ist es nötig, einen Prozess oder ein Programm über ein Script zu öffnen. Dies sind einige Beispiele:

- PDF nach dem Erstellen öffnen
- Programm über Script einbinden
- Projektordner öffnen

Wir erstellen ein neues Script mit dem Attribut `[Start]` und dem Dateinamen C# *01_Prozess_ausführen.cs* im Ordner *09_Externe_Programme*. Wir setzen den Aufruf des Prozesses in eine Try-Catch-Überwachung. Sonst kann es zu Fehlern kommen, wenn z. B. auf eine Datei zugegriffen wird, die in einer anderen Applikation geöffnet ist oder gar nicht existiert.

Den Prozess startet man über `Process.Start("NAME")`. Wir finden die Klasse im Namespace `System.Diagnostics`. Als erstes Beispiel wollen wir den Windows-Taschenrechner aufrufen. Der Prozessname ist *calc*.

```
Process.Start("calc");
```

Wie bereits angesprochen, fangen wir einen möglichen Fehler mit Try/Catch in einer MessageBox ab. Wenn wir das Script ausführen, öffnet sich der Windows-Taschenrechner.

```
using System;
using System.Diagnostics;
using System.Windows.Forms;
using Eplan.EplApi.Scripting;

public class _09_Externe_Programme_01_Prozess_ausfuehren
{
  [Start]
```

```
  public void Function()
  {
    try
    {
      Process.Start("calc");
    }
    catch (Exception ex)
    {
      MessageBox.Show(
          ex.Message,
          "Fehler",
          MessageBoxButtons.OK,
          MessageBoxIcon.Error
          );
    }
  }
}
```

Windows selbst besitzt eine Befehlszeile, die genau nach demselben Prinzip arbeitet: STARTMENÜ > SUCHBEGRIFF > AUSFÜHREN (Bild 3.1 bis Bild 3.3).

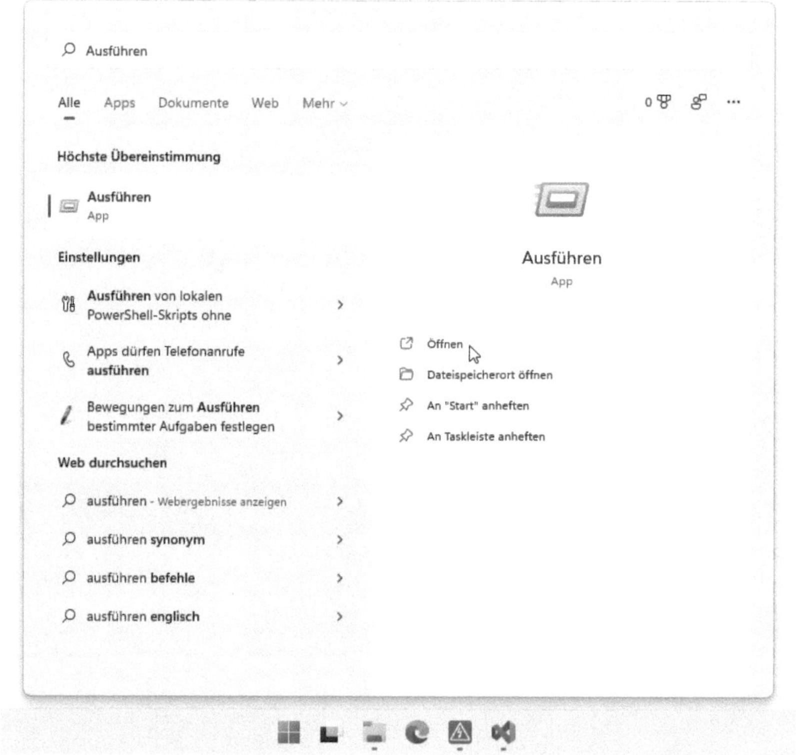

Bild 3.1 Befehlszeile öffnen

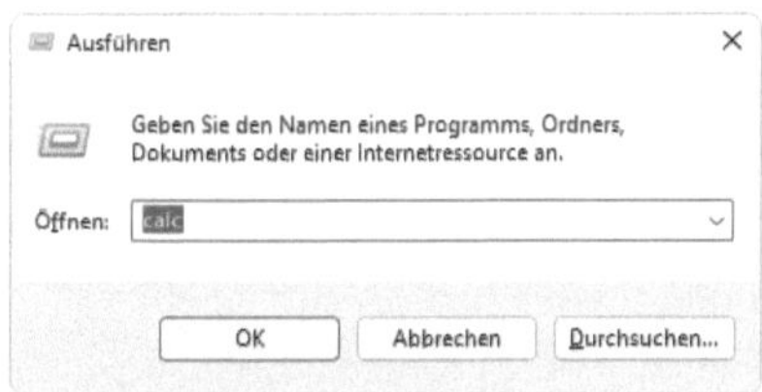

Bild 3.2
Taschenrechner über Befehlszeile öffnen

Bild 3.3
Prozess über ein Script ausführen

3.1.2 Unterschiedliche Prozesse ausführen

Wir kopieren das Script und benennen es in C# *02_Unterschiedliche_Prozesse_ausführen.cs* um. Nun möchten wir über eine Methode mehrere Prozesse starten. Hierfür ändern wir unser erstes Script so ab, dass eine Action (*StartProcess*) geladen wird:

```
[DeclareAction("StartProcess")]
```

Der Action können zwei Parameter übergeben werden:

- *processName*: Name des Prozesses, der gestartet werden soll
- *parameter*: mögliche Parameter der Applikation

In der Methode ändern wir den Aufruf so ab, dass unsere Übergabewerte berücksichtigt werden. Als zweite Überladung besitzt `Process.Start()` die Möglichkeit, Parameter entgegenzunehmen:

```
Process.Start(PROCESS, PARAMETER);
```

Die fertige Funktion sieht wie folgt aus:

```
[DeclareAction("StartProcess")]
public void Function(string processName, string parameter)
{
  try
  {
    Process.Start(processName, parameter);
  }
  catch (Exception ex)
  {
    MessageBox.Show(
        ex.Message,
        "Fehler",
        MessageBoxButtons.OK,
        MessageBoxIcon.Error
        );
  }
}
```

Es wäre nicht zwingend nötig, eine eigene Action zu initialisieren, da wir in demselben Script auch Befehle für das Menüband erzeugen. Dennoch werden wir das Aufrufen eines Prozesses oft in EPLAN benötigen. Somit haben wir die Funktionalität erweitert und können immer wieder auf diese Action zugreifen (im Script oder auch im Menüband).

Als Nächstes fügen wir die schon angesprochene Menüband-Integration ein. Hier können wir auf unseren bereits bestehenden Programmcode zurückgreifen. Als *TAB_NAME* verwenden wir unseren bestehenden Tab. Wir definieren zusätzlich noch eine Konstante für unsere Gruppe. Denn wenn das Script entladen wird, soll nicht der ganze Tab entfernt werden, sondern nur die Gruppe:

```
private MultiLangString TAB_NAME
{
  get
  {
    MultiLangString tabName = new MultiLangString();
    tabName.AddString(ISOCode.Language.L_de_DE, "Mein Tab");
    tabName.AddString(ISOCode.Language.L_en_US, "My Tab");
    return tabName;
  }
}

private const string GROUP_NAME = "Apps";

[DeclareUnregister]
public void UnRegister()
{
  RibbonBar ribbonBar = new RibbonBar();
  RibbonTab ribbonTab = ribbonBar.GetTab(TAB_NAME, true);
  if (ribbonTab != null)
  {
    RibbonCommandGroup ribbonCommandGroup =
```

```
        ribbonTab.GetCommandGroup(GROUP_NAME);
      if (ribbonCommandGroup != null)
      {
        ribbonCommandGroup.Remove();
      }
    }
  }
```

In unserer `Register()`-Methode initialisieren wir das `RibbonBar`-Objekt und prüfen, ob es eventuell schon in EPLAN vorhanden ist. Danach fügen wir die Gruppe hinzu:

```
[DeclareRegister]
public void Register()
{
  RibbonBar ribbonBar = new RibbonBar();

  RibbonTab ribbonTab = ribbonBar.GetTab(TAB_NAME, true);
  if (ribbonTab == null)
  {
    ribbonTab = ribbonBar.AddTab(TAB_NAME);
  }
  RibbonCommandGroup ribbonCommandGroup =
    ribbonTab.AddCommandGroup(GROUP_NAME);
}
```

Wir erstellen uns einen Befehl *Taschenrechner* und weisen dieses Mal alle Objekte in der Methode zu. In einer Methoden-Deklaration können auch Objekte erzeugt werden wie z. B. das `RibbonIcon`. Es ist eine kurze Schreibweise, macht den Code aber schnell unübersichtlich:

```
ribbonCommandGroup.AddCommand("Taschenrechner",
  "StartProcess /processName:calc /parameter:''",
  new RibbonIcon(CommandIcon.Application));
```

Wir geben als Parameter einen leeren String an. In EPLAN muss man einer Action immer alle Parameter übergeben, außer die Action nutzt einen `ActionCallingContext`.

Als zweiten Befehl ergänzen wir das Script um die Funktionalität, den Ordner des aktuellen Projekts direkt zu öffnen. Hierfür benötigen wir die Pfadvariable *PROJECTPATH*. Um den Pfad als Parameter zu übergeben, sind Anführungszeichen notwendig (Leerzeichen im Pfad). Da diese in C# für die Deklaration eines String-Objekts stehen, muss man ein Escapezeichen hinzufügen. Darum erstellen wir ein String-Objekt, das nur ein Anführungszeichen wiedergibt. Dadurch bleibt der Code übersichtlich:

```
string quote = "\"";
```

In diesem Beispiel wird nun auch die Funktion des Parameters aktiv. Der Prozess ist der Windows-Explorer und der Parameter der übergebene Ordnerpfad. Der Befehl muss wie folgt heißen:

```
ribbonCommandGroup.AddCommand(
  "Projektordner öffnen",
  "StartProcess /processName:explorer /parameter:" +
  quote +"$(PROJECTPATH)" + quote,
  new RibbonIcon(CommandIcon.Application));
```

Da wir eventuell auch andere Pfadvariablen der Action übergeben möchten, ist es sinnvoll, das Auflösen auch dort zu machen. Somit ändern wir die Action wie folgt ab:

```
[DeclareAction("StartProcess")]
public void Function(string processName, string parameter)
{
  try
  {
    parameter = PathMap.SubstitutePath(parameter);
    Process.Start(processName, parameter);
  }
  catch (Exception ex)
  {
    MessageBox.Show(
        ex.Message,
        "Fehler",
        MessageBoxButtons.OK,
        MessageBoxIcon.Error
        );
  }
}
```

Wir fügen nun als dritten Befehl unsere schon bekannte Zeichentabelle hinzu. Der Prozessname ist *charmap*:

```
ribbonCommandGroup.AddCommand("Zeichentabelle",
  "StartProcess /processName:charmap /parameter:''",
  new RibbonIcon(CommandIcon.Application));
```

Als letzten Befehl möchten wir eine Beispieldatei öffnen. Das Programm wird immer mit dem Windows-Standardprogramm des jeweiligen Dateityps geöffnet. In diesem Beispiel speichern wir eine PDF-Datei an einem beliebigen Speicherort ab und rufen diese als Variable *pdfFile* auf:

```
string pdfFile = @"C:\test\test.pdf";
ribbonCommandGroup.AddCommand("PDF öffnen",
  "StartProcess /processName:" + quote + pdfFile + quote +
  " /parameter:''",
  new RibbonIcon(CommandIcon.Application));
```

Wir laden nun das komplette Script und testen die Funktionen. Es muss darauf geachtet werden, dass die PDF-Datei vorhanden ist (Bild 3.4).

Bild 3.4 Externe Programme über ein Script hinzufügen

```
using System;
using System.Diagnostics;
using System.Windows.Forms;
using Eplan.EplApi.Base;
using Eplan.EplApi.Gui;
using Eplan.EplApi.Scripting;

public class
  _09_Externe_Programme_02_Unterschiedliche_Prozesse_ausfuehren
{
  [DeclareAction("StartProcess")]
  public void Function(string processName, string parameter)
  {
    try
    {
      parameter = PathMap.SubstitutePath(parameter);
      Process.Start(processName, parameter);
    }
    catch (Exception ex)
    {
      MessageBox.Show(
          ex.Message,
          "Fehler",
          MessageBoxButtons.OK,
          MessageBoxIcon.Error
          );
    }
  }

  private MultiLangString TAB_NAME
  {
    get
    {
      MultiLangString tabName = new MultiLangString();
      tabName.AddString(ISOCode.Language.L_de_DE, "Mein Tab");
      tabName.AddString(ISOCode.Language.L_en_US, "My Tab");
      return tabName;
    }
  }

  private const string GROUP_NAME = "Apps";

  [DeclareUnregister]
  public void UnRegister()
  {
    RibbonBar ribbonBar = new RibbonBar();
    RibbonTab ribbonTab = ribbonBar.GetTab(TAB_NAME, true);
```

```
    if (ribbonTab != null)
    {
      RibbonCommandGroup ribbonCommandGroup =
        ribbonTab.GetCommandGroup(GROUP_NAME);
      if (ribbonCommandGroup != null)
      {
        ribbonCommandGroup.Remove();
      }
    }
  }

  [DeclareRegister]
  public void Register()
  {
    RibbonBar ribbonBar = new RibbonBar();

    RibbonTab ribbonTab = ribbonBar.GetTab(TAB_NAME, true);
    if (ribbonTab == null)
    {
      ribbonTab = ribbonBar.AddTab(TAB_NAME);
    }
    RibbonCommandGroup ribbonCommandGroup =
      ribbonTab.AddCommandGroup(GROUP_NAME);

    string quote = "\"";

    ribbonCommandGroup.AddCommand("Taschenrechner",
      "StartProcess /processName:calc /parameter:''",
      new RibbonIcon(CommandIcon.Application));
    ribbonCommandGroup.AddCommand(
      "Projektordner öffnen",
      "StartProcess /processName:explorer /parameter:" +
      quote +"$(PROJECTPATH)" + quote,
      new RibbonIcon(CommandIcon.Application));

    ribbonCommandGroup.AddCommand("Zeichentabelle",
      "StartProcess /processName:charmap /parameter:''",
      new RibbonIcon(CommandIcon.Application));

    string pdfFile = @"C:\test\test.pdf";
    ribbonCommandGroup.AddCommand("PDF öffnen",
      "StartProcess /processName:" + quote + pdfFile + quote +
      " /parameter:''",
      new RibbonIcon(CommandIcon.Application));
  }
}
```

■ 3.2 Dateien und Ordner

Das Dateihandling ist in der Programmierung sehr wichtig. Oft muss sichergestellt sein, dass eine Datei oder ein Ordner vorhanden ist, bevor eine Funktion ausgeführt werden kann.

3.2.1 Ordner prüfen

Im ersten Beispiel (C# *01_Ordner_prüfen.cs* im Ordner *10_Dateien_und_Ordner*) testen wir über eine If-Abfrage, ob ein Speicherort vorhanden ist. Ist dies nicht der Fall, erstellen wir diesen. Für diese Operationen benötigen wir die Using-Direktive `System.IO`.

Im Script des Typs `[Start]` initialisieren wir einen String *path*, der den zu überprüfenden Ordner enthält:

```
string path = @"C:\test\";
```

Der Ordner ist beliebig. Mit der Methode `Directory.Exists()` wird, wie der Name schon sagt, überprüft, ob ein Ordner vorhanden ist. Es wird ein boolescher Wert zurückgegeben. Wir überprüfen den Ordner und geben eine MessageBox aus, wenn der Ordner vorhanden ist:

```
if (Directory.Exists(path))
{
  MessageBox.Show("Ordner schon vorhanden.");
}
```

Falls der Ordner nicht vorhanden ist, erstellen wir diesen mit `Directory.CreateDirectory(OrdnerName)`:

```
else
{
  Directory.CreateDirectory(path);
  MessageBox.Show("Ordner erstellt.");
}
```

Wir testen nun das Script, indem wir es zweimal ausführen. Beim ersten Mal sollte die Meldung *Ordner erstellt* und beim zweiten Mal *Ordner schon vorhanden* erscheinen (Bild 3.5).

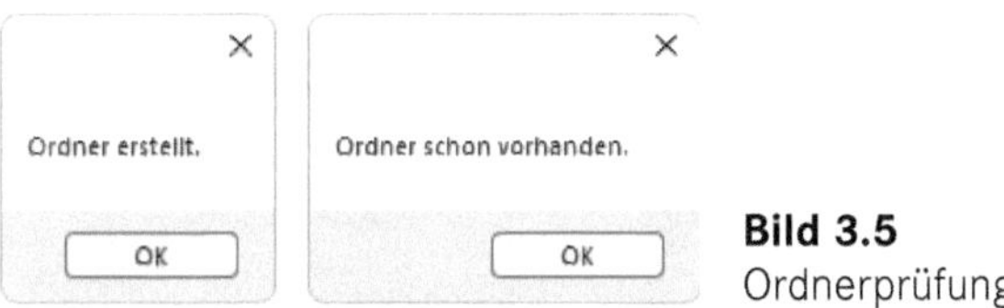

Bild 3.5
Ordnerprüfung

```
using System.IO;
using System.Windows.Forms;
using Eplan.EplApi.Scripting;

public class _10_Dateien_und_Ordner_01_Ordner_pruefen
{
  [Start]
  public void Function()
  {
    string path = @"C:\test\";

    if (Directory.Exists(path))
    {
      MessageBox.Show("Ordner schon vorhanden.");
    }
    else
    {
      Directory.CreateDirectory(path);
      MessageBox.Show("Ordner erstellt.");
    }
  }
}
```

3.2.2 Dateien prüfen

Wir kopieren das Ordner-Beispiel und nennen es C# *02_Datei_prüfen.cs*. Wir initialisieren einen String mit einem beliebigen Dateipfad:

```
string fileName = @"C:\test\test.txt";
```

In diesem Fall wird geprüft, ob die Textdatei *test.txt* im Ordner *test* vorhanden ist.

Analog zu `Directory` gibt es unter .NET auch die Klasse `File`. Wichtig ist hier, dass die Methode ein Objekt vom Typ `FileStream` zurückgibt. Diesen müssen wir mit `Dispose()` auflösen, da die Datei sonst geöffnet bleibt und somit für andere Schreibzugriffe gesperrt ist.

```
using System.IO;
using System.Windows.Forms;
using Eplan.EplApi.Scripting;

public class _10_Dateien_und_Ordner_02_Datei_pruefen
{
  [Start]
  public void Function()
  {
    string fileName = @"C:\test\test.txt";

    if (File.Exists(fileName))
    {
      MessageBox.Show("Datei schon vorhanden.");
    }
    else
```

```
      {
        FileStream fileStream = File.Create(fileName);
        fileStream.Dispose();
        MessageBox.Show("Datei erstellt.");
      }
    }
}
```

Es muss darauf geachtet werden, dass der Ordner *C:\test* vorhanden ist, ansonsten bricht EPLAN das Script mit einem Fehler ab (Bild 3.6). Zudem sollte man die Fehler immer mit Try/Catch abfangen. Es gibt mehrere Faktoren, die in der Laufzeit zu Fehlern führen können:

- Schreibrechte auf Verzeichnis nicht verfügbar
- Leserechte auf Verzeichnis nicht verfügbar
- Ordner nicht vorhanden
- Die Datei wird gerade bearbeitet.

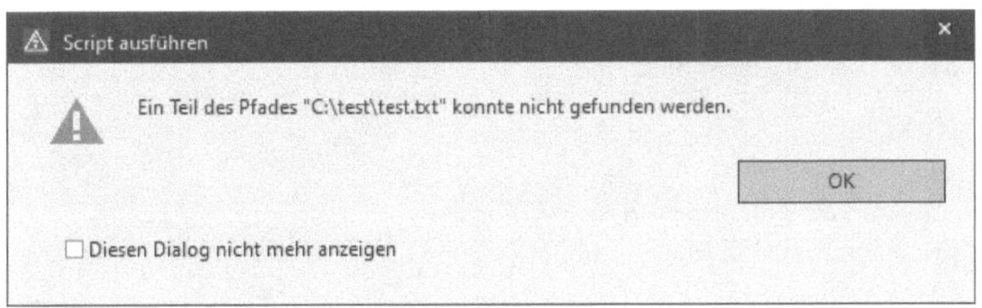

Bild 3.6 Ein Ordner muss existieren, um darin Dateien zu erzeugen.

3.2.3 Dateien löschen

In einem Script muss man manchmal temporäre Dateien erstellen, die später nicht mehr benötigt werden. Um nach dem Ausführen aufzuräumen, ist es in .NET natürlich möglich, Dateien bzw. Ordner zu löschen. Wir kopieren das vorangegangene Beispiel und nennen es C# *03_Datei_löschen.cs*. Wir nutzen nun die Methode `File.Delete()`, um die Datei wieder zu löschen:

```
using System.IO;
using System.Windows.Forms;
using Eplan.EplApi.Scripting;

public class _10_Dateien_und_Ordner_03_Datei_loeschen
{
  [Start]
  public void Function()
  {
    string fileName = @"C:\test\test.txt";
```

```
        if (File.Exists(fileName))
        {
          File.Delete(fileName);
          MessageBox.Show("Datei gelöscht");
        }
      }
    }
```

3.2.4 Dateien mit Datumsstempel

Wenn man z.B. auf automatische Weise Dateien erzeugt, möchte man bestehende Dateien meist zur Revisionsübersicht eines Projekts beibehalten. Um das stetige Überschreiben zu umgehen, gibt es die Möglichkeit, die Datei mit einem Datumsstempel zu versehen. Eine Datei bekommt in der Dateiinfo stets das Erstellungsdatum hinterlegt. Wir möchten dies nun im Dateinamen darstellen. Somit hat man eine sehr gute Datendurchgängigkeit.

Wir kopieren das vorangegangene Beispiel und nennen die Datei C# *04_Datei_mit_Datumsstempel.cs*. Nun benötigen wir drei String-Variablen:

- *date*: aktuelles Datum
- *time*: aktuelle Zeit
- *fileName*: der komplette Dateiname

Um Datums-/Zeitangaben zu generieren, stellt .NET die Klasse `DateTime` bereit. Diese ist in `System` zu finden. Wir ergänzen die Using-Direktive `System` und erstellen die Strings wie folgt:

```
string date = DateTime.Now.ToString("yyyy-MM-dd");
string time = DateTime.Now.ToString("HH-mm-ss");
string fileName = @"C:\test\test_" + date + "_" + time + ".txt";
```

Bei `DateTime.Now.ToString()` werden das Format für die Zeit und das Datum als String übergeben. In diesem Beispiel trennen wir die jeweiligen Werte mit einem Minus. Zu den möglichen Werten gehören:

- *yyyy*: Jahr mit vier Stellen
- *MM*: Monat mit zwei Stellen
- *dd*: Tag mit zwei Stellen
- *HH*: Stunde mit zwei Stellen (24 h)
- *mm*: Minute mit zwei Stellen
- *ss*: Sekunde mit zwei Stellen

Mit *fileName* fügen wir die einzelnen Teile zu einem kompletten Dateinamen zusammen. Wir führen das Script aus und kontrollieren den Dateinamen (Bild 3.7).

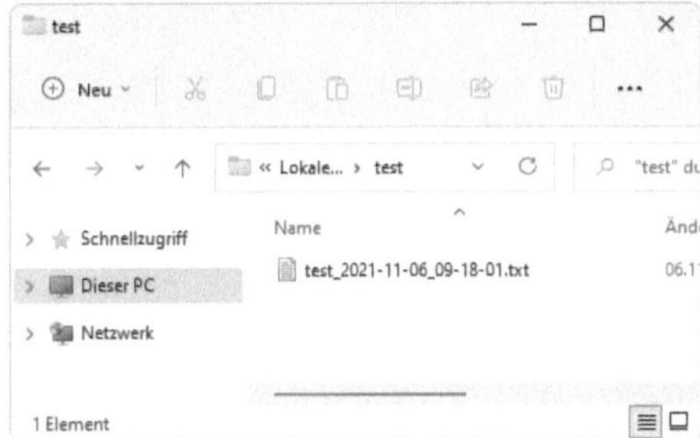

Bild 3.7
Datei mit Datumsstempel

Es muss sichergestellt werden, dass der Ordner *test* vorhanden ist, da EPLAN sonst mit einem Fehler das Ausführen des Scripts abbricht.

```
using System;
using System.IO;
using System.Windows.Forms;
using Eplan.EplApi.Scripting;

public class _10_Dateien_und_Ordner_04_Datei_mit_Datumsstempel
{
  [Start]
  public void Function()
  {
    string date = DateTime.Now.ToString("yyyy-MM-dd");
    string time = DateTime.Now.ToString("HH-mm-ss");
    string fileName = @"C:\test\test_" + date + "_" + time + ".txt";

    FileStream fileStream = File.Create(fileName);
    fileStream.Dispose();
    MessageBox.Show("Datei erstellt.");
  }
}
```

3.3 Dateien öffnen und speichern

3.3.1 SaveFileDialog

Um Dateien abzuspeichern, stellt .NET eine fertige Klasse zur Verfügung. Mit `SaveFileDialog` wird ein Dialog mit unterschiedlich konfigurierbaren Eigenschaften erzeugt. Wir wollen unser Beispiel zum Erzeugen von Dateien erweitern, in dem der Dateiname und der Speicherort frei konfigurierbar sind.

Wir erstellen ein neues Script (C# *01_SaveFileDialog.cs*) im Ordner *11_Dateien_öffnen_speichern*. Als Attribut wählen wir `[Start]`. Zu Beginn initialisieren wir den Projektpfad. Dieser wird als *InitialDirectory* festgelegt. Der Dialog öffnet den

Pfad automatisch, sofern dieser vorhanden ist. Zusätzlich initialisieren wir einen String mit dem Dateinamen *Testdatei*:

```
string projectPath = PathMap.SubstitutePath("$(PROJECTPATH)");
string fileName = "Testdatei";
```

Wir erstellen ein Objekt vom Typ `SaveFileDialog` mit dem Namen *sfd*:

```
SaveFileDialog sfd = new SaveFileDialog();
```

Die wichtigsten Eigenschaften des Dialogs, welche wir im Beispiel behandeln, sind folgende:

- `DefaultExt`: Standarderweiterung
- `FileName`: vorgegebener Dateiname
- `Filter`: Nur die angegebenen Dateitypen werden angezeigt.
- `InitialDirectory`: Ordner, der beim Öffnen des Dialogs erscheint
- `Title`: Fensterüberschrift
- `ValidateNames`: nur Windows-konforme Dateinamen erlauben

Als Standarderweiterung wählen wir in diesem Beispiel *txt* für eine Textdatei. Die Wahl ist immer abhängig von der Funktion, die ausgeführt werden soll. Bei einem Beschriftungsprozess ist dies meist *xlsx* für eine Excel-Arbeitsmappe. Für die Eigenschaft `FileName` hinterlegen wir den String *fileName*, welchem vorher der Wert *Testdatei* zugewiesen wird.

Bei der Eigenschaft `Filter` wird ein String-Objekt mit vorgegebener Formatierung hinterlegt. Möchte man beispielsweise nur Textdateien anzeigen lassen, schreiben wir zuerst die Beschreibung der Datei (in unserem Fall *Testdatei*) und dann die Erweiterung. Durch eine sogenannte Pipe (senkrechter Strich: |) getrennt, wird die Erweiterung noch einmal aufgeführt.

Beispiel:

```
"Name der Dateiendung (*.Erweiterung)|*.Erweiterung"
```

Durch das Sternchen, auch Jokerzeichen genannt, wird dem Programm mitgeteilt, dass alles vor dem Sternchen eine beliebige Zeichenkette sein kann.

`ValidateNames` sollte immer auf *true* gesetzt werden, da automatisch vom Objekt überprüft wird, ob die eingegebenen Zeichen korrekt sind (Bild 3.8).

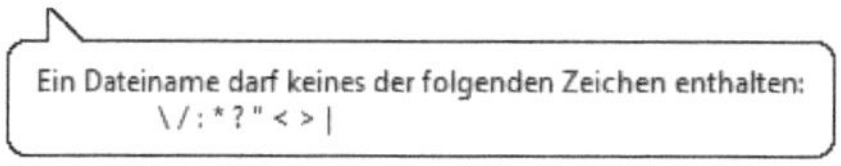

Ein Dateiname darf keines der folgenden Zeichen enthalten:
\ / : * ? " < > |

Bild 3.8
Nicht erlaubte Zeichen unter Windows

```
SaveFileDialog sfd = new SaveFileDialog();
sfd.DefaultExt = "txt";
sfd.FileName = fileName;
sfd.Filter = "Textdatei (*.txt)|*.txt";
sfd.InitialDirectory = projectPath;
sfd.Title = "Speicherort für Testdatei wählen:";
sfd.ValidateNames = true;
```

Als Nächstes wird der Dialog mit `ShowDialog()` aufgerufen. In einer If-Abfrage wird zugleich überprüft, ob `DialogResult` gleich `OK` zutrifft. Wenn die Bedingung erfüllt ist, soll eine Datei mit dem ausgewählten Dateinamen und Pfad abgespeichert werden. In einem `SaveFileDialog` ist dies die Eigenschaft *FileName* (Bild 3.9). Am Ende wird, wie gewohnt, eine MessageBox ausgegeben, um dem oder der User:in ein Feedback (Rückmeldung) zu geben (Bild 3.10):

```
if (sfd.ShowDialog() == DialogResult.OK)
{
  FileStream fileStream = File.Create(sfd.FileName);
  fileStream.Dispose();
  MessageBox.Show(
    "Datei wurde erfolgreich gespeichert:" + Environment.NewLine +
    sfd.FileName,
    "Information",
    MessageBoxButtons.OK,
    MessageBoxIcon.Information
  );
}
```

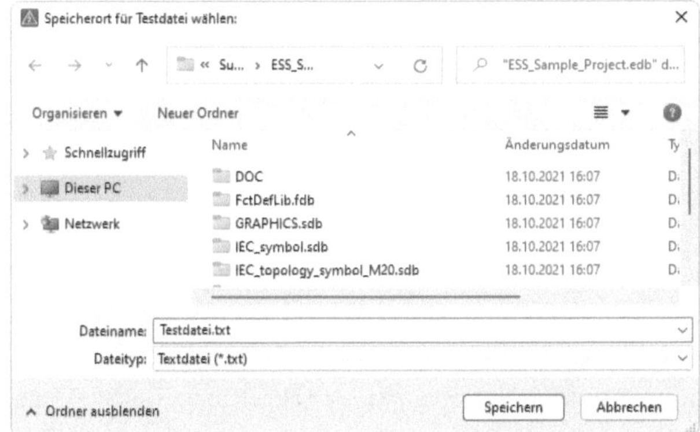

Bild 3.9
SaveFileDialog

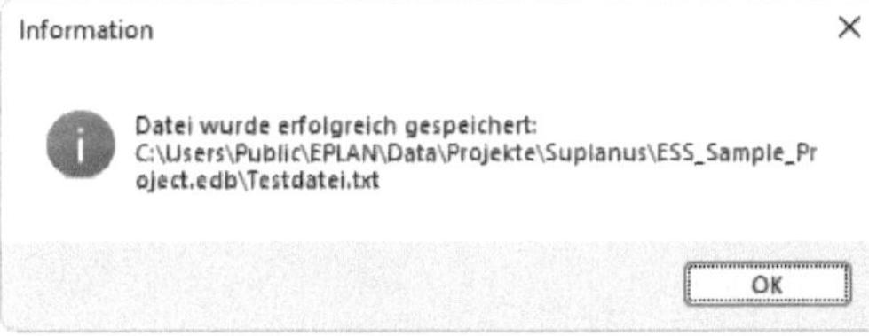

Bild 3.10
MessageBox mit vollständigem Dateinamen

```
using System;
using System.IO;
using System.Windows.Forms;
using Eplan.EplApi.Base;
using Eplan.EplApi.Scripting;

public class _11_Dateien_oeffnen_speichern_01_SaveFileDialog
{
  [Start]
  public void Function()
  {
    string projectPath = PathMap.SubstitutePath("$(PROJECTPATH)");
    string fileName = "Testdatei";

    SaveFileDialog sfd = new SaveFileDialog();
    sfd.DefaultExt = "txt";
    sfd.FileName = fileName;
    sfd.Filter = "Textdatei (*.txt)|*.txt";
    sfd.InitialDirectory = projectPath;
    sfd.Title = "Speicherort für Testdatei wählen:";
    sfd.ValidateNames = true;

    if (sfd.ShowDialog() == DialogResult.OK)
    {
      FileStream fileStream = File.Create(sfd.FileName);
      fileStream.Dispose();
      MessageBox.Show(
        "Datei wurde erfolgreich gespeichert:" + Environment.NewLine +
        sfd.FileName,
        "Information",
        MessageBoxButtons.OK,
        MessageBoxIcon.Information
      );
    }
  }
}
```

3.3.2 OpenFileDialog

Wir kopieren das Beispiel und benennen es in C# *02_OpenFileDialog.cs*. Wir drehen nun den Spieß um und öffnen die gespeicherte Datei. Der übergebene Dateiname soll in einer MessageBox ausgegeben werden.

Zuerst ändern wir das Objekt `SaveFileDialog sfd` in `OpenFileDialog ofd`:

```
OpenFileDialog ofd = new OpenFileDialog();
```

Zusätzlich müssen wir die Eigenschaften mit dem Objektverweis auf `ofd` ändern:

```
OpenFileDialog ofd = new OpenFileDialog();
ofd.DefaultExt = "txt";
ofd.FileName = fileName;
ofd.Filter = "Testdatei (*Testdatei*.txt)|*Testdatei*.txt" +
```

```
    "|Alle Dateien (*.*)|*.*";
ofd.InitialDirectory = projectPath;
ofd.Title = "Testdatei auswählen:";
ofd.ValidateNames = true;
```

Wie vielleicht bemerkt wurde, hat sich der Filter geändert. In diesem Beispiel ist es möglich, mehrere Dateitypen auszuwählen. Wieder durch eine Pipe getrennt, werden die weiteren Dateitypen aufgelistet. Später im Dialog sind diese über das Dropdown-Menü auswählbar (Bild 3.11).

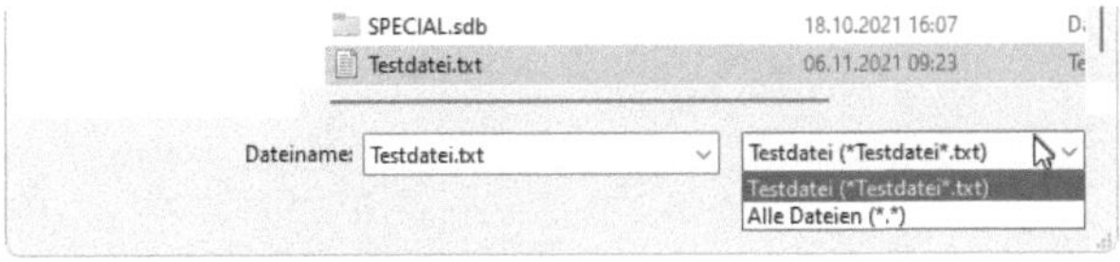

Bild 3.11 Mehrere Dateitypen erlauben

Analog zum `SaveFileDialog` verwenden wir die Eigenschaft `FileName`, um den vollständigen Pfad anzuzeigen:

```
if (ofd.ShowDialog() == DialogResult.OK)
{
  fileName = ofd.FileName;
  MessageBox.Show("Der Speicherort wurde erfolgreich übergeben:" +
                  Environment.NewLine +
                  fileName,
    "Information",
    MessageBoxButtons.OK,
    MessageBoxIcon.Information
  );
}
```

Wir führen das Script aus und testen, ob die Ausgabe richtig ist. Man sollte auch versuchen, über *Alle anzeigen *.** eine andere Datei auszuwählen (Bild 3.12 und Bild 3.13).

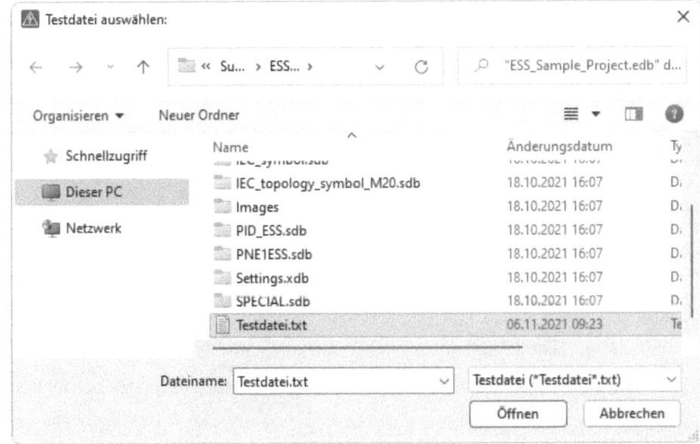

Bild 3.12 OpenFileDialog

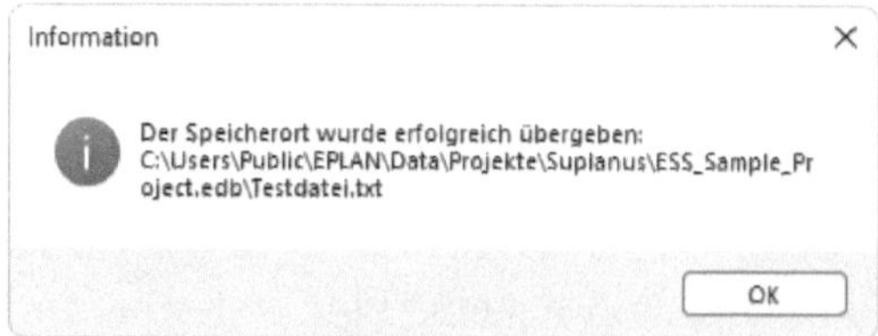

Bild 3.13
Vollständigen Dateinamen an das Script übergeben

```
using System;
using System.Windows.Forms;
using Eplan.EplApi.Base;
using Eplan.EplApi.Scripting;

public class _11_Dateien_oeffnen_speichern_02_OpenFileDialog
{
  [Start]
  public void Function()
  {
    string projectPath = PathMap.SubstitutePath("$(PROJECTPATH)");
    string fileName = "Testdatei";

    OpenFileDialog ofd = new OpenFileDialog();
    ofd.DefaultExt = "txt";
    ofd.FileName = fileName;
    ofd.Filter = "Testdatei (*Testdatei*.txt)|*Testdatei*.txt" +
      "|Alle Dateien (*.*)|*.*";
    ofd.InitialDirectory = projectPath;
    ofd.Title = "Testdatei auswählen:";
    ofd.ValidateNames = true;

    if (ofd.ShowDialog() == DialogResult.OK)
    {
      fileName = ofd.FileName;
      MessageBox.Show("Der Speicherort wurde erfolgreich übergeben:" +
                      Environment.NewLine +
                      fileName,
        "Information",
        MessageBoxButtons.OK,
        MessageBoxIcon.Information
      );
    }
  }
}
```

3.3.3 Dateinamen überprüfen

Gerade im EPLAN-Scripting werden Dateinamen gerne automatisch erzeugt, z. B. über Projekteigenschaften, um sich das manuelle Eingeben zu sparen. Hier können User:innen einen Dateinamen oder auch den Speicherort immer unterschiedlich vergeben. Erzeugt man den Dateinamen, muss man jedoch darauf achten, dass es ein Windows-konformer Dateiname ist (wie schon in Abschnitt 3.3.1, „SaveFile-Dialog", erwähnt). Da man nicht immer auf dieses Objekt zugreifen will, aber auch nicht sicherstellen kann, dass der zur Laufzeit erstellte Dateiname richtig ist, gibt es auch hierfür eine Funktion im Programmcode.

Wir erstellen ein neues Script (C# *03_Dateinamen_prüfen.cs*) mit dem Attribut `[Start]`. In der Hauptfunktion werden zwei MessageBoxen angezeigt. Die erste stellt alle Zeichen dar, die im Dateinamen nicht verwendet werden dürfen. Danach wird der String auf fehlerhafte Zeichen durchsucht. Diese werden durch ein Minus ersetzt. Dann wird der String erneut ausgegeben:

```
public void Function()
{
  string invalidChars = @"[\\/:*?""<>|]";

  MessageBox.Show("Diese Zeichen werden umgewandelt:" +
    Environment.NewLine + invalidChars,
      "Information",
      MessageBoxButtons.OK,
      MessageBoxIcon.Information);

  invalidChars = AdjustPath(invalidChars);

  MessageBox.Show(invalidChars,
      "Information",
      MessageBoxButtons.OK,
      MessageBoxIcon.Information);
}
```

Die Funktion `AdjustPath()` ist noch nicht bekannt. Diese müssen wir selbst initialisieren. Wir verwenden diese .NET-Methode für reguläre Ausdrücke, um Zeichen zu suchen und zu ersetzen:

```
private string AdjustPath(string input)
{
  return System.Text.RegularExpressions.Regex.Replace(input,
    @"[\\/:*?""<>|]", "-");
}
```

Wenn wir das Script ausführen, erscheinen die in Bild 3.14 dargestellten Dialoge. Wie man sieht, wurden alle Zeichen bis auf die eckigen Klammern durch ein Minus ersetzt.

Bild 3.14 Nicht erlaubte Zeichen ersetzen

```
using System;
using System.Windows.Forms;
using Eplan.EplApi.Scripting;

public class _11_Dateien_oeffnen_speichern_03_Dateinamen_pruefen
{
  [Start]
  public void Function()
  {
    string invalidChars = @"[\\/:*?""<>|]";

    MessageBox.Show("Diese Zeichen werden umgewandelt:" +
      Environment.NewLine + invalidChars,
        "Information",
        MessageBoxButtons.OK,
        MessageBoxIcon.Information);

    invalidChars = AdjustPath(invalidChars);

    MessageBox.Show(invalidChars,
        "Information",
        MessageBoxButtons.OK,
        MessageBoxIcon.Information);
  }

  private string AdjustPath(string input)
  {
    return System.Text.RegularExpressions.Regex.Replace(input,
      @"[\\/:*?""<>|]", "-");
  }
}
```

3.3.4 FileSelectDecisionContext

Ähnlich wie für die `Decider`-Klasse gibt es auch für die Dateiauswahl eine eigene EPLAN-Klasse. Für dieses Beispiel erstellen wir eine Datei C# *04_FileSelectDecisionContext.cs* mit dem Attribut `[Start]`. Als Erstes speichern wir eine Datei und setzen das Projektverzeichnis als *CustomDefaultPath*. Wir initialisieren einen `FileSelectDecisionContext` mit folgenden Eigenschaften:

```
FileSelectDecisionContext fsdcSave = new FileSelectDecisionContext();
fsdcSave.Title = "Datei auswählen";
fsdcSave.OpenFileFlag = false;
fsdcSave.CustomDefaultPath = projectPath;
fsdcSave.AllowMultiSelect = false;
fsdcSave.DefaultExtension = "txt";
```

Man erkennt vielleicht schon, dass die Eigenschaften ähnlich sind wie bei einem `SaveFileDialog`. Wichtig ist das `OpenFileFlag`, denn es gibt an, ob es sich um einen Dialog zum Speichern oder zum Öffnen einer Datei handelt. Die Standarderweiterung haben wir, wie im Beispiel zuvor, auf Textdatei gesetzt. *Filter* gibt man nicht über eine Eigenschaft, sondern über einzelne Methoden pro Filter an:

```
fsdcSave.AddFilter("Textdatei (*.txt)", "*.txt");
fsdcSave.AddFilter("Alle Dateien (*.*)", "*.*");
```

Die Anzeige wird über die Methode `deciderSave.Decide()` gemacht. Wir speichern das Dialogergebnis. Wurde der Dialog mit OK bestätigt, zeigen wir über den Index `[0]` die erste Datei an. Es kann auch nur eine Datei ausgewählt werden, da `AllowMultiSelect` auf *false* steht.

```
Decider deciderSave = new Decider();
EnumDecisionReturn decisionSave = deciderSave.Decide(fsdcSave);
if (decisionSave == EnumDecisionReturn.eCANCEL)
{
  return;
}

string fullFileNameSave = fsdcSave.GetFiles()[0];
FileStream fileStream = File.Create(fullFileNameSave);
fileStream.Dispose();
MessageBox.Show("Datei wurde gespeichert:" + Environment.NewLine +
                fullFileNameSave);
```

Wenn wir das Script ausführen, wird der in Bild 3.15 dargestellte Dialog bei geöffnetem Projekt angezeigt.

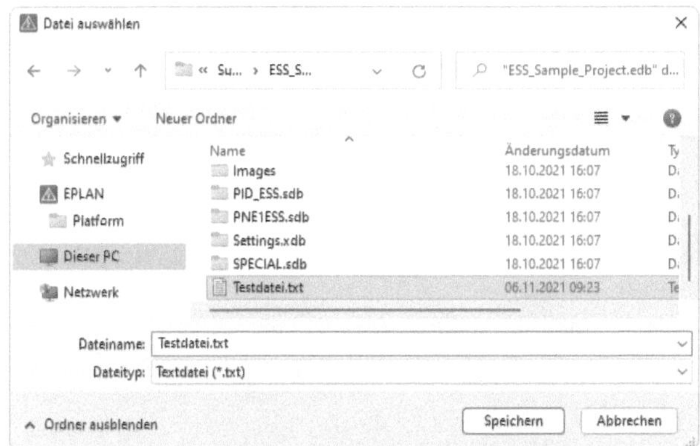

Bild 3.15 FileSelectDecisionContext zum Speichern einer Datei

Wir erstellen uns nun einen zweiten Dialog – mit dem Unterschied, dass wir das `OpenFileFlag` auf *true* setzen:

```
FileSelectDecisionContext fsdcOpen = new FileSelectDecisionContext();
fsdcOpen.Title = "Datei auswählen";
fsdcOpen.OpenFileFlag = true;
fsdcOpen.CustomDefaultPath = projectPath;
fsdcOpen.AllowMultiSelect = false;
```

```
fsdcOpen.DefaultExtension = "txt";
fsdcOpen.AddFilter("Textdatei (*.txt)", "*.txt");
fsdcOpen.AddFilter("Alle Dateien (*.*)", "*.*");

Decider deciderOpen = new Decider();
EnumDecisionReturn decisionOpen = deciderOpen.Decide(fsdcOpen);
if (decisionOpen == EnumDecisionReturn.eCANCEL)
{
  return;
}

string fullFileNameOpen = fsdcOpen.GetFiles()[0];
MessageBox.Show("Datei wurde geöffnet:" + Environment.NewLine +
                fullFileNameOpen);
```

Sollen Dateien in einem Script ausgewählt werden, die in irgendeiner Form in Stammdaten-Ordnern oder Projektpfaden liegen, sollte man den `FileSelectDecisionContext` verwenden. Alternativ kann der `SaveFileDialog` bzw. `OpenFileDialog` verwendet werden, da der Code auch außerhalb von Scripten in eigenen Programmen verwendbar ist. Das komplette Script sieht wie folgt aus:

```
using System;
using System.IO;
using System.Windows.Forms;
using Eplan.EplApi.Base;
using Eplan.EplApi.Scripting;

class _11_Dateien_oeffnen_speichern_04_FileSelectDecisionContext
{
  [Start]
  public void Function()
  {
    string projectPath = PathMap.SubstitutePath("$(PROJECTPATH)");

    // Save
    FileSelectDecisionContext fsdcSave = new FileSelectDecisionContext();
    fsdcSave.Title = "Datei auswählen";
    fsdcSave.OpenFileFlag = false;
    fsdcSave.CustomDefaultPath = projectPath;
    fsdcSave.AllowMultiSelect = false;
    fsdcSave.DefaultExtension = "txt";
    fsdcSave.AddFilter("Textdatei (*.txt)", "*.txt");
    fsdcSave.AddFilter("Alle Dateien (*.*)", "*.*");

    Decider deciderSave = new Decider();
    EnumDecisionReturn decisionSave = deciderSave.Decide(fsdcSave);
    if (decisionSave == EnumDecisionReturn.eCANCEL)
    {
      return;
    }

    string fullFileNameSave = fsdcSave.GetFiles()[0];
    FileStream fileStream = File.Create(fullFileNameSave);
    fileStream.Dispose();
```

```
      MessageBox.Show("Datei wurde gespeichert:" + Environment.NewLine +
                      fullFileNameSave);

      // Open
      FileSelectDecisionContext fsdcOpen = new FileSelectDecisionContext();
      fsdcOpen.Title = "Datei auswählen";
      fsdcOpen.OpenFileFlag = true;
      fsdcOpen.CustomDefaultPath = projectPath;
      fsdcOpen.AllowMultiSelect = false;
      fsdcOpen.DefaultExtension = "txt";
      fsdcOpen.AddFilter("Textdatei (*.txt)", "*.txt");
      fsdcOpen.AddFilter("Alle Dateien (*.*)", "*.*");

      Decider deciderOpen = new Decider();
      EnumDecisionReturn decisionOpen = deciderOpen.Decide(fsdcOpen);
      if (decisionOpen == EnumDecisionReturn.eCANCEL)
      {
        return;
      }

      string fullFileNameOpen = fsdcOpen.GetFiles()[0];
      MessageBox.Show("Datei wurde geöffnet:" + Environment.NewLine +
                      fullFileNameOpen);
    }
  }
```

3.4 Dateien schreiben

3.4.1 Beschriftung

Wie schon mehrmals erwähnt, ist es auch möglich, eine Beschriftung über ein Script auszulösen. EPLAN stellt hierfür *Automatisiert bearbeiten* bereit. Den Menüpunkt finden wir unter DATEI > EXTRAS > SCHNITTSTELLEN > AUTOMATISIERT BEARBEITEN (Bild 3.16). Mit dieser Funktion ist es möglich, projektbezogene Scripte in EPLAN zu erstellen. So kann automatisch fertiger Programmcode generiert werden.

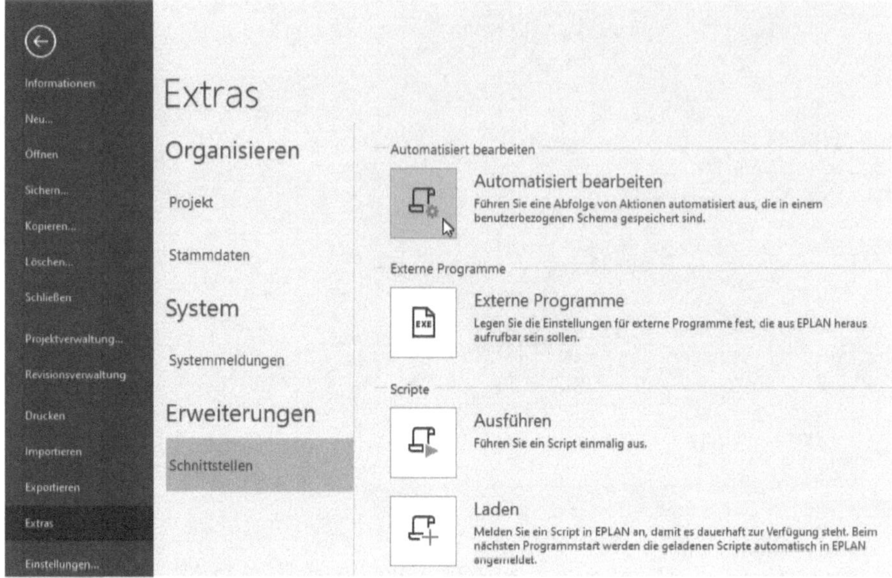

Bild 3.16 Menüpunkt *Automatisiert bearbeiten*

Wir legen im Visual-Studio-Projekt einen neuen Ordner mit dem Namen *12_Dateien_schreiben* an. Hier fügen wir eine neue Scriptdatei mit dem Namen C# *01_Beschriftung.cs* und dem Attribut `[Start]` hinzu. Nun öffnen wir den Dialog *Automatisiert bearbeiten* (Bild 3.17).

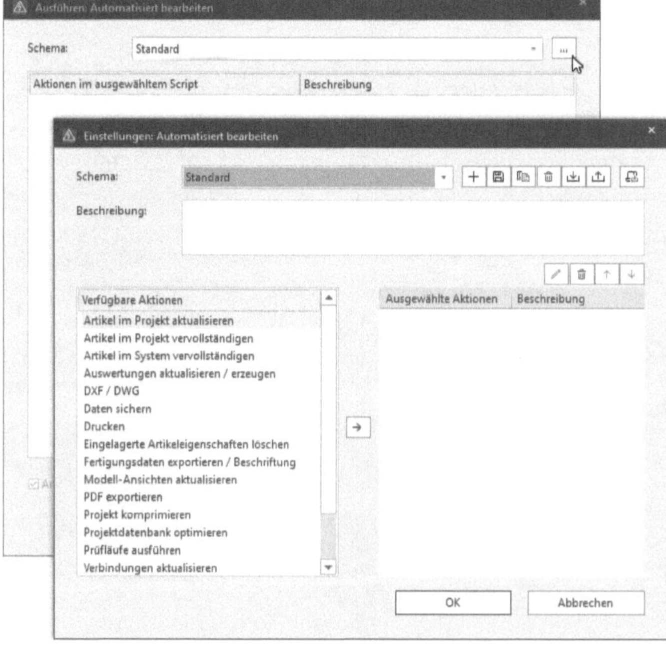

Bild 3.17 Automatisiert bearbeiten

Wir erstellen über den Button + Neu ein neues Schema mit dem Namen *Temp*. Nun fügen wir über den Button → Hinzufügen die Funktion *Fertigungsdaten exportieren/Beschriftung* hinzu (Bild 3.17). Es öffnet sich der Beschriftungsdialog (Bild 3.18).

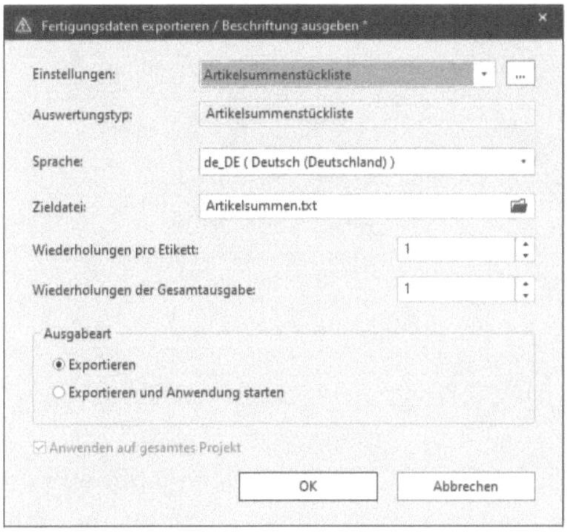

Bild 3.18 Beschriftungseinstellungen editieren

Wir editieren die Einstellungen für *Artikelsummenstückliste* und *Betriebsmittelliste* (Bild 3.19). Wir wählen für beide Schemata den Dateityp *Excel-Datei (*.xlsx)* und tragen die Zieldatei ein.

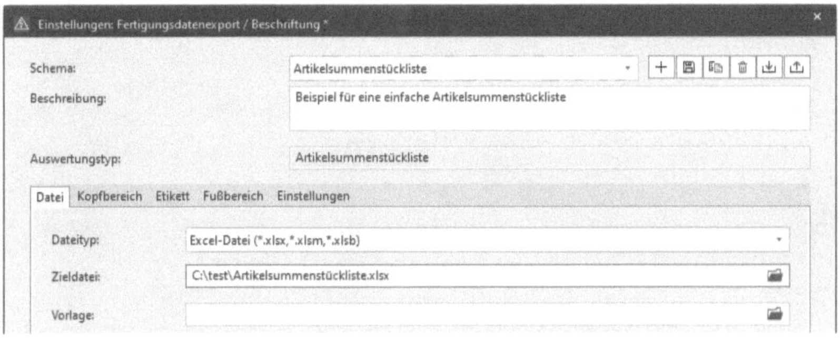

Bild 3.19 Dateityp einer Beschriftung ändern

Wir speichern beide Schemata und bestätigen mit Ok. Nun wählen wir folgende Einstellungen im Dialog *Fertigungsdatenexport/Beschriftung ausgeben*:

- Einstellung: *Artikelsummenstückliste/Betriebsmittelliste*
- Ausgabeart: *Exportieren und Anwendung starten*
- Speicherort: frei wählbar, darf aber nicht leer sein

Wir wiederholen den Vorgang mit der Einstellung *Betriebsmittelliste*.

Nun sind zwei Einträge mit *Fertigungsdaten exportieren/Beschriftung* vorhanden. Wir speichern [Symbol] das Script anschließend ab (Bild 3.20).

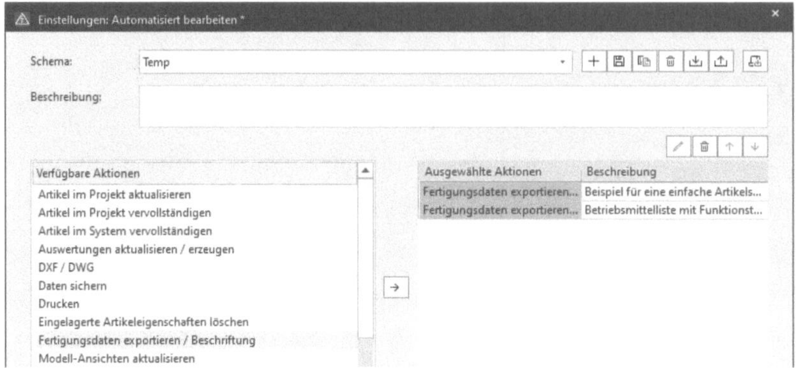

Bild 3.20 Script speichern

Unsere Scriptvorlage ist jetzt fertig und kann kopiert werden. Hierfür öffnen wir das Scripte-Verzeichnis in den EPLAN-Stammdaten im Windows Explorer und öffnen die Datei *Temp.cs* in einem beliebigen Text-Editor oder Visual Studio. Wir übernehmen die Zeilen in der Methode `AutoTreat()` (Bild 3.21).

Bild 3.21 Script in Visual Studio einfügen

Folgende Anpassungen müssen durchführt werden:

- Abschnitt mit `ReadSettings` entfernen
- Projektpfad als String speichern
- Verwendungen von Objekt *bResult* entfernen
- Texte von `Progressbar` anpassen
- Parameterwert `ProjectName` entfernen
- Parameterwert `type` mit *PROJECT* setzen
- Parameterwert `destinationfile` pro Beschriftung anpassen

Um den vollständigen Dateipfad zu erstellen, nutzen wir die Methode `Path.Combine()` aus dem Namespace `System.IO`. Dadurch werden die Ordner und Dateinamen automatisch richtig zusammengefügt, und man muss sich nicht manuell um Backslashes kümmern.

Das Script sollte nun wie folgt aussehen:

```
using System.IO;
using Eplan.EplApi.ApplicationFramework;
using Eplan.EplApi.Base;
using Eplan.EplApi.Scripting;

public class _12_Dateien_schreiben_01_Beschriftung
{
  [Start]
  public void Function()
  {
    string projectPath = PathMap.SubstitutePath("$(PROJECTPATH)");

    Progress progress = new Progress("SimpleProgress");
    progress.SetAllowCancel(true);
    progress.SetAskOnCancel(false);
    progress.SetNeededSteps(3);
    progress.SetTitle("Beschriftung");
    progress.ShowImmediately();

    if (!progress.Canceled())
    {
      progress.BeginPart(50,
        "Artikelsummenstückliste wird erstellt...");

      string fileName = Path.Combine(projectPath,
        "Artikelsummenstückliste.xlsx");

      ActionCallingContext context1 = new ActionCallingContext();
      context1.AddParameter("configscheme", "Summarized parts list");
      context1.AddParameter("filterscheme", "");
      context1.AddParameter("sortscheme", "");
      context1.AddParameter("language", "de_DE");
      context1.AddParameter("destinationfile", fileName);
      context1.AddParameter("recrepeat", "1");
```

```
      context1.AddParameter("taskrepeat", "1");
      context1.AddParameter("showoutput", "1");
      context1.AddParameter("type", "PROJECT");
      new CommandLineInterpreter().Execute("label", context1);

      progress.EndPart();
    }

    if (!progress.Canceled())
    {
      progress.BeginPart(50,
        "Betriebsmittelbeschriftung wird erstellt...");

      string fileName = Path.Combine(projectPath,
        "Betriebsmittelliste.xlsx");

      ActionCallingContext context2 = new ActionCallingContext();
      context2.AddParameter("configscheme", "Device tag list");
      context2.AddParameter("filterscheme", "");
      context2.AddParameter("sortscheme", "");
      context2.AddParameter("language", "de_DE");
      context2.AddParameter("destinationfile", fileName);
      context2.AddParameter("recrepeat", "1");
      context2.AddParameter("taskrepeat", "1");
      context2.AddParameter("showoutput", "1");
      context2.AddParameter("type", "PROJECT");
      new CommandLineInterpreter().Execute("label", context2);

      progress.EndPart();
    }

    progress.EndPart(true);
  }
}
```

Wenn wir das Script ausführen, sehen wir den Ladebalken (Bild 3.22).

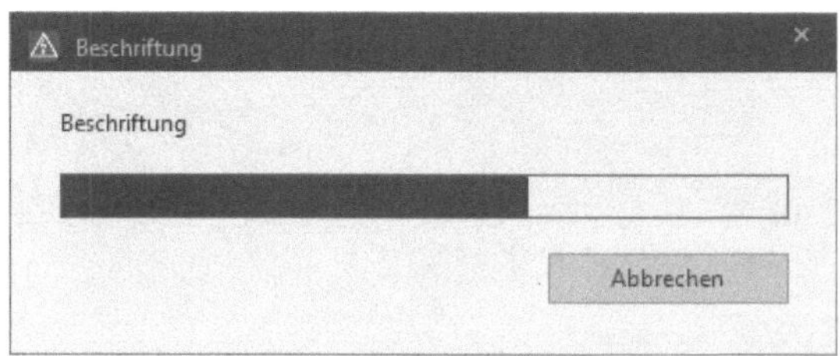

Bild 3.22
Beschriftung ausgeben

Im Projektordner werden nun automatisch zwei Dateien angelegt (Bild 3.23):

- *Artikelsummenstückliste.xlsx*
- *Betriebsmittelbeschriftung.xlsx*

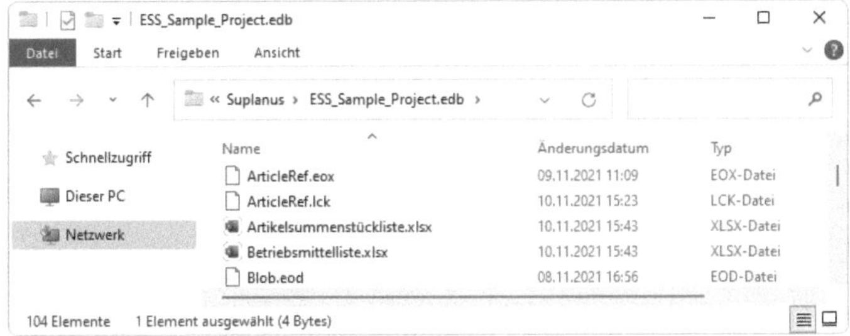

Bild 3.23 Dateien im Projektordner

3.4.2 Beschriftung mit Überprüfung

Wir kopieren das vorangegangene Beispiel und benennen es in C# *02_Beschriftung_mit_Überprüfung.cs* um. In diesem Beispiel sollen wieder die Beschriftungen *Artikelsummenstückliste* und *Betriebsmittelbeschriftung* ausgegeben werden. Bei einem Beschriftungsprozess über ein Script werden die bestehenden Dateien überschrieben – es sei denn, eine Datei ist geöffnet. Dann wird der Vorgang abgebrochen. Zunächst soll geprüft werden, ob die Dateien bereits vorhanden sind. Ist dies der Fall, soll ein *SaveFileDialog* geöffnet werden, um einen alternativen Speicherpfad zu wählen oder den Vorgang abzubrechen.

Dieses Script beinhaltet viele Funktionen der letzten Abschnitte:

- *Beschriftung*
- *SaveFileDialog*
- eigene Methode mit String-Rückgabewert

Falls es beim ersten Ausführen nicht funktionieren sollte, wurde vielleicht eine Kleinigkeit vergessen. Wir kontrollieren das Script anhand des fertigen Programmcodes am Ende dieses Abschnitts. Wir entfernen alle Einträge der Klasse `Progress`, um das Script nicht unnötig aufzublähen.

Wir erstellen uns nun eine Methode zur Überprüfung des Dateinamens:

```
private static string GetFileName(string fileName)
{
}
```

Als Übergabewert *fileName* wird der Dateiname mit Erweiterung dargestellt (z. B. *Artikelsummenstückliste.xlsx*). Da der Speicherort (Projektordner) bekannt ist, kann dieser gleich zum fertigen Dateinamen zusammengefügt werden:

```
string projectPath = PathMap.SubstitutePath("$(PROJECTPATH)");
string fullFileName = Path.Combine(projectPath, fileName);
```

Mit einer If-Abfrage wird geprüft, ob die Datei vorhanden ist:

```
if (File.Exists(fullFileName))
{
}
```

Ist die Bedingung erfüllt, wird eine MessageBox angezeigt, die fragt, ob die Datei überschrieben werden soll (*YES/NO*). Zusätzlich benötigen wir das Ergebnis des Dialogs für den weiteren Programmcode (`DialogResult`):

```
DialogResult dialogResult = MessageBox.Show(
  "Die Datei '" +
  fullFileName +
  "' existiert bereits." +
  Environment.NewLine +
  Environment.NewLine +
  "Wollen Sie die Datei überschreiben?",
  "Beschriftung",
  MessageBoxButtons.YesNo,
  MessageBoxIcon.Question
);
```

Wenn der oder die User:in nun JA drückt, passiert nichts mit dem vollständigen Dateinamen. Andernfalls öffnen wir einen *SaveFileDialog*, um einen neuen Dateinamen zu vergeben. Hier muss noch einmal unterschieden werden, wie Anwender:innen interagieren. Bei OK soll der Dateiname übernommen werden, bei CANCEL soll nichts passieren, und der Beschriftungsprozess wird nicht ausgeführt. Dafür geben wir ein Null-Objekt zurück.

```
if (dialogResult == DialogResult.No)
{
  SaveFileDialog sfd = new SaveFileDialog();
  sfd.DefaultExt = "xlsx";
  sfd.FileName = fileName;
  sfd.Filter = "Excel-Datei (*.xlsx)|*.xlsx";
  sfd.InitialDirectory = projectPath;
  sfd.Title = "Speicherort für " + fileName + " wählen:";
  sfd.ValidateNames = true;

  DialogResult sfdDialogResult = sfd.ShowDialog();
  if (sfdDialogResult == DialogResult.OK)
  {
    fullFileName = sfd.FileName;
  }
  else if (sfdDialogResult == DialogResult.Cancel)
  {
    fullFileName = null;
  }
```

Am Ende geben wir den String-Wert zurück:

```
return fullFileName;
```

Fassen wir noch einmal das Wichtigste zusammen: In der Methode *Function* muss überprüft werden, ob der Dateiname `null` ist. Dies ist der Fall, wenn der oder die User:in den *SaveFileDialog* abbricht.

```
string fileName;

fileName = GetFileName("Artikelsummenstückliste.xlsx");
if (fileName != null)
{
  ActionCallingContext context1 = new ActionCallingContext();
  context1.AddParameter("configscheme", "Summarized parts list");
  context1.AddParameter("filterscheme", "");
  context1.AddParameter("sortscheme", "");
  context1.AddParameter("language", "de_DE");
  context1.AddParameter("destinationfile", fileName);
  context1.AddParameter("recrepeat", "1");
  context1.AddParameter("taskrepeat", "1");
  context1.AddParameter("showoutput", "1");
  context1.AddParameter("type", "PROJECT");
  new CommandLineInterpreter().Execute("label", context1);
}
```

Wir wiederholen den Vorgang und übergeben als Beschriftungstyp nun aber *Betriebsmittelbeschriftung.xlsx*. Es muss darauf geachtet werden, dass das Objekt *fileName* nicht ein zweites Mal initialisiert wird.

```
fileName = GetFileName("Betriebsmittelbeschriftung.xlsx");
```

Wie schon erwähnt, ist es ratsam, mit Try-Catch-Blöcken zu arbeiten. Der Übersicht halber wurden diese im Beispiel weggelassen. Wir fügen nun die Beschriftungsausgaben in die If-Abfragen ein. Anschließend testen wir alle möglichen User:innen-Interaktionen bzw. Fälle:

- Datei nicht vorhanden
- Datei vorhanden
  - Überschreiben: Ja
  - Überschreiben: Nein
    - neuer Dateiname
    - abbrechen

Die MessageBox erscheint zweimal, wenn beide Dateien bereits vorhanden sind (Bild 3.24).

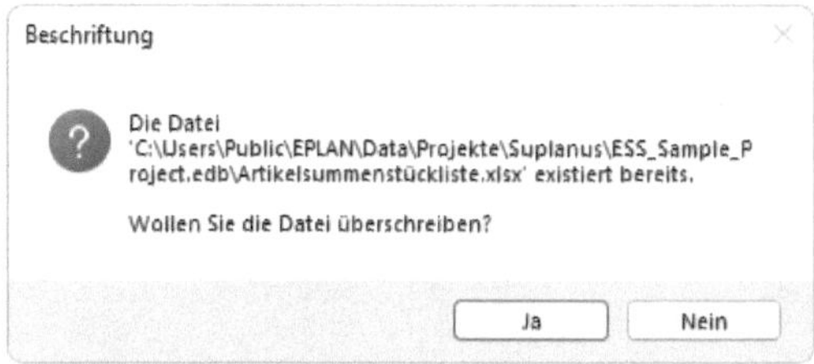

Bild 3.24
MessageBox: Datei überschreiben

Einziger Unterschied ist der Dateiname (Bild 3.25):

- *Artikelsummenstückliste.xlsx*
- *Betriebsmittelbeschriftung.xlsx*

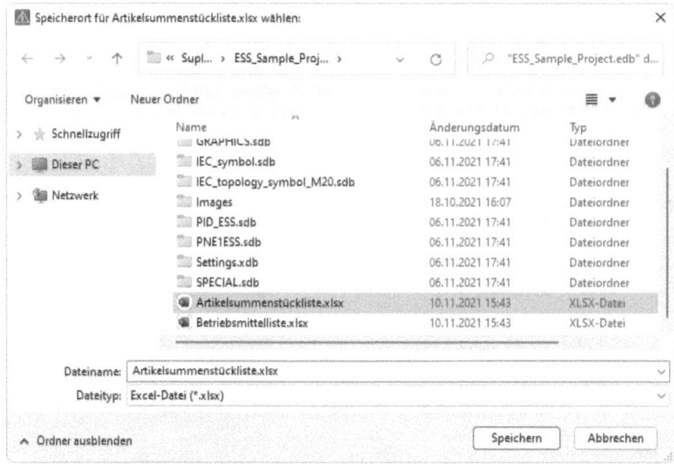

Bild 3.25 Datei nicht überschreiben

Das komplette Script (Hauptfunktion und Methode mit Rückgabewert) sieht wie folgt aus:

```
using System;
using System.IO;
using System.Windows.Forms;
using Eplan.EplApi.ApplicationFramework;
using Eplan.EplApi.Base;
using Eplan.EplApi.Scripting;

public class _12_Dateien_schreiben_02_Beschriftung_mit_Ueberpruefung
{
  [Start]
  public void Function()
  {
    string fileName;
```

```
    fileName = GetFileName("Artikelsummenstückliste.xlsx");
    if (fileName != null)
    {
      ActionCallingContext context1 = new ActionCallingContext();
      context1.AddParameter("configscheme", "Summarized parts list");
      context1.AddParameter("filterscheme", "");
      context1.AddParameter("sortscheme", "");
      context1.AddParameter("language", "de_DE");
      context1.AddParameter("destinationfile", fileName);
      context1.AddParameter("recrepeat", "1");
      context1.AddParameter("taskrepeat", "1");
      context1.AddParameter("showoutput", "1");
      context1.AddParameter("type", "PROJECT");
      new CommandLineInterpreter().Execute("label", context1);
    }

    fileName = GetFileName("Betriebsmittelliste.xlsx");
    if (fileName != null)
    {
      ActionCallingContext context2 = new ActionCallingContext();
      context2.AddParameter("configscheme", "Device tag list");
      context2.AddParameter("filterscheme", "");
      context2.AddParameter("sortscheme", "");
      context2.AddParameter("language", "de_DE");
      context2.AddParameter("destinationfile", fileName);
      context2.AddParameter("recrepeat", "1");
      context2.AddParameter("taskrepeat", "1");
      context2.AddParameter("showoutput", "1");
      context2.AddParameter("type", "PROJECT");
      new CommandLineInterpreter().Execute("label", context2);
    }
  }

  private static string GetFileName(string fileName)
  {
    string projectPath = PathMap.SubstitutePath("$(PROJECTPATH)");
    string fullFileName = Path.Combine(projectPath, fileName);

    if (File.Exists(fullFileName))
    {
      DialogResult dialogResult = MessageBox.Show(
        "Die Datei '" +
        fullFileName +
        "' existiert bereits." +
        Environment.NewLine +
        Environment.NewLine +
        "Wollen Sie die Datei überschreiben?",
        "Beschriftung",
        MessageBoxButtons.YesNo,
        MessageBoxIcon.Question
      );

      if (dialogResult == DialogResult.No)
      {
        SaveFileDialog sfd = new SaveFileDialog();
        sfd.DefaultExt = "xls";
```

```
          sfd.FileName = fileName;
          sfd.Filter = "Excel-Datei (*.xlsx)|*.xlsx";
          sfd.InitialDirectory = projectPath;
          sfd.Title = "Speicherort für " + fileName + " wählen:";
          sfd.ValidateNames = true;

          DialogResult sfdDialogResult = sfd.ShowDialog();
          if (sfdDialogResult == DialogResult.OK)
          {
            fullFileName = sfd.FileName;
          }
          else if (sfdDialogResult == DialogResult.Cancel)
          {
            fullFileName = null;
          }
        }
      }
      return fullFileName;
    }
  }
```

3.4.3 PDF beim Schließen erzeugen

Das automatische Erzeugen einer PDF-Datei wird häufig beim Schließen eines Projekts angewandt. Hierfür haben wir bereits das Script-Attribut `[DeclareEventHandler()]` kennengelernt.

Wir erstellen ein neues Script mit dem Namen C# *03_PDF_beim_Schließen_erzeugen.cs*. Als Event benötigen wir `Eplan.EplApi.OnUserPreCloseProject`. Dieses Ereignis tritt ein, wenn das Projekt geschlossen wird, jedoch bevor die eigentliche EPLAN-Action ausgeführt wird (`onActionStart`, siehe Bild 3.26).

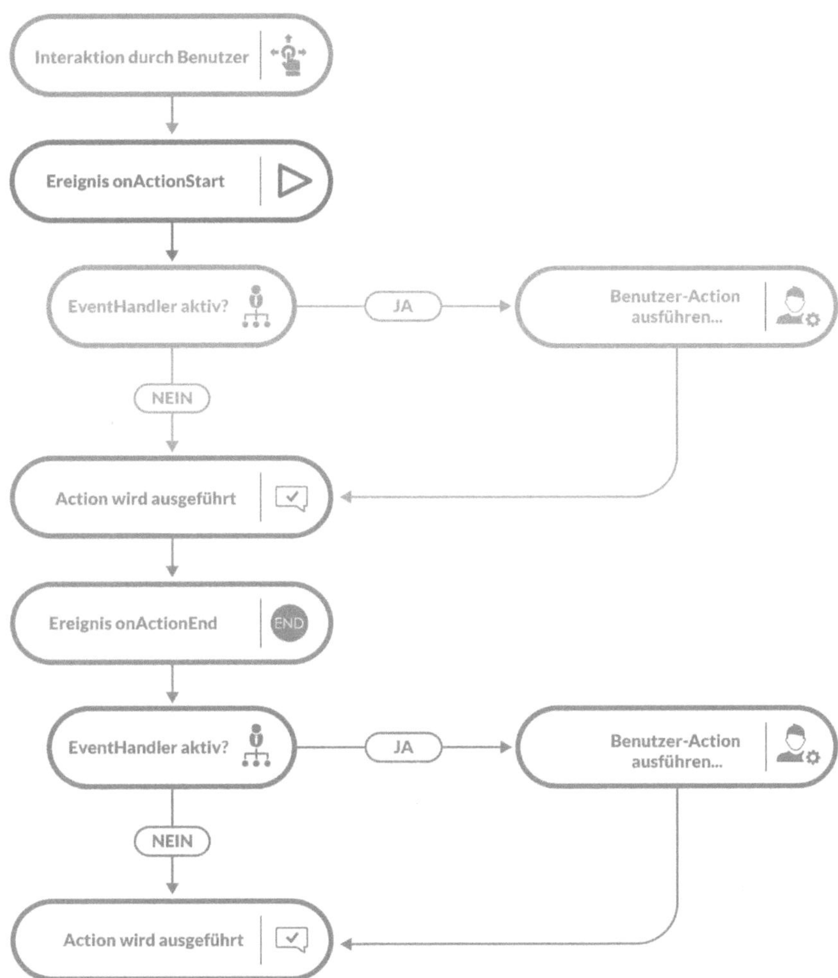

Bild 3.26 EventHandler

Da der PDF-Export bei größeren Projekten einige Zeit in Anspruch nimmt, ist es ratsam, vor der Ausführung bei dem oder der User:in abzufragen, ob dies auch wirklich gewünscht wird. Wird der Schaltplan noch nicht in PDF-Form benötigt, muss nicht bei jedem Schließen des Projekts eine Datei erzeugt werden. Wir zeigen den Projektnamen mit an, damit klar ist, um welches Projekt es sich handelt. Zusätzlich wird der Projektpfad benötigt. Wir initialisieren deshalb Pfadvariablen:

```
string projectPath = PathMap.SubstitutePath("$(PROJECTPATH)");
string projectName = PathMap.SubstitutePath("$(PROJECTNAME)");

DialogResult dialogResult = MessageBox.Show(
    "Soll ein PDF für das Projekt'" +
    Environment.NewLine +
```

```
    projectName +
    "'" +
    Environment.NewLine +
    "erzeugt werden?",
    "PDF-Export",
    MessageBoxButtons.YesNo,
    MessageBoxIcon.Question
    );
```

Ist das Dialogergebnis JA, soll die PDF-Datei erstellt werden, andernfalls passiert nichts.

Der PDF-Export dauert einige Zeit. Aus diesem Grund erstellen wir eine `ProgressBar`, die über den Fortschritt informiert:

```
if (dialogResult == DialogResult.Yes)
{
  Progress progress = new Progress("SimpleProgress");
  progress.SetAllowCancel(true);
  progress.SetAskOnCancel(true);
  progress.BeginPart(100, "");
  progress.ShowImmediately();

  // [...]
}
```

Mit `[...]` wird symbolisiert, dass hier später der weitere Code eingefügt wird. Um eine Action mit Parametern auszuführen, brauchen wir einen `CommandLineInterpreter` und einen `ActionCallingContext`:

```
CommandLineInterpreter cli = new CommandLineInterpreter();
ActionCallingContext acc = new ActionCallingContext();
```

Wir fügen nun die Parameter hinzu. Folgendes wird dazu benötigt:

- `TYPE`: Was soll exportiert werden?
- `EXPORTFILE`: Zieldatei (Ordner + Dateiname)
- `EXPORTSCHEME`: Welches Schema soll verwendet werden?

Die Parameter und mögliche Werte sind in der EPLAN-Hilfe dokumentiert.

```
string fullFileName = Path.Combine(projectPath, projectName);
acc.AddParameter("TYPE", "PDFPROJECTSCHEME");
acc.AddParameter("EXPORTFILE", fullFileName);
acc.AddParameter("EXPORTSCHEME", "EPLAN_default_value");
```

Am Ende des Scripts wird die Action über den `CommandLineInterpreter` ausgeführt.

```
cli.Execute("export", acc);
```

Danach muss noch die *ProgressBar* beendet werden:

```
progress.EndPart(true);
```

Wir laden nun das Script und schließen ein beliebiges Projekt. Es erscheint der Auswahldialog. Nach der Bestätigung mit Ja wird der PDF-Export ausgeführt (Bild 3.27 und Bild 3.28).

Bild 3.27 Auswahldialog

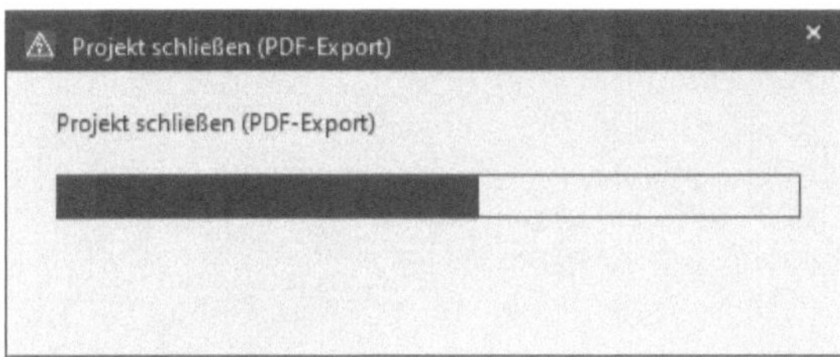

Bild 3.28 Automatische Fortschrittsanzeige

Die PDF-Datei ist, wie die Beschriftungen, im Projektordner zu finden (Bild 3.29).

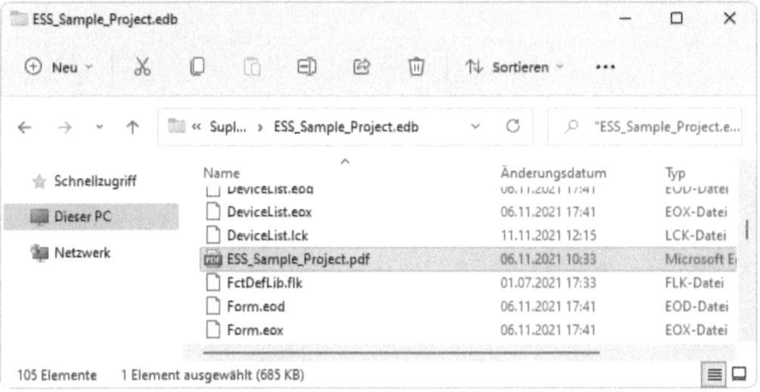

Bild 3.29 Automatische PDF-Ausgabe

Das komplette Script sieht so aus:

```
using System;
using System.IO;
using System.Windows.Forms;
using Eplan.EplApi.ApplicationFramework;
using Eplan.EplApi.Base;
using Eplan.EplApi.Scripting;

public class _12_Dateien_schreiben_03_PDF_beim_Schliessen_erzeugen
```

```
{
  [DeclareEventHandler("Eplan.EplApi.OnUserPreCloseProject")]
  public void Function()
  {
    string projectPath = PathMap.SubstitutePath("$(PROJECTPATH)");
    string projectName = PathMap.SubstitutePath("$(PROJECTNAME)");

    DialogResult dialogResult = MessageBox.Show(
        "Soll ein PDF für das Projekt'" +
        Environment.NewLine +
        projectName +
        "'" +
        Environment.NewLine +
        "erzeugt werden?",
        "PDF-Export",
        MessageBoxButtons.YesNo,
        MessageBoxIcon.Question
        );

    if (dialogResult == DialogResult.Yes)
    {
      Progress progress = new Progress("SimpleProgress");
      progress.SetAllowCancel(true);
      progress.SetAskOnCancel(true);
      progress.BeginPart(100, "");
      progress.ShowImmediately();

      CommandLineInterpreter cli = new CommandLineInterpreter();
      ActionCallingContext acc = new ActionCallingContext();

      string fullFileName = Path.Combine(projectPath, projectName);
      acc.AddParameter("TYPE", "PDFPROJECTSCHEME");
      acc.AddParameter("EXPORTFILE", fullFileName);
      acc.AddParameter("EXPORTSCHEME", "EPLAN_default_value");

      cli.Execute("export", acc);

      progress.EndPart(true);
    }
  }
}
```

3.4.4 Textdatei schreiben

Um eigene Dateien im Script zu erstellen und mit Inhalt zu füllen, gibt es mehrere Möglichkeiten. Die wohl gängigste Variante ist das Erstellen einer Textdatei. Beim Austausch von Inhalten zwischen verschiedenen Programmen werden oft sogenannte CSV-Dateien verwendet. Diese sind nichts Anderes als Textdateien.

HINWEIS: CSV steht für *Comma Separated Values*. Oft spricht man auch von *Character Separated Values*, was das Dateiformat besser beschreibt. Daten werden durch ein festgelegtes Trennzeichen unterschieden. Das am häufigsten verwendete Trennzeichen ist das Semikolon ; oder das Tab-Zeichen, welches meist die bessere Wahl ist.

Im folgenden Beispiel (C# *04_Textdatei_schreiben.cs*) schreiben wir eine einfache Textdatei. Als Inhalt wird ein String-Objekt übergeben. Wir erstellen das Script mit dem Attribut `[Start]`. Folgende Using-Direktiven werden benötigt:

```
using System.Diagnostics;
using System.IO;
using System.Text;
using System.Windows.Forms;
using Eplan.EplApi.Base;
using Eplan.EplApi.Scripting;
```

Wir vergeben einen beliebigen Speicherort und Dateinamen wie z. B. *Testdatei.txt*.

```
string fileName =
  PathMap.SubstitutePath(@"$(PROJECTPATH)\Testdatei.txt");
```

Wir initialisieren nun ein String-Objekt mit einem beliebigen Text, welcher an die Textdatei übergeben wird:

```
string content = "Beispieltext";
```

Um eine Textdatei zu schreiben, nutzen wir die Methode `File.WriteAllText()`. Folgende Parameter werden für dieses Beispiel benötigt:

- `Path`: Zieldatei (*filename*)
- `Contents`: Inhalt der Datei
- `Encoding`: Mit welcher Kodierung soll die Datei erzeugt werden? (`Unicode`)

```
File.WriteAllText(fileName, content, Encoding.Unicode);
```

Um das Script zu testen, lassen wir eine MessageBox anzeigen und starten zugleich die Datei:

```
MessageBox.Show(
    "Textdatei erfolgreich exportiert.",
    "Information",
    MessageBoxButtons.OK,
    MessageBoxIcon.Information
    );

Process.Start(fileName);
```

Wenn das Script korrekt ausgeführt wurde, erscheint eine entsprechende Meldung, und die Datei wird geöffnet (Bild 3.30).

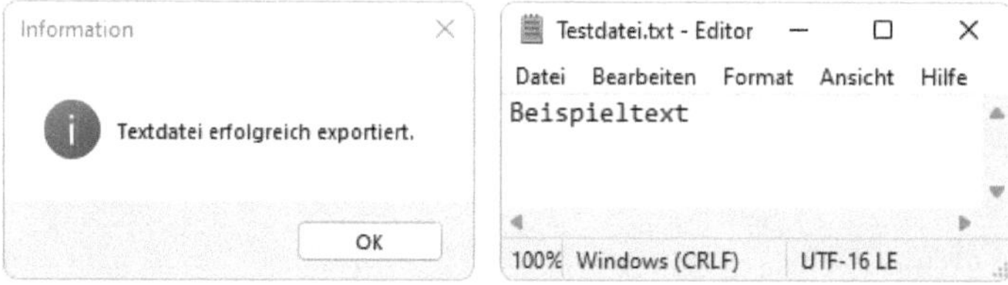

Bild 3.30 Textdatei ausgeben

Um mehrere Zeilen zu schreiben, bedienen wir uns der Klasse `StringBuilder`. Hier können wir auf schnelle und einfache Weise mehrere Strings verketten oder auch neue Zeilen hinzufügen (Bild 3.31). Mit der `ToString()`-Methode können wir den gesamten Text schreiben.

```
StringBuilder sb = new StringBuilder();
sb.Append("Beispiel");
sb.Append("text");
sb.AppendLine();
sb.Append("mit mehreren Zeilen");

File.WriteAllText(fileName, sb.ToString(), Encoding.Unicode);
```

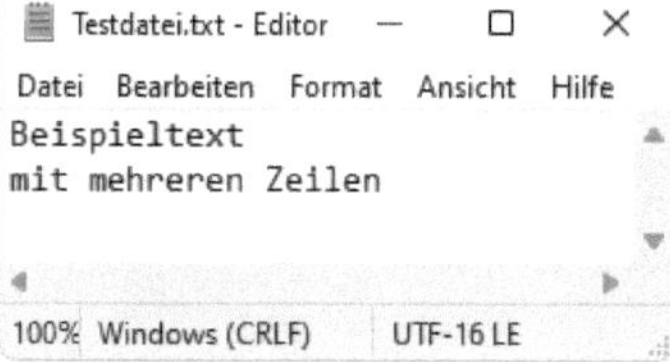

Bild 3.31 Text an eine Datei anhängen

Das komplette Script sieht wie folgt aus:

```
using System.Diagnostics;
using System.IO;
using System.Text;
using System.Windows.Forms;
using Eplan.EplApi.Base;
using Eplan.EplApi.Scripting;

public class _12_Dateien_schreiben_04_Textdatei_schreiben
{
  [Start]
  public void Function()
  {
    string fileName =
      PathMap.SubstitutePath(@"$(PROJECTPATH)\Testdatei.txt");
    StringBuilder sb = new StringBuilder();
    sb.Append("Beispiel");
    sb.Append("text");
    sb.AppendLine();
```

```
        sb.Append("mit mehreren Zeilen");

        File.WriteAllText(fileName, sb.ToString(), Encoding.Unicode);

        MessageBox.Show(
            "Textdatei erfolgreich exportiert.",
            "Information",
            MessageBoxButtons.OK,
            MessageBoxIcon.Information
            );

        Process.Start(fileName);
    }
}
```

3.4.5 XML-Datei schreiben

Neben Textdateien lassen sich auch XML-Dateien erstellen. XML steht für *Extensible Markup Language* (dt. erweiterbare Auszeichnungssprache). Die XML-Datei wurde für das Internet entwickelt, um Daten plattformunabhängig auszutauschen. XML wurde vom World Wide Web Consortium (W3C) 1998 als Spezifikation herausgegeben. In der Grundform besteht eine XML-Datei aus ASCII-Zeichen, welche in allen Betriebssystemen gelesen werden können.

HTML-Dateien, die zur Anzeige von Internetseiten verwendet werden, sehen ähnlich wie XML-Dateien aus. Wie HTML verwendet XML sogenannte Tags (`<TAGNAME>`) und Attribute. Im Folgenden sehen wir eine XML-Datei mit folgenden Tags für die Beschreibung einer Person:

- Vorname
- Nachname
- Adresse
  - Ort
  - Straße

Jeder sogenannte Knoten steht für ein Element. Das Element `Address` besitzt zudem die Attribute `City` und `Street`.

```
<?xml version="1.0" encoding="utf-8"?>
<ArrayOfPerson xmlns:xsd="http://www.w3.org/2001/XMLSchema"
xmlns:xsi="http://www.
w3.org/2001/XMLSchema-instance">
  <Person>
    <FirstName>Max</FirstName>
    <LastName>Mustermann</LastName>
    <Address City="München" Street="Musterstraße 1" />
  </Person>
```

```
  <Person>
    <FirstName>Maria</FirstName>
    <LastName>Musterfrau</LastName>
    <Address City="Nürnberg" Street="Musterstraße 2" />
  </Person>
</ArrayOfPerson>
```

In dieser XML-Datei werden zwei Personen gespeichert:

- Max Mustermann

  Musterstraße 1

  München

- Maria Musterfrau

  Musterstraße 2

  Nürnberg

Im folgenden Beispiel möchten wir diese XML-Datei reproduzieren. Hierfür erstellen wir ein neues Script (C# *05_XML_Datei_schreiben.cs*), indem wir das Script C# *13_Eigene_Klasse.cs* aus dem Ordner *03_Klassen* kopieren.

Wir fügen die Klasse `AddressClass` zur Klasse `Person` mit den Eigenschaften `Street` und `City` hinzu. Um dieses Beispiel übersichtlich zu machen, löschen wir die Methode `DisplayFullName()`. Wir übergeben dem Konstruktor auch gleich die Adresse.

```
public class Person
{
  public string FirstName { get; set; }
  public string LastName { get; set; }
  public AddressClass Address { get; set; }

  public string FullName
  {
    get { return FirstName + " " + LastName; }
  }

  public Person()
  {
  }

  public Person(string firstName, string lastName,
    string city, string street)
  {
    FirstName = firstName;
    LastName = lastName;

    Address = new AddressClass();
    Address.City = city;
    Address.Street = street;
  }
```

```
    public class AddressClass
    {
      public string City { get; set; }
      public string Street { get; set; }
    }
  }
```

Wir erstellen uns nun eine Liste für Personen und fügen die bekannten Personen hinzu. Hierfür bedienen wir uns des Namespace `System.Collections.Generic`. In den spitzen Klammern wird die Klasse der Listenobjekte angegeben. Mit der Methode `Add()` fügen wir die Objekte der Auflistung hinzu.

```
List<Person> persons = new List<Person>();
Person max = new Person("Max", "Mustermann",
  "München", "Musterstraße 1");
persons.Add(max);

Person maria = new Person("Maria", "Musterfrau",
  "Nürnberg", "Musterstraße 2");
persons.Add(maria);
```

Diese Liste übergeben wir einer neuen Methode `WriteXml()`, welche die Auflistung in eine XML-Datei in den Stammdaten im Ordner *XML* schreibt:

```
string xmlPath = PathMap.SubstitutePath("$(MD_XML)");
string fileName = Path.Combine(xmlPath, "Persons.xml");

WriteXml(persons, fileName);
MessageBox.Show("XML-Datei erzeugt");
```

Für das Lesen und Schreiben einer XML-Datei benötigen wir folgende Using-Direktiven:

- `System.IO`
- `System.Xml.Serialization`
- `System.Xml`

Mit den Klassen `XmlSerializer` und `XmlWriter` werden die Daten geschrieben. Es müssen verschiedene Einstellungen, wie Einzug oder Kodierung der Datei, übergeben werden. Damit der `XmlSerializer` weiß, was für ein Objekt er entgegennimmt, verwenden wir das Keyword `typeof()`, welches den Typen der Klasse zurückgibt. Wichtig ist, dass der `XmlWriter` wieder mit `Dispose()` aufgelöst wird, da sonst der Zugriff auf die Datei erhalten bleibt.

```
public static void WriteXml(List<Person> persons, string fileName)
{
  XmlSerializer serializer = new XmlSerializer(typeof(List<Person>));
  XmlSerializerNamespaces namespaces = new XmlSerializerNamespaces();

  XmlWriterSettings settings = new XmlWriterSettings();
  settings.Indent = true;
```

```
    settings.Encoding = Encoding.UTF8;
    XmlWriter writer = XmlWriter.Create(fileName, settings);

    serializer.Serialize(writer, persons, namespaces);
    writer.Close();
    writer.Dispose();
  }
```

Um die Adresse als Attribut anzuzeigen, fügen wir `[XmlAttribute]` vor jede Eigenschaft. Nehmen wir nun einen Vergleich des Abschnitts `Address` vor.

Vorher:

```
<Address>
  <City>München</City>
  <Street>Musterstraße 1</Street>
</Address>
```

Nachher:

```
<Address City="München" Street="Musterstraße 1" />
```

Das komplette Script sieht wie folgt aus:

```
using Eplan.EplApi.Base;
using Eplan.EplApi.Scripting;
using System.Collections.Generic;
using System.IO;
using System.Text;
using System.Windows.Forms;
using System.Xml.Serialization;
using System.Xml;

public class _12_Dateien_schreiben_05_XML_Datei_schreiben
{
  [Start]
  public void Function()
  {
    // Init
    List<Person> persons = new List<Person>();

    Person max = new Person("Max", "Mustermann",
      "München", "Musterstraße 1");
    persons.Add(max);

    Person maria = new Person("Maria", "Musterfrau",
      "Nürnberg", "Musterstraße 2");
    persons.Add(maria);

    string xmlPath = PathMap.SubstitutePath("$(MD_XML)");
    string fileName = Path.Combine(xmlPath, "Persons.xml");

    // Write
    WriteXml(persons, fileName);
    MessageBox.Show("XML-Datei erzeugt");
  }
```

```
    public static void WriteXml(List<Person> persons, string fileName)
    {
      XmlSerializer serializer = new XmlSerializer(typeof(List<Person>));
      XmlSerializerNamespaces namespaces = new XmlSerializerNamespaces();

      XmlWriterSettings settings = new XmlWriterSettings();
      settings.Indent = true;
      settings.Encoding = Encoding.UTF8;
      XmlWriter writer = XmlWriter.Create(fileName, settings);

      serializer.Serialize(writer, persons, namespaces);
      writer.Close();
      writer.Dispose();
    }

    public class Person
    {
      public string FirstName { get; set; }
      public string LastName { get; set; }
      public AddressClass Address { get; set; }

      public string FullName
      {
        get { return FirstName + " " + LastName; }
      }

      public Person()
      {

      }

      public Person(string firstName, string lastName,
        string city, string street)
      {
        FirstName = firstName;
        LastName = lastName;

        Address = new AddressClass();
        Address.City = city;
        Address.Street = street;
      }

      public class AddressClass
      {
        [XmlAttribute]
        public string City { get; set; }

        [XmlAttribute]
        public string Street { get; set; }
      }
    }
  }
```

3.5 Dateien lesen

3.5.1 Textdatei lesen

Wir erstellen einen neuen Ordner im Visual-Studio-Projekt (*13_Dateien_lesen*). Zusätzlich wird ein Script mit dem Attribut `[Start]` benötigt (C# *01_Textdatei_lesen.cs*). Wir initialisieren einen String mit der Pfadvariable `$(TMP)` und dem Dateinamen *Last_Version.txt*:

```
string filename =
    PathMap.SubstitutePath(@"$(TMP)\Last_Version.txt");
```

Dies wird unsere Zieldatei, die im Ordner *Temp* der Windows-Installation abgespeichert wird (standardmäßig unter *C:\Users\Benutzername\AppData\Local\Temp*).

Wir erstellen ein neues Beschriftungsschema vom Typ Inhaltsverzeichnis mit dem Namen *Zuletzt verwendete EPLAN-Version_Textdatei* (Bild 3.32):

- Typ: *Textdatei (*.txt)*
  - Zeichensatz: *UNICODE*
  - Umlaute zulassen: ☑
- Kopfbereich: *Projekteigenschaft > Zuletzt verwendete EPLAN-Version [10043]* (Bild 3.33)

Um sicherzustellen, dass Sonderzeichen bzw. Umlaute generell richtig ausgegeben werden, sollte man als Zeichensatz die Kodierung *UNICODE* (Bild 3.32) auswählen. Alle nicht bekannten Zeichen würden ansonsten durch ein □-Symbol ersetzt werden. Wir speichern nun das Schema.

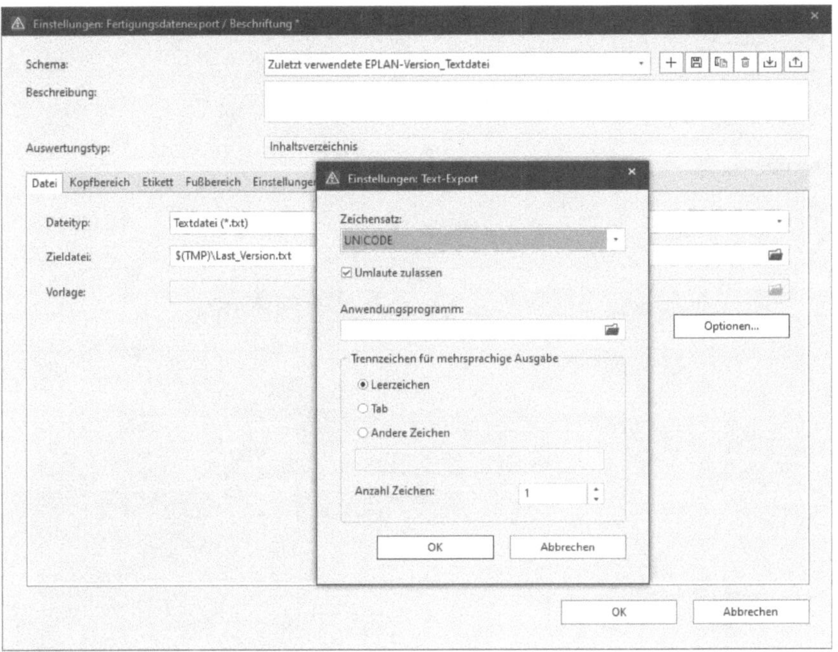

Bild 3.32 Textdatei: Einstellungen

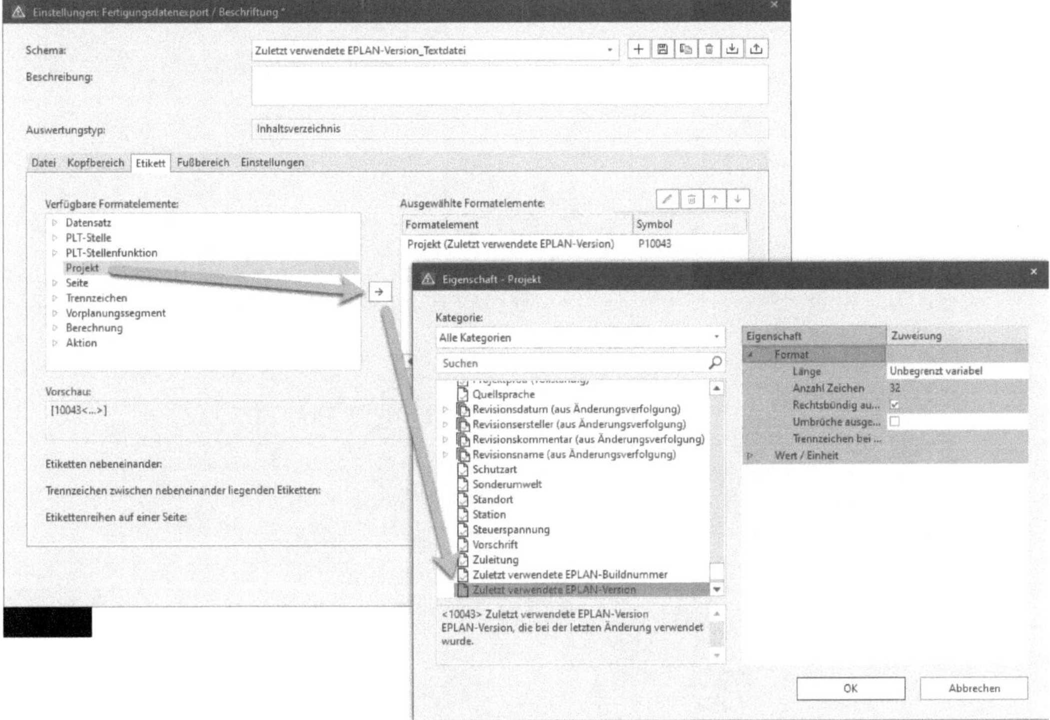

Bild 3.33 Eigenschaft hinzufügen

Wie bereits bekannt, ist der schnellste Weg, eine Beschriftung im Script zu erzeugen, der über DATEI > EXTRAS > SCHNITTSTELLEN > AUTOMATISIERT BEARBEITEN (Bild 3.34).

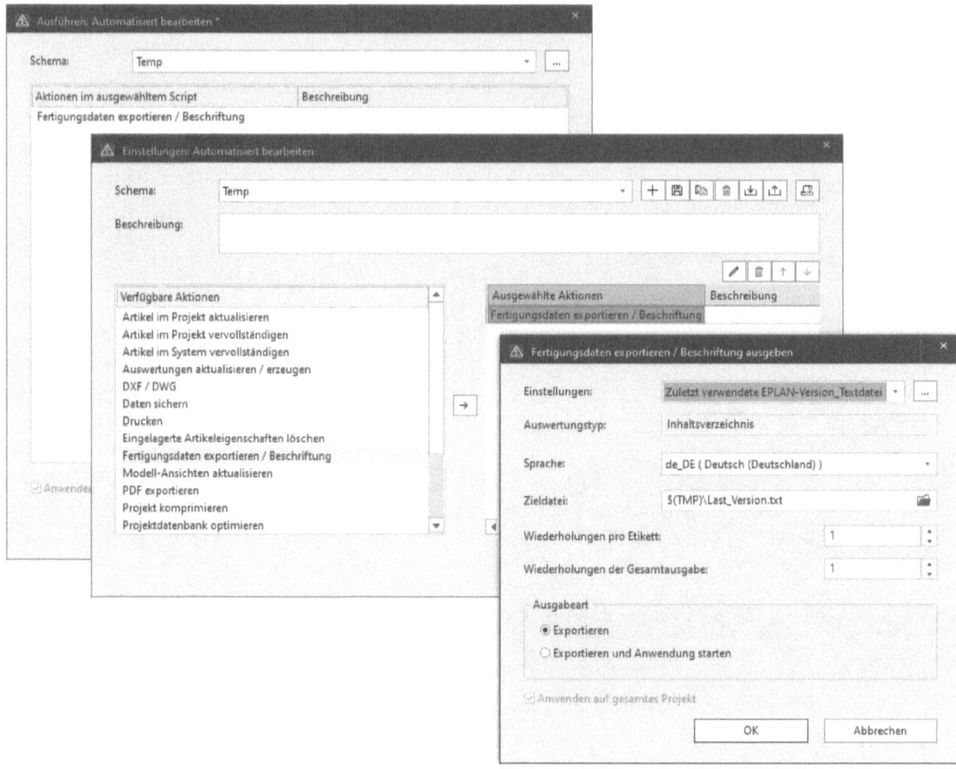

Bild 3.34 Beschriftung über *Automatisiert bearbeiten* ausgeben

Wir erstellen nun im Script eine eigene Methode, um die Beschriftung auszuführen. Als Übergabewert hinterlegen wir die String-Variable *filename*:

```
private static void LabellingText(string filename)
{
  ActionCallingContext acc = new ActionCallingContext();
  acc.AddParameter("CONFIGSCHEME",
    "Zuletzt verwendete EPLAN-Version_Textdatei");
  acc.AddParameter("DESTINATIONFILE", filename);
  acc.AddParameter("FILTERSCHEME", "");
  acc.AddParameter("LANGUAGE", "de_DE");
  acc.AddParameter("LogMsgActionDone", "true");
  acc.AddParameter("SHOWOUTPUT", "0");
  acc.AddParameter("RECREPEAT", "1");
  acc.AddParameter("SORTSCHEME", "");
  acc.AddParameter("TASKREPEAT", "1");
  new CommandLineInterpreter().Execute("label", acc);
```

```
    return;
}
```

Wir ändern dann den Parameterwert von *DESTINATIONFILE* auf *fileName.*

Die Ausgabe der Beschriftung ist nun fertig. Jetzt benötigen wir eine weitere Methode, um die Textdatei einzulesen. Schon allein aus Performance-Gründen ist es sinnvoll, z. B. mehrere Projekteigenschaften oder Daten zu exportieren. Deshalb ist es praktisch, ganz gezielt eine Zeile der Textdatei auslesen zu können. Wir erzeugen diese Datei in derselben Reihenfolge wie in Abschnitt 3.4.1, „Beschriftung“, beschrieben.

Die neue Methode ist vom Typ String mit dem Namen *ReadLine* und den Übergabewerten *fileName* und *line.* Dabei ist die gesuchte Zeile die Variable *line.* Wir lesen die komplette Datei mit der Methode `File.ReadAllLines()` ein. Hier bekommen wir ein Array, auf das wir direkt zugreifen und die gewünschte Zeile zurückgeben können. Es muss darauf geachtet werden, dass ein Array immer mit 0 beginnt und nicht mit 1.

```
public string ReadLine(string fileName, int line)
{
  string[] lines = File.ReadAllLines(fileName, Encoding.Unicode);
  string text = lines[line];
  return text;
}
```

In der Hauptfunktion ergänzen wir nun den Programmcode zum Ausführen der Beschriftung:

```
LabellingText(filename);
```

Danach erstellen wir ein Objekt vom Typ String mit dem Inhalt der Zeilennummer „1“ unserer temporären Textdatei:

```
string lastVersion = ReadLine(filename, 0);
```

Diesen String lassen wir in einer MessageBox anzeigen, um die Funktion des Scripts zu testen. Die temporäre Datei löschen wir wieder.

```
MessageBox.Show(
    "Zuletzt verwendete EPLAN-Version:" + Environment.NewLine +
    lastVersion,
    "Information",
    MessageBoxButtons.OK,
    MessageBoxIcon.Information
    );

File.Delete(fileName);
```

Wir führen das Script aus, und wenn wir alles richtig gemacht haben, wird die Version in einer MessageBox angezeigt (Bild 3.35).

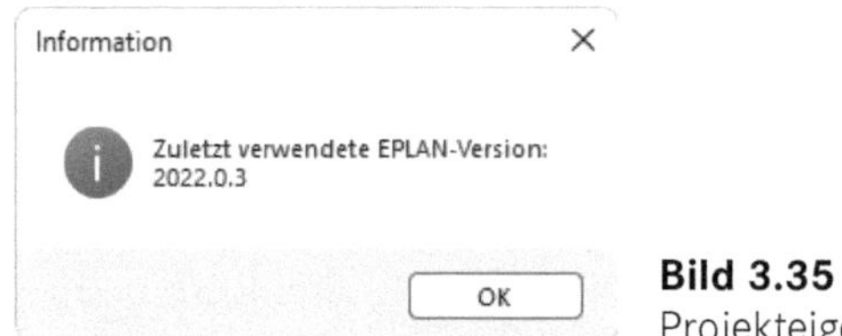

Bild 3.35
Projekteigenschaften mithilfe einer Textdatei auslesen

Nachfolgend sehen wir das angewendete Beispiel. Es gibt natürlich mehrere Lösungsansätze, Textdateien bzw. Zeilen einzulesen.

```
using System;
using System.IO;
using System.Text;
using System.Windows.Forms;
using Eplan.EplApi.ApplicationFramework;
using Eplan.EplApi.Base;
using Eplan.EplApi.Scripting;

public class _13_Dateien_lesen_01_Textdatei_lesen
{
  [Start]
  public void Function()
  {
    string fileName = PathMap.SubstitutePath(@"$(TMP)\Last_Version.txt");

    LabellingText(fileName);

    string lastVersion = ReadLine(fileName, 0);

    MessageBox.Show(
        "Zuletzt verwendete EPLAN-Version:" + Environment.NewLine +
        lastVersion,
        "Information",
        MessageBoxButtons.OK,
        MessageBoxIcon.Information
        );

    File.Delete(fileName);
  }

  public string ReadLine(string fileName, int line)
  {
    string[] lines = File.ReadAllLines(fileName, Encoding.Unicode);
    string text = lines[line];
    return text;
  }

  private static void LabellingText(string fileName)
  {
    ActionCallingContext acc = new ActionCallingContext();
    acc.AddParameter("CONFIGSCHEME",
      "Zuletzt verwendete EPLAN-Version_Textdatei");
    acc.AddParameter("DESTINATIONFILE", fileName);
```

```
        acc.AddParameter("FILTERSCHEME", "");
        acc.AddParameter("LANGUAGE", "de_DE");
        acc.AddParameter("LogMsgActionDone", "true");
        acc.AddParameter("SHOWOUTPUT", "0");
        acc.AddParameter("RECREPEAT", "1");
        acc.AddParameter("SORTSCHEME", "");
        acc.AddParameter("TASKREPEAT", "1");
        new CommandLineInterpreter().Execute("label", acc);
    }
}
```

3.5.2 XML-Datei lesen

Im Beispielscript C# *02_XML-Datei_lesen.cs* werden wir die Projekteigenschaften direkt über das EPLAN-Projektverzeichnis lesen. Wir lesen eine XML-Datei, die uns nicht als Klasse vorliegt. Wir erstellen das Script mit dem Attribut `[Start]` und importieren die Using-Direktive `System.Xml`.

Wie beim vorangegangenen Beispiel wird eine Methode benötigt, um eine bestimmte Eigenschaft zurückzugeben. Als Parameter definieren wir den Dateinamen der XML-Datei (*fileName*) und die ID (*id*) der Eigenschaft.

```
private static string ReadProjectProperty(string fileName, int id)
{
  // Programmcode
}
```

Als Erstes initialisieren wir die benötigten Objekte:

- *lastVersion*: Dieser String wird von der Methode zurückgegeben.
- *reader*: Dies ist die Klasse `XmlTextReader`, welche die Datei durchsucht.

```
string property = null;
XmlTextReader reader = new XmlTextReader(fileName);
```

Der `XmlTextReader` dient dazu, eine XML-Datei zu lesen. Diesem wird eine Datei übergeben, die durchsucht werden soll. Wird die Eigenschaft nicht gefunden, wird `null` zurückgegeben. In diesem Beispiel wurde bewusst eine Eigenschaft gewählt, die bei jedem oder jeder EPLAN-Anwender:in automatisch gefüllt wird und die zugleich schreibgeschützt ist. Somit wird keine leere Eigenschaft ausgegeben.

Wir stellen in den EPLAN-Einstellungen sicher, dass die Eigenschaftsnummern angezeigt werden (Bild 3.36).

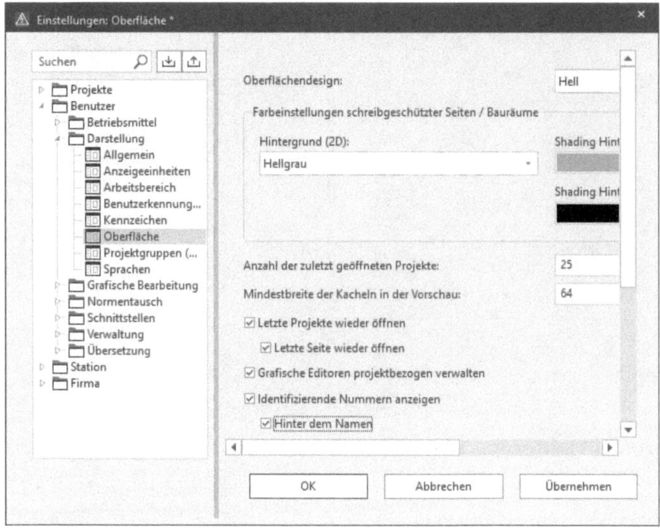

Bild 3.36 Eigenschaftsnummern anzeigen

Nun wechseln wir über PROJEKT > KONTEXTMENÜ > EIGENSCHAFTEN in die Projekteigenschaften (Bild 3.37).

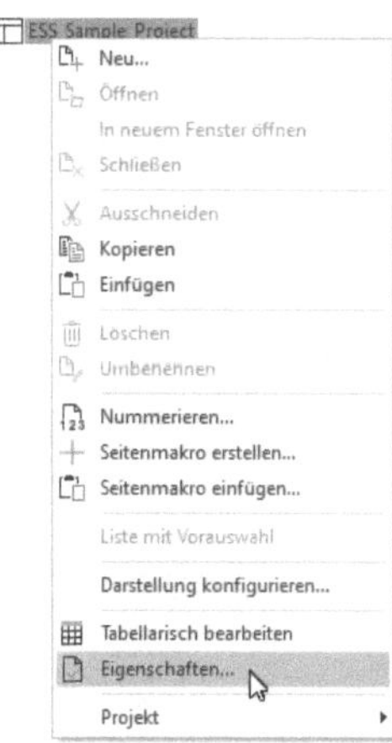

Bild 3.37 Projekteigenschaften anzeigen

Dort suchen wir nach der Eigenschaft *Zuletzt verwendete EPLAN-Version <10043>*. Ist diese Eigenschaft nicht sichtbar, können wir sie über [+] *Neu* einblenden (Bild 3.38).

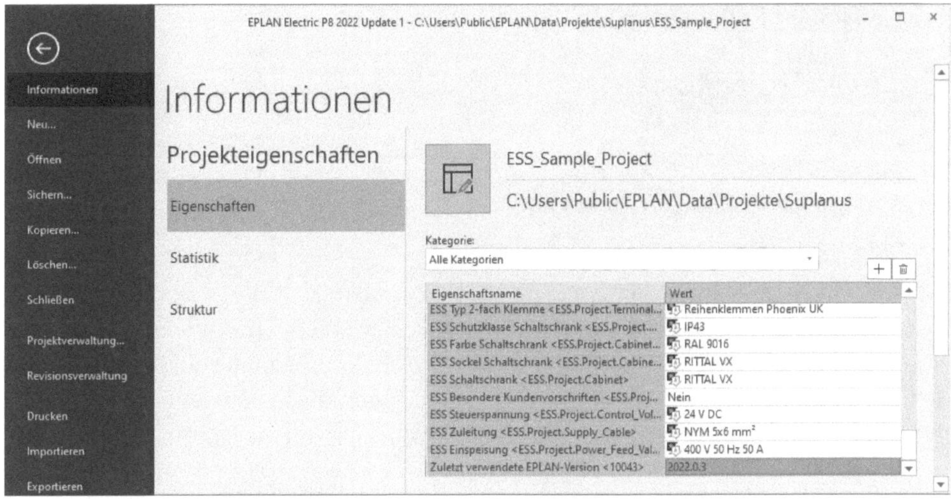

Bild 3.38 Eigenschaft einblenden

In den spitzen Klammern, die in Bild 3.38 zu sehen sind, steht nun die Eigenschaftsnummer (ID *<10043>*). Wir öffnen die Datei *ProjectInfo.xml* im Projektordner, um die für die ID-Anzeige relevanten Tags zu suchen (Bild 3.39).

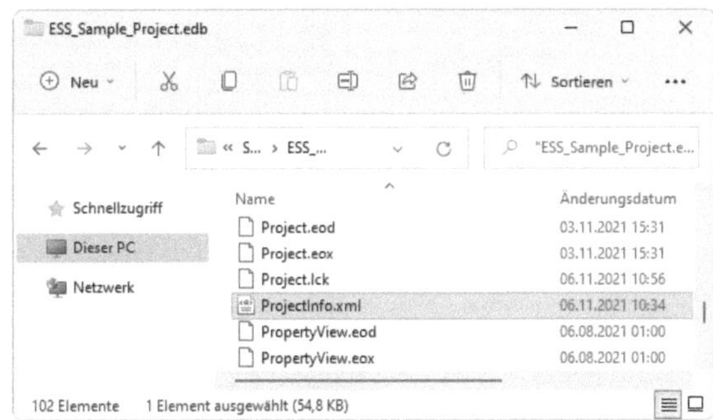

Bild 3.39
ProjectInfo im Projektordner

Mit **Strg + F** ist es möglich, nach einem Text (*10043*) zu suchen. Je nachdem, wie viele Eigenschaften in einem Projekt gespeichert sind, variiert die Größe der Datei. Diese Zeile enthält die ID und den Wert der Eigenschaft.

```
<Property name="Zuletzt verwendete EPLAN-
Version" id="10043" index="0" type="7">2022.0.3</Property>
```

Es wäre nicht ratsam, nach dem Namen zu suchen, da dieser in einer anderen Oberflächensprache anders lauten kann.

Der Aufbau der Projektinfo-XML-Datei ist relativ einfach:

```
<Properties>
  <Property name="NAME" id="ID" index="INDEX" type="TYPE">"WERT"</Property>
</Properties>
```

Wir suchen im Script nur nach Tags mit Attributen. Danach überprüfen wir, ob das Attribut *id* vorhanden ist. Ist die ID gleich der gesuchten ID, wird der Wert ausgelesen und zurückgegeben.

Um das zu erreichen, benötigen wir eine Schleifen-Operation. Es gibt mehrere Typen von Schleifen in C#. In diesem Beispiel verwenden wir eine kopfgesteuerte While-Schleife. Kopfgesteuert heißt, es wird jeweils am Anfang überprüft, ob die Schleife noch einmal durchlaufen werden soll. Wenn dieser Zustand *true* ist, wird die Schleife erneut ausgeführt – so lange, bis der Zustand *false* eintritt (Bild 3.40).

```
while(Bedingung)
{
  // Programmcode
}
```

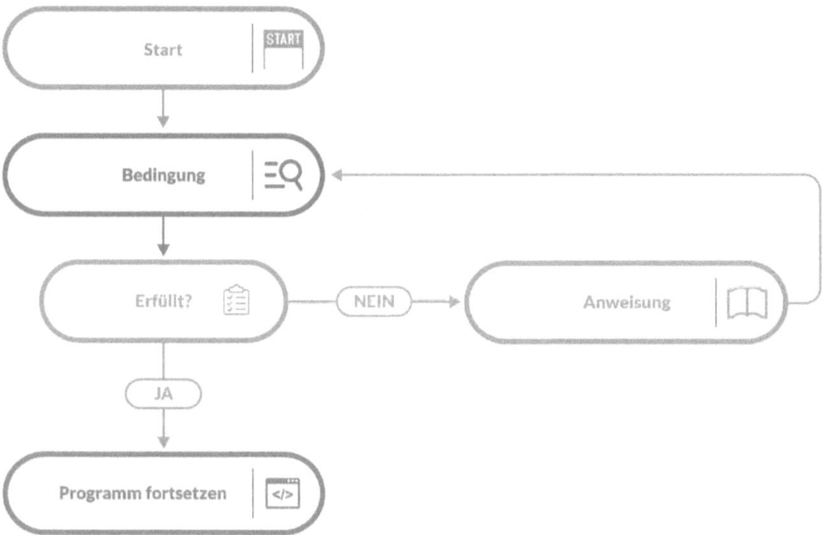

Bild 3.40 Kopfgesteuerte Schleife

Es gibt auch eine fußgesteuerte Schleife (Bild 3.41). Der Unterschied zur kopfgesteuerten Schleife liegt darin, dass die Anweisung mindestens einmal durchlaufen wird. Erst dann wird geprüft, ob dies erneut geschehen soll. Ändert sich in der Anweisung der Zustand eines Objekts, ist es ratsam, eine fußgesteuerte Schleife zu verwenden. Zu beachten ist, dass in der Schleife etwas geschehen muss, damit die Bedingung erfüllt wird.

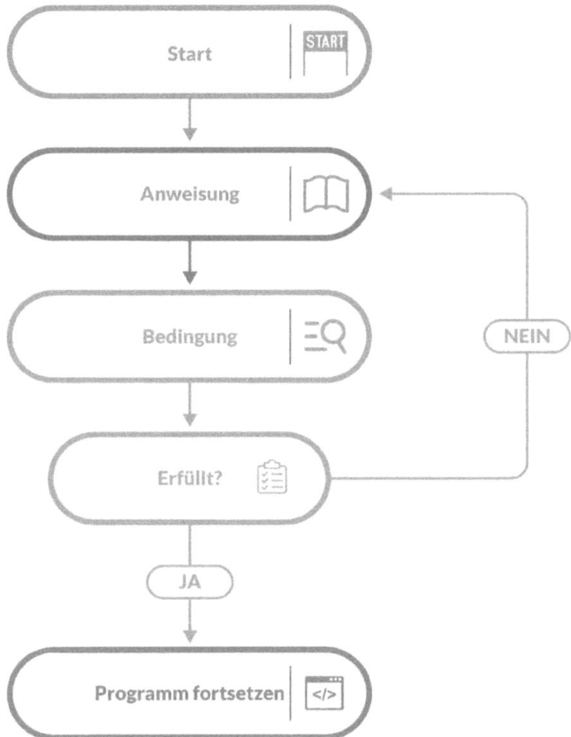

Bild 3.41 Fußgesteuerte Schleife

Wir legen eine While-Schleife an. Diese wird so lange durchlaufen, bis das Ende der Datei erreicht wurde.

```
while (reader.Read())
{
  // Überprüfung
}
```

Nun muss überprüft werden, ob der Knoten Attribute besitzt:

```
if (reader.HasAttributes)
{
}
```

Ist dies der Fall, soll der Reader alle Attribute überprüfen. Hierzu initialisieren wir eine neue While-Schleife, die alle Attribute durchläuft:

```
while (reader.MoveToNextAttribute())
{
}
```

Ist der Name des Attributs gleich *id*, soll überprüft werden, ob es sich um unsere gesuchte ID handelt:

```
if (reader.Name == "id")
{
  if (reader.Value == id.ToString())
  {
    property = reader.ReadString();
  }
}
```

Das Objekt *id* ist ein Integer-Wert, welcher der Suchmethode übergeben wird (in unserem Fall der Wert 10043). Ist die Bedingung erfüllt, setzen wir das Objekt *property* auf den Wert. Die gesamte Methode sieht wie folgt aus:

```
private static string ReadProjectProperty(string fileName, int id)
{
  string property = null;

  XmlTextReader reader = new XmlTextReader(fileName);

  while (reader.Read())
  {
    if (reader.HasAttributes)
    {
      while (reader.MoveToNextAttribute())
      {
        if (reader.Name == "id")
        {
          if (reader.Value == id.ToString())
          {
            property = reader.ReadString();
          }
        }
      }
    }
  }

  reader.Close();
  return property;
}
```

Wir erstellen nun eine Hauptfunktion, welche zuerst den kompletten Pfad der Projektinfo-XML-Datei bereitstellt:

```
string fileName = PathMap.SubstitutePath("$(PROJECTPATH)" + @"\"
                                          + "Projectinfo.xml");
```

Wie im Beispiel des Abschnitts 3.5.1, „Textdatei lesen“, übergeben wir den Wert an einen String, der später in einer MessageBox angezeigt wird. Es muss beachtet werden, dass als zweiter Parameter die ID der Eigenschaft angegeben werden muss. Wurde kein Wert gefunden und der Wert ist `null`, soll dies in einer Warnung angezeigt werden.

```
int id = 10043;
string lastVersion = ReadProjectProperty(fileName, id);

if (lastVersion != null)
{
  MessageBox.Show(
      "Zuletzt verwendete EPLAN-Version:" + Environment.NewLine +
      lastVersion,
      "Information",
      MessageBoxButtons.OK,
      MessageBoxIcon.Information
      );
}
else
{
  MessageBox.Show(
    "Eigenschaft " + id + " nicht gefunden.",
    "Warnung",
    MessageBoxButtons.OK,
    MessageBoxIcon.Warning
  );
}
```

Wir führen das Script aus. Nun sollte die Versionsnummer in der MessageBox angezeigt werden (Bild 3.42).

Bild 3.42
Projekteigenschaften mithilfe einer XML-Datei auslesen

Wir haben jetzt zwei Wege kennengelernt, Projekteigenschaften zu lesen. Die *ProjectInfo.xml* wird nur beim Schließen des Projektes aktualisiert. Somit wäre der sicherere Weg der über die Beschriftungsausgabe.

Das komplette Script sieht so aus:

```
using System;
using System.Windows.Forms;
using System.Xml;
using Eplan.EplApi.Base;
using Eplan.EplApi.Scripting;

public class _13_Dateien_lesen_02_XML_Datei_lesen
{
  [Start]
  public void Function()
  {
    string fileName = PathMap.SubstitutePath("$(PROJECTPATH)" + @"\"
                                             + "Projectinfo.xml");
```

```
    int id = 10043;
    string lastVersion = ReadProjectProperty(fileName, id);

    if (lastVersion != null)
    {
      MessageBox.Show(
          "Zuletzt verwendete EPLAN-Version:" + Environment.NewLine +
          lastVersion,
          "Information",
          MessageBoxButtons.OK,
          MessageBoxIcon.Information
          );
    }
    else
    {
      MessageBox.Show(
        "Eigenschaft " + id + " nicht gefunden.",
        "Warnung",
        MessageBoxButtons.OK,
        MessageBoxIcon.Warning
      );
    }
  }

  private static string ReadProjectProperty(string fileName, int id)
  {
    string property = null;

    XmlTextReader reader = new XmlTextReader(fileName);

    while (reader.Read())
    {
      if (reader.HasAttributes)
      {
        while (reader.MoveToNextAttribute())
        {
          if (reader.Name == "id")
          {
            if (reader.Value == id.ToString())
            {
              property = reader.ReadString();
            }
          }
        }
      }
    }

    reader.Close();
    return property;
  }
}
```

3.5.3 XML-Datei lesen (eigene Klasse)

Anders als im vorangegangenen Beispiel lesen wir nun unsere selbst erstellte XML-Datei ein. Wir kopieren dazu das Script aus Abschnitt 3.4.5, „XML-Datei schreiben“, und vergeben den Namen C# *03_XML-Datei_lesen_eigene_Klasse.cs*. Beim Lesen von XML-Dateien benötigen wir nur einen leeren Konstruktor. Wir löschen deshalb den Konstruktor mit Parametern, damit unser Script übersichtlicher wird.

Wir erstellen uns nun eine neue Liste von Personen und die Methode `ReadXml()`. Nach dem Einlesen wird jede Person mit vollem Namen in einer MessageBox angezeigt:

```
List<Person> newPersons = ReadXml(fileName);
foreach (Person person in newPersons)
{
  MessageBox.Show(person.FullName);
}
```

In der Methode `ReadXml()` lesen wir die Daten mit der Klasse `StreamReader` ein. Die Methode `Deserialize()` der Klasse `XmlSerializer` gibt uns ein Objekt der Klasse `object` zurück. Jede Klasse in C# wird von dieser Klasse abgeleitet. Um eine Auflistung von Personen zu erhalten, müssen wir das Objekt *casten*, das heißt, wir interpretieren es als eine bestimmte Klasse. Um ein Objekt zu *casten*, schreiben wir die Klasse in Klammern vor das Objekt:

```
List<Person> persons = (List<Person>)serializer.Deserialize(reader);
```

Die komplette Methode sieht wie folgt aus:

```
public static List<Person> ReadXml(string fileName)
{
  XmlSerializer serializer = new XmlSerializer(typeof(List<Person>));
  StreamReader reader = new StreamReader(fileName);

  List<Person> persons = (List<Person>)serializer.Deserialize(reader);
  reader.Close();
  reader.Dispose();
  return persons;
}
```

Dann führen wir das Script aus. Nun sollten die Personen in den MessageBoxen angezeigt werden (Bild 3.43).

Bild 3.43
XML-Datei lesen mit eigener Klasse

■ 3.6 Artikeldaten

Ab der EPLAN-Version 2022 (Update 1) ist es möglich, Artikeldaten im Scripting zu lesen und zu verändern. Es kann auf alle Klassen (inklusive Unterklassen) im Namespace `Eplan.EplApi.MasterData` zugegriffen werden. Ausnahmen sind folgende:

- `MDSymbolLibrary`
- `MDSymbolLibraryPropertyList`
- `MDSymbol`
- `MDSymbolPropertyList`
- `MDSymbolVariant`
- `MDTranslationDatabase`

Wir erstellen uns ein neues Script mit dem Attribut `[Start]` und dem Dateinamen C# *01_Anzahl_Artikel_lesen.cs* im Ordner *14_Artikeldaten.*

Um auf die gerade eingestellte Artikeldatenbank zuzugreifen, nutzen wir die Klasse `MDPartsManagement` und die Methode `OpenDatabase()`. Die Datenbank muss disposed werden. Aus diesem Grund verwenden wir ein Using-Statement:

```
MDPartsManagement mdPartsManagement = new MDPartsManagement();
int partCount;
using (MDPartsDatabase database = mdPartsManagement.OpenDatabase())
{
}
```

Wir möchten nun die Anzahl der Artikel herausfinden, welche die Produktuntergruppe „Motorschutzschalter" eingestellt haben (Bild 3.44).

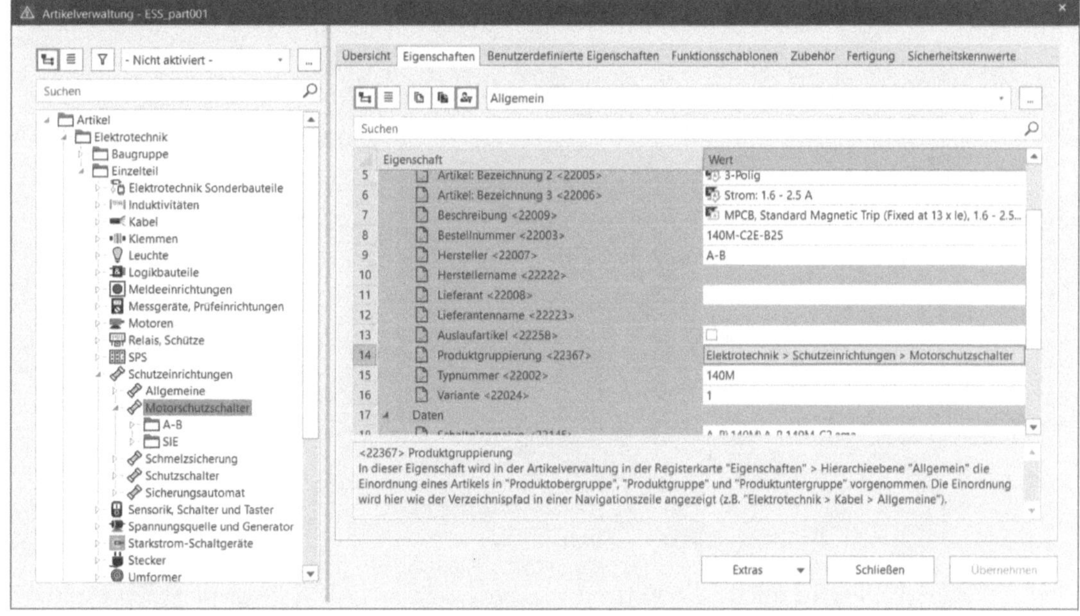

Bild 3.44 Motorschutzschalter in der Artikelverwaltung

Für diese Abfrage nutzen wir einen sogenannten Lambdaausdruck. Man kann diese Ausdrücke verstehen wie eine Abfragesprache innerhalb von C#: „Von den Artikeln in der Datenbank zählen wir alle Artikel, welche die Produktuntergruppe Motorschutzschalter haben."

```
partCount = database.Parts
                      .Count(obj => obj.ProductSubGroup ==
                        MDPartsDatabaseItem.Enums.ProductSubGroup
                        .MotorOverloadSwitch);
```

Für die Abfrage wird der Namespace `System.Linq` benötigt. Das Ergebnis lassen wir in einer MessageBox anzeigen (Bild 3.45). Das komplette Script sieht wie folgt aus:

```
using System.Linq;
using System.Windows.Forms;
using Eplan.EplApi.MasterData;
using Eplan.EplApi.Scripting;

class _14_Artikeldaten_01_Anzahl_Artikel_lesen
{
  [Start]
  public void Function()
  {
    MDPartsManagement mdPartsManagement = new MDPartsManagement();
    int partCount;
```

```
      using (MDPartsDatabase database = mdPartsManagement.OpenDatabase())
      {
        partCount = database.Parts
                                .Count(obj => obj.ProductSubGroup ==
                                  MDPartsDatabaseItem.Enums.ProductSubGroup
                                  .MotorOverloadSwitch);
      }
      MessageBox.Show("Anzahl Motorschutzschalter: " + partCount);
    }
  }
```

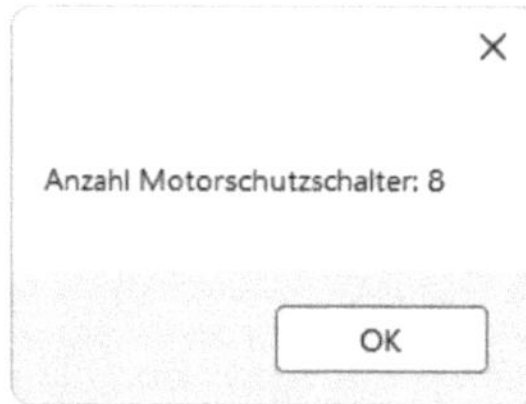

Bild 3.45
Anzahl Motorschutzschalter

Nun wollen wir auch Artikeldaten verändern. Es soll die *Bezeichnung 1* der Artikel einheitlich auf Motorschutzschalter gesetzt werden (Bild 3.46). Hierfür erstellen wir ein neues Script C# *02_Eigenschaften_verändern.cs* und übernehmen den Programmcode aus dem letzten Script.

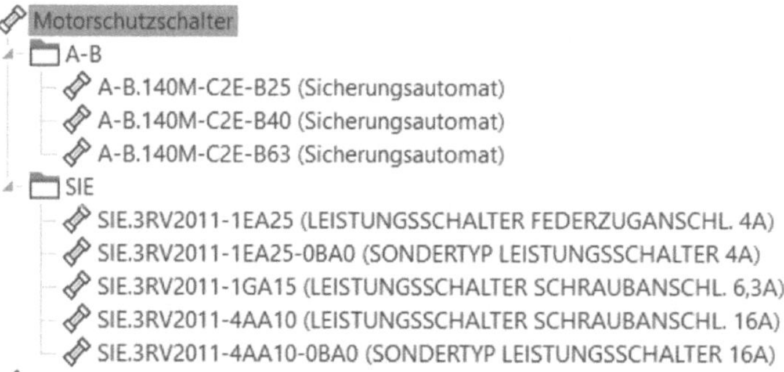

Bild 3.46 Motorschutzschalter mit unterschiedlichen Bezeichnungen in der Artikelverwaltung

Wir ersetzen im Lambdaausdruck die Methode `Count()` durch `Where()`. Dadurch bekommen wir alle Objekte zurück, welche die Bedingung erfüllen. Um den Programmcode nicht unnötig komplex zu machen, verwenden wir hier das var-Keyword für das Erzeugen des Objekts:

```
var parts = database.Parts
                .Where(obj => obj.ProductSubGroup ==
                  MDPartsDatabaseItem.Enums.ProductSubGroup
                  .MotorOverloadSwitch);
```

Diese Objekte durchlaufen wir nun in einer ForEach-Schleife und setzen die Bezeichnung 1 des Artikels auf „Motorschutzschalter“. Hier muss darauf geachtet werden, dass die Eigenschaft `ARTICLE_DESCR1` ein mehrsprachiger Text ist. Durch das Setzen über die Klasse `String` wird der Eintrag in der Quellsprache hinzugefügt.

```
foreach (MDPart part in parts)
{
  part.Properties.ARTICLE_DESCR1 = "Motorschutzschalter";
}
```

HINWEIS: Änderungen in der Artikeldatenbank können nicht rückgängig gemacht werden. Ich empfehle deshalb, Scripte erst mit einer Kopie der Datenbank zu testen.

Wir führen das Script aus. Nach einer kurzen Wartezeit können wir das Ergebnis in der Artikelverwaltung prüfen (Bild 3.47).

Motorschutzschalter
A-B
A-B.140M-C2E-B25 (Motorschutzschalter)
A-B.140M-C2E-B40 (Motorschutzschalter)
A-B.140M-C2E-B63 (Motorschutzschalter)
SIE
SIE.3RV2011-1EA25 (Motorschutzschalter)
SIE.3RV2011-1EA25-0BA0 (Motorschutzschalter)
SIE.3RV2011-1GA15 (Motorschutzschalter)
SIE.3RV2011-4AA10 (Motorschutzschalter)
SIE.3RV2011-4AA10-0BA0 (Motorschutzschalter)

Bild 3.47
Motorschutzschalter mit einheitlicher Bezeichnung

```
using Eplan.EplApi.MasterData;
using Eplan.EplApi.Scripting;
using System.Linq;

class _14_Artikeldaten_02_Eigenschaften_veraendern
{
  [Start]
  public void Function()
  {
    MDPartsManagement mdPartsManagement = new MDPartsManagement();
    using (MDPartsDatabase database = mdPartsManagement.OpenDatabase())
    {
      var parts = database.Parts
                          .Where(obj => obj.ProductSubGroup ==
                            MDPartsDatabaseItem.Enums.ProductSubGroup
                            .MotorOverloadSwitch);
```

```
            foreach (MDPart part in parts)
            {
              part.Properties.ARTICLE_DESCR1 = "Motorschutzschalter";
            }
          }
        }
      }
```

3.7 Befehlszeile

Die Befehlszeile in EPLAN haben wir schon kennengelernt. Diese kann über einen Befehl im Menüband oder ein Script angesprochen werden. Bei vielen Programmen, so auch in EPLAN, kann man dies auch von außen tun. Bei Applikationen wird oftmals auch der Begriff Kommandozeile verwendet.

Durch verschiedene Parameter mit entsprechenden Attributen kann EPLAN gesteuert werden. Es kann z.B. beim Öffnen ein Script ausgeführt werden, das weitere Actions beinhaltet. Dies ist praktisch, wenn mehrere Clients mit Einstellungen versorgt werden müssen. Hier wird zwischen allgemeinen Befehlszeilenparametern und Actions unterschieden.

3.7.1 Allgemeine Befehlszeilenparameter

Die allgemeinen Befehlszeilenparameter sind für das Startverhalten von EPLAN zuständig. Im folgenden Beispiel verwenden wir den Paramcter `/Auto`, um EPLAN zu starten und automatisch zu beenden, was nicht logisch, aber praktisch zum Testen ist. Normalerweise wird `/Auto` in Verbindung mit Actions verwendet.

Wir erstellen mit einem Rechtsklick auf *EPLAN.exe* eine Verknüpfung von EPLAN im EPLAN-Installationsordner unter *Bin* (z.B.: *C:\Program Files\EPLAN\Platform\2022.0.3\Bin*). Danach wählen wir *Verknüpfung erstellen* (Bild 3.48).

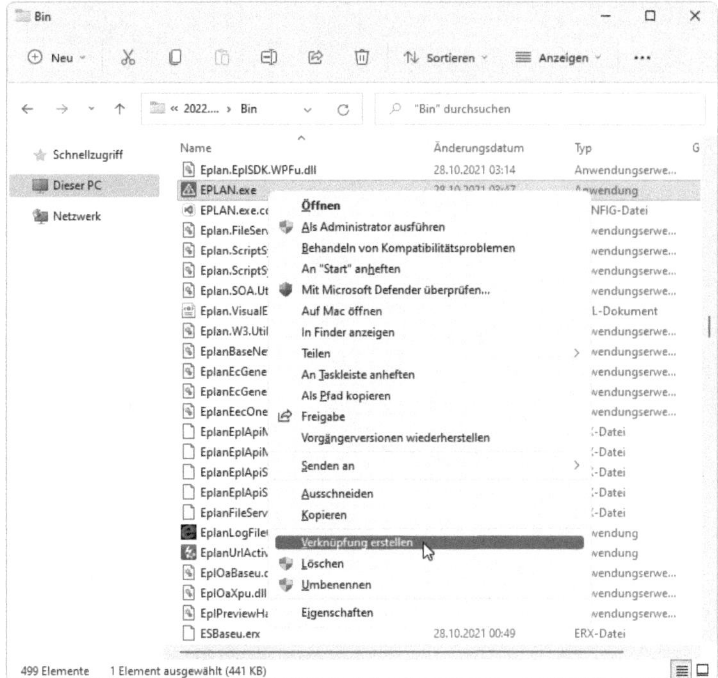

Bild 3.48 Verknüpfung erstellen

Als Dateinamen vergeben wir *EPLAN Automatik*. Nun öffnen wir die Eigenschaften der Verknüpfung über einen Rechtsklick auf *Eigenschaften* (Bild 3.49). Wir ergänzen das Feld *Ziel* um die Parameter `/Variant:"Electric P8"` und `/Auto`. *Variant* wird benötigt, damit EPLAN weiß, in welcher Variante gestartet werden soll. Die Anführungszeichen sind notwendig, da ein Leerzeichen im Parameterwert steht. Parameter werden immer nach den Anführungszeichen des Dateipfads geschrieben.

Bild 3.49 Eigenschaften der Verknüpfung

Der Inhalt der Textbox (die Pfade können sich je Installation unterscheiden) lautet:

```
"C:\Program Files\EPLAN\Platform\2022.0.3\Bin\EPLAN.exe" /Variant:"Electric
P8" /Auto
```

Wir starten nun EPLAN über diese Verknüpfung. Es startet wie gewohnt. Wurde das Programm vollständig geladen, schließt es sich automatisch.

3.7.2 Actions

Wie bereits angesprochen, ist es auch möglich, EPLAN-Aktionen von außen auszuführen. Hier gibt es kleine Unterschiede zu den Parametern in der Toolbar bzw. im Script.

In diesem Beispiel soll Folgendes automatisch über die Befehlszeile erfolgen (Bild 3.50):

- EPLAN starten
- Action ausführen (*ExecuteScript*)

Bei der Befehlszeilen-Action *ExecuteScript* ist zu beachten, dass man den vollständigen Scriptpfad und alle dazugehörigen Parameter angeben muss. In diesem Beispiel werden wir das allererste Script ausführen (C# *01_Start.cs*). Es darf kein „/" vor *ExecuteScript* stehen. In der Verknüpfung müssen wir Folgendes hinterlegen:

```
"C:\Program Files\EPLAN\Platform\2022.0.3\Bin\EPLAN.exe" /Variant:"Electric
P8"
ExecuteScript /ScriptFile:"C:\EPLAN Scripting Project\01_Erste_Schritte\01_
Start.cs"
```

Es ist ratsam, den Text zuerst in z. B. einem Texteditor zu schreiben und danach in das Eigenschaftsfeld der Verknüpfung zu kopieren.

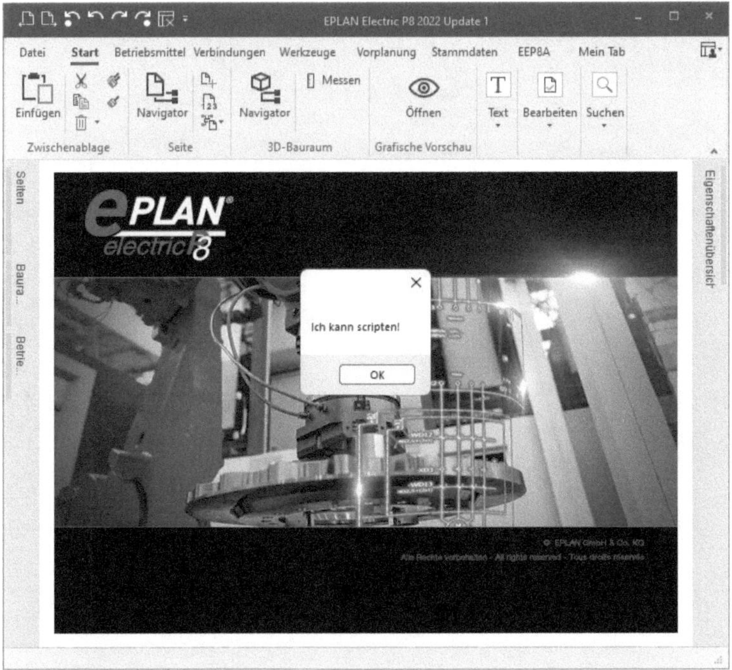

Bild 3.50 Script über Befehlszeile starten

Der beschriebene Vorgang ist auch über die Konsole bzw. Eingabeaufforderung möglich. Wir öffnen die *CommandLine* über START > SUCHEN: „CMD“ oder über WIN+R > CMD (Bild 3.51).

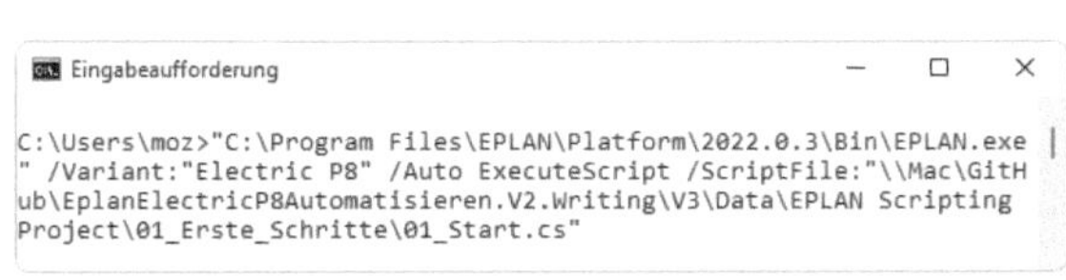

Bild 3.51 EPLAN über die Eingabeaufforderung steuern

3.8 EplanRemoteClient

Mit der Klasse `EplanRemoteClient` können wir EPLAN von einer eigenen Applikation aus ansprechen oder starten. In diesem Beispiel verwenden wir ein eigenes Visual-Studio-Projekt vom Typ Konsolen-App (.NET Framework). Wir fügen es über DATEI > NEU > PROJEKT … zur Projektmappe hinzu. Es muss auf die richtigen Einstellungen und Speicherpfade (Bild 3.52) geachtet werden.

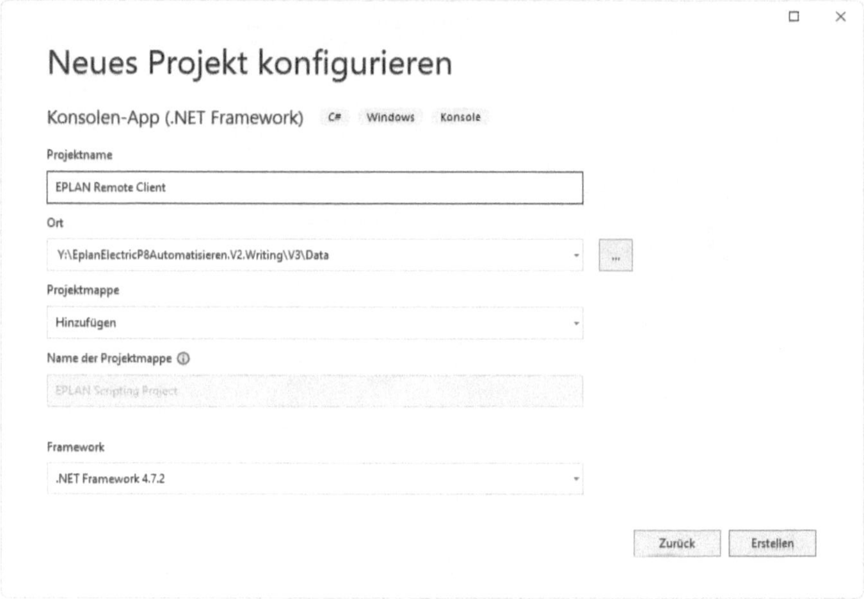

Bild 3.52 Neues Projekt

Wir fügen die Verweise für folgende DLLs hinzu:

- *Eplan.EplApi.RemoteClientu.dll*
- *Eplan.EplApi.Starteru.dll*

Bei einer Konsolen-App wird die `Main()`-Methode ausgeführt. Es steht die Klasse `Console` zur Verfügung, um z. B. Text auszugeben. Wir teilen mit, dass eine aktive EPLAN-Instanz geöffnet wird, falls eine vorhanden ist. Wir nutzen hierfür die Funktionalität von Lambda, um die Liste nach EPLAN-Versionen zu sortieren. Zusätzlich wählen wir das letzte Element in der Liste aus. Das heißt, es wird die höchste Version, die zuletzt geöffnet wurde, ausgewählt.

```
List<EplanServerData> instancesActive = GetActiveEplanInstances();
if (instancesActive.Any())
{
  Console.WriteLine("Starte aktive Instanz ...");
  EplanServerData eplanInstanceActive = instancesActive
    .OrderBy(obj => obj.EplanVersion)
    .Last();

  ExecuteActive(eplanInstanceActive);
}
```

Die Methode für die aktiven Instanzen sieht wie folgt aus:

```
public static List<EplanServerData> GetActiveEplanInstances()
{
  EplanRemoteClient eplanRemoteClient = new EplanRemoteClient();
  List<EplanServerData> eplanServerDatas = new List<EplanServerData>();
  eplanRemoteClient.GetActiveEplanServersOnLocalMachine(
  out eplanServerDatas);
  return eplanServerDatas;
}
```

Wir führen die Action *Actionname* aus, die wir als erste Action deklariert haben. Es muss sichergestellt sein, dass das Script geladen ist. Wir wollen die Action synchron zum Programmcode ausführen. Das heißt, der Programmcode wird erst weiter ausgeführt, wenn EPLAN die Action ausgeführt hat. Das erreichen wir über die Eigenschaft `SynchronousMode`. Um einer bestehenden Instanz eine Action zu übergeben, müssen wir uns mit dieser über die Methode `Connect()` verbinden. Wir stellen eine Wartezeit von fünf Sekunden ein, um dem Prozess genügend Zeit zu geben, sich zu melden. Mit der Methode `ExecuteAction()` führen wir die Action aus. Am Ende schließen wir die Verbindung und geben das Objekt wieder frei:

```
private static void ExecuteActive(EplanServerData eplanServerData)
{
  EplanRemoteClient eplanRemoteClient = new EplanRemoteClient();
  eplanRemoteClient.SynchronousMode = true;
  eplanRemoteClient.Connect("localhost",
  eplanServerData.ServerPort.ToString(),
  new TimeSpan(0, 0, 0, 5)); // 5s needed to resolve


  eplanRemoteClient.ExecuteAction("Actionname");
  eplanRemoteClient.Disconnect();
  eplanRemoteClient.Dispose();
}
```

In unserer `Main()`-Methode ergänzen wir das Else-Statement, um eine neue EPLAN-Instanz zu starten, falls keine aktive Instanz vorhanden ist:

```
else
{
  Console.WriteLine("Keine aktive Instanz gefunden.");

  List<EplanData> instancesInstalled = GetInstalledEplanInstances();
  instancesInstalled = instancesInstalled
    .Where(obj =>
      obj.EplanVariant.Equals("Electric P8") &&
      obj.EplanVersion.StartsWith("2022"))
    .OrderBy(obj => obj.EplanVersion)
    .ToList();
  if (instancesInstalled.Any())
  {
    Console.WriteLine("Starte installierte Instanz ...");
    EplanData eplanInstanceInstalled = instancesInstalled.Last();
```

```
      ExecuteInstalled(eplanInstanceInstalled);
    }
    else
    {
      Console.WriteLine("Keine installierte Instanz gefunden.");
    }
  }

  Console.WriteLine("Ausführung abgeschlossen.");
  Console.ReadKey();
```

Die Ermittlung mit Lambda wurde mit der Methode `Where()` erweitert. Hier filtern wir nach installierten Instanzen, welche die Variante *Electric P8* und die Version *2022* besitzen. Es muss darauf geachtet werden, dass bei diesem Filter z.B. die Versionen *2022.0.1* und *2022.0.3* zurückgegeben werden können. Die Varianten von EPLAN sind Stand-alone-Installationen wie *Electric P8*, *Pro Panel* usw.

Installierte Instanzen müssen auf eine andere Art wie aktive Instanzen ermittelt werden:

```
public static List<EplanData> GetInstalledEplanInstances()
{
  EplanFinder eplanFinder = new EplanFinder();
  List<EplanData> eplanVersions = new List<EplanData>();
  eplanFinder.GetInstalledEplanVersions(ref eplanVersions, true);
  return eplanVersions;
}
```

Wir starten die installierte Instanz so wie in Abschnitt 3.7.1, „Allgemeine Befehlszeilenparameter“. Dazu verwenden wir die Klasse `Process` aus dem Namespace `System.Diagnostics`. Die Argumente übergeben wir über die Klasse `ProcessStartInfo`, genauso wie den Pfad zur .exe-Datei.

In diesem Beispiel wird der Code weiter ausgeführt. Es wird nicht gewartet, bis die Action ausgeführt wird:

```
private static void ExecuteInstalled(EplanData eplanData)
{
  ProcessStartInfo startInfo = new ProcessStartInfo();
  startInfo.FileName = eplanData.EplanPath;

  const string QUOTE ="\"";
  string arguments = string.Format("/Variant:{0}{1}{0} {2}",
    QUOTE, eplanData.EplanVariant, "Actionname");

  startInfo.Arguments = arguments;
  Process.Start(startInfo);
}
```

Am Ende der `Main()`-Methode fügen wir noch einen Abschlusstext hinzu und warten darauf, dass der oder die User:in eine beliebige Taste drückt. Danach wird das Programm beendet:

```
Console.WriteLine("Ausführung abgeschlossen.");
Console.ReadKey();
```

Wir setzen das Projekt als Startprojekt für das Debugging über KONTEXTMENÜ > ALS STARTOBJEKT FESTLEGEN. Da wir nun eine komplette Applikation geschrieben haben, können wir diese auch direkt aus Visual Studio über DEBUGGEN > DEBUGGEN STARTEN ausführen. Wir testen das Verhalten, wenn EPLAN bereits geöffnet und wenn keine Instanz verfügbar ist. Das komplette Programm sieht wie folgt aus:

```
using System;
using System.Collections.Generic;
using System.Diagnostics;
using System.Linq;
using Eplan.EplApi.RemoteClient;
using Eplan.EplApi.Starter;

namespace EPLAN_Remote_Client
{
  class Program
  {
    static void Main()
    {
      List<EplanServerData> instancesActive = GetActiveEplanInstances();
      if (instancesActive.Any())
      {
        Console.WriteLine("Starte aktive Instanz ...");
        EplanServerData eplanInstanceActive = instancesActive
          .OrderBy(obj => obj.EplanVersion)
          .Last();

        ExecuteActive(eplanInstanceActive);
      }
      else
      {
        Console.WriteLine("Keine aktive Instanz gefunden.");

        List<EplanData> instancesInstalled = GetInstalledEplanInstances();
        instancesInstalled = instancesInstalled
          .Where(obj =>
            obj.EplanVariant.Equals("Electric P8") &&
            obj.EplanVersion.StartsWith("2022"))
          .OrderBy(obj => obj.EplanVersion)
          .ToList();
        if (instancesInstalled.Any())
        {
          Console.WriteLine("Starte installierte Instanz ...");
          EplanData eplanInstanceInstalled = instancesInstalled.Last();

          ExecuteInstalled(eplanInstanceInstalled);
        }
```

```
        else
        {
          Console.WriteLine("Keine installierte Instanz gefunden.");
        }
      }

      Console.WriteLine("Ausführung abgeschlossen.");
      Console.ReadKey();
    }

    public static List<EplanServerData> GetActiveEplanInstances()
    {
      EplanRemoteClient eplanRemoteClient = new EplanRemoteClient();
      List<EplanServerData> eplanServerDatas = new List<EplanServerData>();
      eplanRemoteClient.GetActiveEplanServersOnLocalMachine(
      out eplanServerDatas);
      return eplanServerDatas;
    }

    private static void ExecuteActive(EplanServerData eplanServerData)
    {
      EplanRemoteClient eplanRemoteClient = new EplanRemoteClient();
      eplanRemoteClient.SynchronousMode = true;
      eplanRemoteClient.Connect("localhost",
        eplanServerData.ServerPort.ToString(),
        new TimeSpan(0, 0, 0, 5)); // 5s needed to resolve

      eplanRemoteClient.ExecuteAction("Actionname");
      eplanRemoteClient.Disconnect();
      eplanRemoteClient.Dispose();
    }

    public static List<EplanData> GetInstalledEplanInstances()
    {
      EplanFinder eplanFinder = new EplanFinder();
      List<EplanData> eplanVersions = new List<EplanData>();
      eplanFinder.GetInstalledEplanVersions(ref eplanVersions, true);
      return eplanVersions;
    }

    private static void ExecuteInstalled(EplanData eplanData)
    {
      ProcessStartInfo startInfo = new ProcessStartInfo();
      startInfo.FileName = eplanData.EplanPath;

      const string QUOTE = "\"";
      string arguments = string.Format("/Variant:{0}{1}{0} {2}",
        QUOTE, eplanData.EplanVariant, "Actionname");

      startInfo.Arguments = arguments;
      Process.Start(startInfo);
    }
  }
}
```

Um die Applikation ohne Visual Studio zu starten, nutzen wir die .exe-Datei im Ordner des Visual-Studio-Projekts: ...*\EPLAN Remote Client\bin\Debug\EPLAN Remote Client.exe*

Für den produktiven Einsatz ist zu empfehlen, die Konfiguration *Release* zu verwenden, da hier der Code optimiert und somit schneller ausgeführt wird (Bild 3.53). Man findet die .exe-Datei dann im Ordner *\bin\Release*.

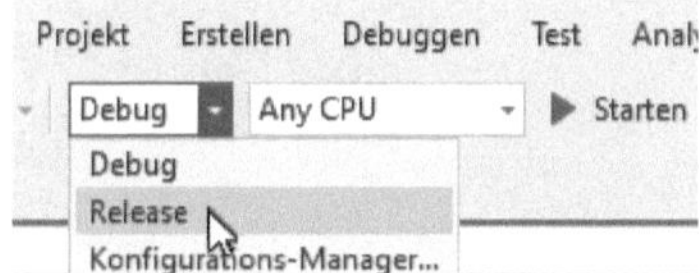

Bild 3.53
Konfiguration Release

4 Praxisbeispiele

In diesem Kapitel wird eine ganze Reihe von Praxisbeispielen vorgestellt. Wir erstellen für die Beispiele einen Ordner mit dem Namen *15_Beispiele* im Visual Studio-Projekt.

4.1 Compress

Wir erzeugen ein Script mit dem Namen C# *01_Compress.cs* und dem Attribut `[Start]`. Mit diesem sehr einfachen Script werden wir das aktuelle Projekt mit den Einstellungen aus Bild 4.1 komprimieren.

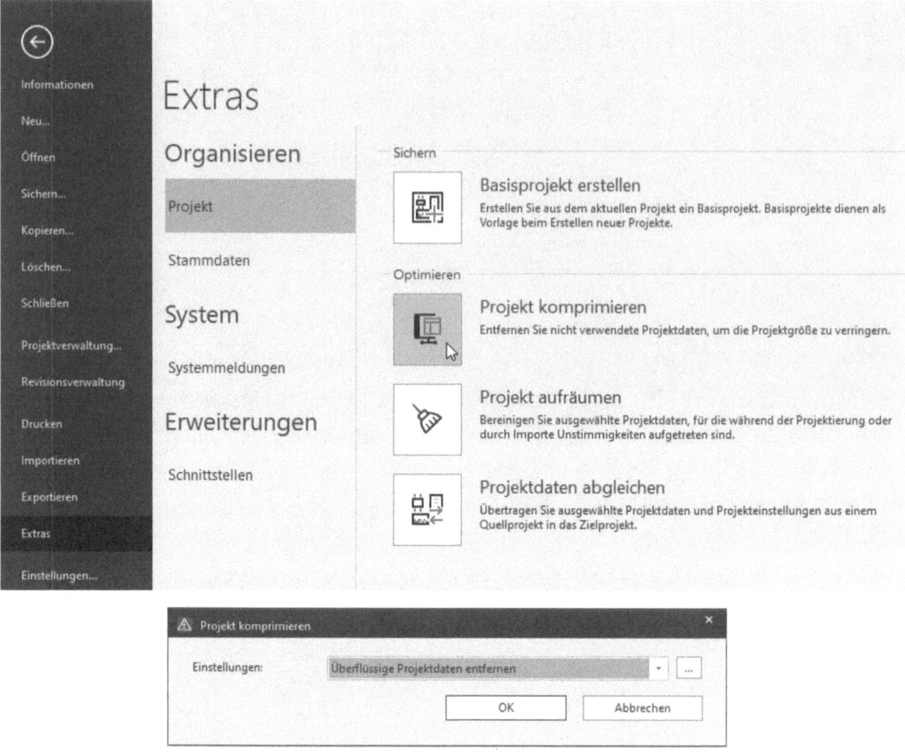

Bild 4.1 Projekt über ein Script komprimieren

Es soll eine MessageBox eingefügt werden, wenn in einem Beispielscript keine sichtbare EPLAN-Interaktion erfolgt (Bild 4.2).

Bild 4.2 Meldung: Action ausgeführt

Das komplette Script sieht wie folgt aus:

```
using System.Windows.Forms;
using Eplan.EplApi.ApplicationFramework;
using Eplan.EplApi.Scripting;

public class _15_Beispiele_01_Compress
{
  [Start]
  public void Function()
```

```
  {
    CommandLineInterpreter cli = new CommandLineInterpreter();
    ActionCallingContext acc = new ActionCallingContext();

    acc.AddParameter("CONFIGSCHEME",
      "Überflüssige Projektdaten entfernen");

    cli.Execute("compress", acc);

    MessageBox.Show("Action ausgeführt.");
  }
}
```

4.2 ChangeLayer

Wir können auch Ebenen per Script verändern. Wir erstellen hierzu eine neue Datei mit dem Namen C# *02_ChangeLayer.cs* und dem Attribut `[Start]`. Für das Beispiel setzen wir die Textgröße der Betriebsmittelkennzeichen von 2,5 mm (Standard) auf 10 mm (Bild 4.3).

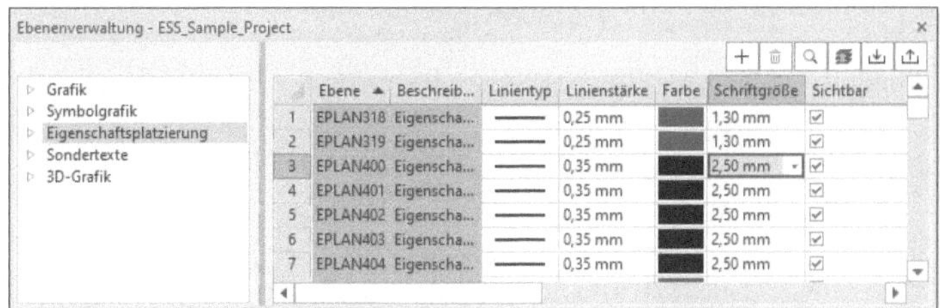

Bild 4.3 Ebenenverwaltung

Dies ist das passende Script:

```
using System.Windows.Forms;
using Eplan.EplApi.ApplicationFramework;
using Eplan.EplApi.Scripting;

public class _15_Beispiele_02_ChangeLayer
{
  [Start]
  public void Function()
  {
    CommandLineInterpreter cli = new CommandLineInterpreter();
    ActionCallingContext acc = new ActionCallingContext();

    acc.AddParameter("LAYER", "EPLAN400");
    acc.AddParameter("TEXTHEIGHT", "10");
```

```
        cli.Execute("changeLayer", acc);

        MessageBox.Show("Action ausgeführt.");
    }
}
```

Die Betriebsmittelkennzeichen werden nun größer dargestellt (Bild 4.4).

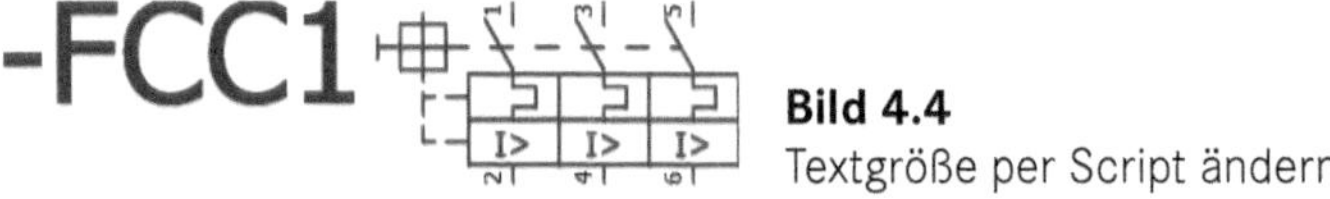

Bild 4.4 Textgröße per Script ändern

4.3 Edit

EPLAN stellt im Scripting eine sehr praktische Action bereit, um beispielsweise direkt zum Betriebsmittel zu springen. Wir erstellen hierfür ein neues Script mit dem Namen C# *03_Edit.cs* und dem Attribut `[Start]`. Es muss sichergestellt sein, dass das angegebene Betriebsmittel im Projekt vorhanden ist. Wir rufen das Betriebsmittel mit dem Namen *=GAA+A1-FCC1* auf (Bild 4.5).

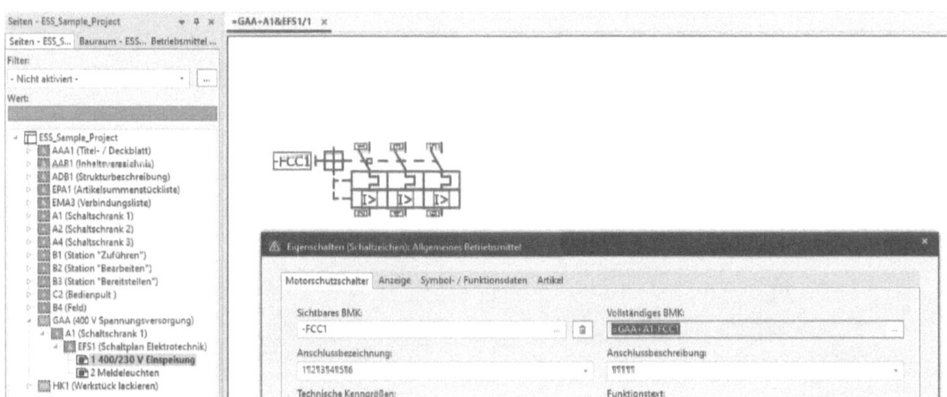

Bild 4.5 Betriebsmittel-Sprungfunktion

Das Script sieht wie folgt aus:

```
using Eplan.EplApi.ApplicationFramework;
using Eplan.EplApi.Scripting;

public class _15_Beispiele_03_Edit
{
  [Start]
  public void Function()
  {
    CommandLineInterpreter cli = new CommandLineInterpreter();
    ActionCallingContext acc = new ActionCallingContext();

    acc.AddParameter("DEVICENAME", "=GAA+A1-FCC1");

    cli.Execute("edit", acc);
  }
}
```

4.4 ExecuteScript

Wie im Beispiel zu den Befehlszeilenparametern in Abschnitt 3.7, „Befehlszeile“, ist es auch möglich, aus einem Script ein weiteres Script zu starten (Bild 4.6). Wir erstellen hierzu ein Script mit dem Namen C# *04_ExecuteScript.cs* und dem Attribut [Start].

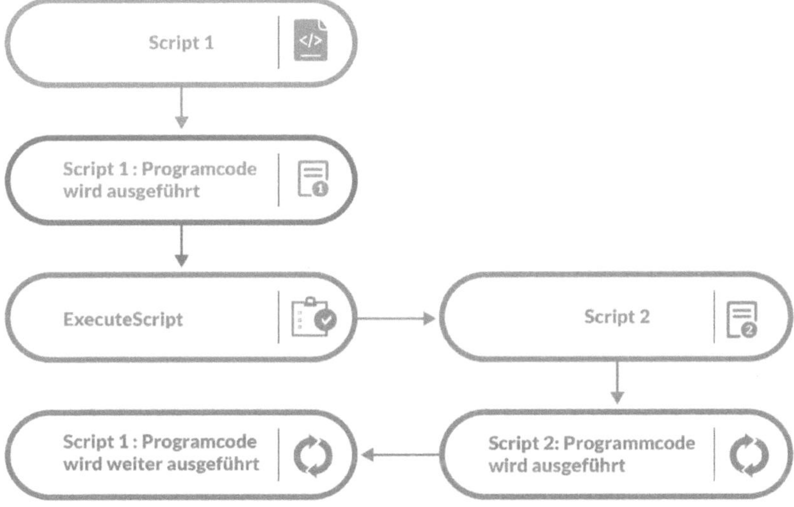

Bild 4.6 Ablauf von ExecuteScript

Es muss sichergestellt sein, dass die angegebene Scriptdatei vorhanden ist.

```
using Eplan.EplApi.ApplicationFramework;
using Eplan.EplApi.Scripting;

public class _15_Beispiele_04_ExecuteScript
{
  [Start]
  public void Function()
  {
    CommandLineInterpreter cli = new CommandLineInterpreter();
    ActionCallingContext acc = new ActionCallingContext();

    acc.AddParameter("ScriptFile", @"C:\Test\01_Start.cs");

    cli.Execute("ExecuteScript", acc);
  }
}
```

4.5 Print

Die Action `print` sollte man mit Vorsicht verwenden, da das automatische Ausdrucken von Seiten oder Projekten oft zu Papierverschwendung führt. Dennoch gibt es einige Anwendungsfälle, wie z.B. den Projektabschluss, bei denen man diese Action sinnvoll nutzen kann.

Wir erstellen eine neue Scriptdatei mit dem Namen C# *08_Print.cs* und dem Attribut `[Start]`. In diesem Beispiel wird das komplette Projekt ausgedruckt, ohne Rückfragen bzw. Einstellmöglichkeiten für Benutzer:innen zu erlauben:

```
using System.Windows.Forms;
using Eplan.EplApi.ApplicationFramework;
using Eplan.EplApi.Scripting;

public class _15_Beispiele_05_Print
{
  [Start]
  public void Function()
  {
    CommandLineInterpreter cli = new CommandLineInterpreter();
    ActionCallingContext acc = new ActionCallingContext();

    acc.AddParameter("TYPE", "PROJECT");

    cli.Execute("print", acc);

    MessageBox.Show("Action ausgeführt.");
  }
}
```

■ 4.6 ProjectAction

Für dieses Beispiel erstellen wir eine neue Datei C# *06_ProjectAction.cs* mit dem Attribut [Start]. Um eine Action auf mehrere Projekte automatisch anzuwenden, stellt EPLAN die Funktion ProjectAction bereit. Mit dem Parameter NOCLOSE wird festgelegt, ob das Projekt nach der Action geschlossen werden soll oder nicht.

Mit diesem Script öffnet EPLAN automatisch das angegebene Projekt und erstellt die Auswertungen. Es muss darauf geachtet werden, dass der Pfad des Projekts korrekt ist:

```
using System.Windows.Forms;
using Eplan.EplApi.ApplicationFramework;
using Eplan.EplApi.Scripting;

public class _15_Beispiele_06_ProjectAction
{
  [Start]
  public void Function()
  {
    CommandLineInterpreter cli = new CommandLineInterpreter();
    ActionCallingContext acc = new ActionCallingContext();

    acc.AddParameter("Project", @"C:\Test\Beispielprojekt.elk");
    acc.AddParameter("Action", "reports");
    acc.AddParameter("NOCLOSE", "1");

    cli.Execute("ProjectAction", acc);

    MessageBox.Show("Action ausgeführt.");
  }
}
```

■ 4.7 XEsSetProjectPropertyAction

Über ein Script können auch einzelne Projekteigenschaften gesetzt werden. Dies ist hilfreich, um z. B. Projektfortschritte automatisch zu dokumentieren. Wir erstellen hierzu ein neues Script mit dem Namen C# *07_XEsSetProjectPropertyAction.cs* und mit dem Attribut [Start]. In diesem Beispiel setzen wir die Eigenschaft *Projektnummer* <*10013*> auf den Wert *23542*. Danach wird der Dialog für die Projekteigenschaften geöffnet (Bild 4.7).

```
using System.Windows.Forms;
using Eplan.EplApi.ApplicationFramework;
using Eplan.EplApi.Scripting;

public class _15_Beispiele_07_XEsSetProjectPropertyAction
{
  [Start]
  public void Function()
  {
    CommandLineInterpreter cli = new CommandLineInterpreter();
    ActionCallingContext acc = new ActionCallingContext();

    acc.AddParameter("PropertyId", "10013");
    acc.AddParameter("PropertyIndex", "0");
    acc.AddParameter("PropertyValue", "23542");

    cli.Execute("XEsSetProjectPropertyAction", acc);

    MessageBox.Show("Action ausgeführt.");
  }
}
```

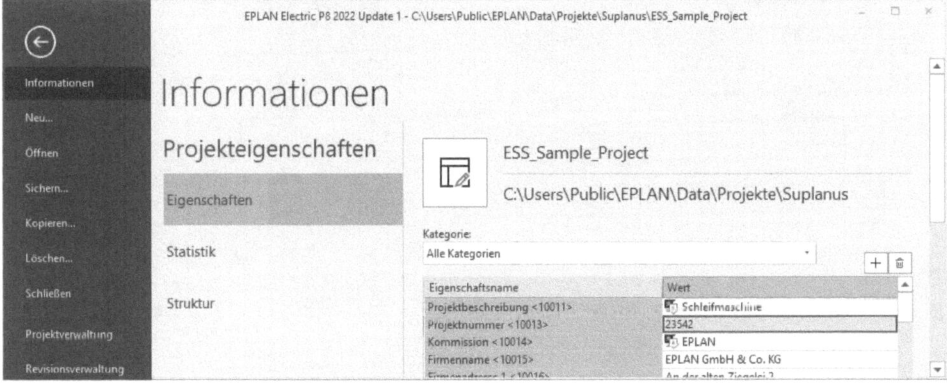

Bild 4.7 Projekteigenschaft über ein Script setzen

HINWEIS: Wenn man benutzerdefinierte Eigenschaften setzen möchten, muss der Parameter `PropertyIdentName` verwendet werden.

4.8 Backup

Um ein Backup vom aktuellen Projekt zu erzeugen, sind normalerweise zahlreiche Klicks und Einstellungen notwendig. Mit einem einfachen Script kann diese Arbeit automatisiert werden. Alle Daten haben dann einen fest definierten Speicherort.

Wir benötigen eine Scriptdatei (C# *08_Backup.cs*) mit dem Attribut `[Start]`. Wird das Script ausgeführt, soll eine Sicherung im Projektordner in den Stammdaten unter *Backup* erfolgen (Bild 4.8). Der Dateiname ist wie folgt aufgebaut: *EPLAN_DATA\Projekte\Firmenkennung\Backup\Projektname_Datum_Uhrzeit.zw1*

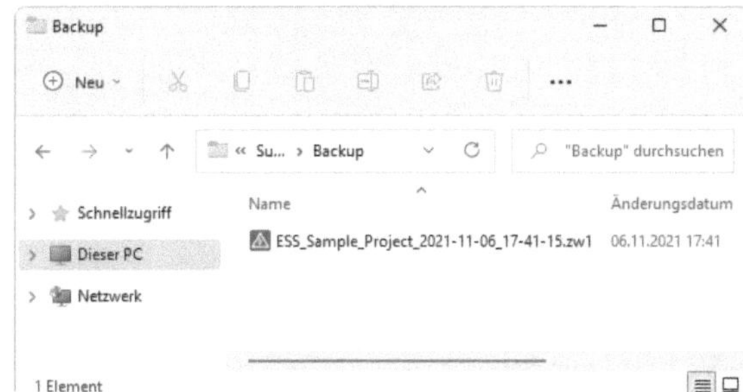

Bild 4.8
Automatisches Backup

HINWEIS: Man sollte Backups nicht im Projektordner (**.edb*) erstellen, da ansonsten jedes Backup das Projekt vergrößern würde.

Das Script sieht folgendermaßen aus:

```
using System;
using System.IO;
using System.Windows.Forms;
using Eplan.EplApi.ApplicationFramework;
using Eplan.EplApi.Base;
using Eplan.EplApi.Scripting;

public class _15_Beispiele_08_Backup
{
  [Start]
  public void Function()
  {
    string projectsPath = PathMap.SubstitutePath("$(MD_PROJECTS)");
    string projectName = PathMap.SubstitutePath("$(PROJECTNAME)");

    string date = DateTime.Now.ToString("yyyy-MM-dd");
    string time = DateTime.Now.ToString("HH-mm-ss");
```

```
    string backupDirectory = Path.Combine(projectsPath, "Backup");
    string backupFileName = projectName + "_" +
      date + "_" + time + ".zw1";
    string backupFullFileName =
      Path.Combine(backupDirectory, backupFileName);

    if (!Directory.Exists(backupDirectory))
    {
      Directory.CreateDirectory(backupDirectory);
    }

    Progress progress = new Progress("SimpleProgress");
    progress.SetAllowCancel(true);
    progress.SetAskOnCancel(true);
    progress.BeginPart(100, "");
    progress.SetTitle("Backup");
    progress.ShowImmediately();

    if (!progress.Canceled())
    {
      CommandLineInterpreter cli = new CommandLineInterpreter();
      ActionCallingContext acc = new ActionCallingContext();

      acc.AddParameter("BACKUPAMOUNT", "BACKUPAMOUNT_ALL");
      acc.AddParameter("BACKUPMEDIA", "DISK");
      acc.AddParameter("BACKUPMETHOD", "BACKUP");
      acc.AddParameter("COMPRESSPRJ", "1");
      acc.AddParameter("INCLEXTDOCS", "1");
      acc.AddParameter("INCLIMAGES", "1");
      acc.AddParameter("ARCHIVENAME", backupFileName);
      acc.AddParameter("DESTINATIONPATH", backupDirectory);
      acc.AddParameter("TYPE", "PROJECT");

      cli.Execute("backup", acc);
    }

    progress.EndPart(true);

    MessageBox.Show(
        "Backup wurde erfolgreich erstellt:" +
        Environment.NewLine +
        backupFullFileName,
        "Hinweis",
        MessageBoxButtons.OK,
        MessageBoxIcon.Information
        );
  }
}
```

■ 4.9 Restore

Um Projekte wiederherzustellen, stellt EPLAN die Action `restore` bereit. Anhand eines Backups (**.zw1*-Datei) wollen wir diese Funktion testen. Wir erstellen hierzu ein Script mit dem Namen C# *09_Restore.cs* und dem Attribut `[Start]`. Wir überprüfen, ob der angegebene Projektpfad korrekt ist. Das Backup wird als Projektdatei (**.elk*) wiederhergestellt (Bild 4.9). Wir finden das Projekt dann im angegebenen Zielordner.

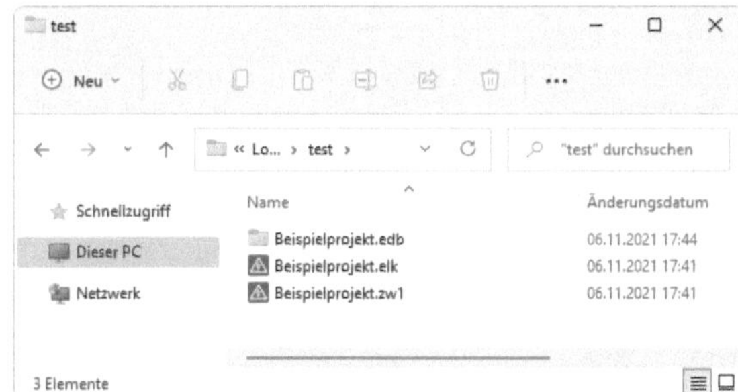

Bild 4.9
Backup wiederherstellen

So sieht das dazugehörige Script aus:

```
using System.Windows.Forms;
using Eplan.EplApi.ApplicationFramework;
using Eplan.EplApi.Scripting;

public class _15_Beispiele_09_Restore
{
  [Start]
  public void Function()
  {
    CommandLineInterpreter cli = new CommandLineInterpreter();
    ActionCallingContext acc = new ActionCallingContext();

    acc.AddParameter("TYPE", "PROJECT");
    acc.AddParameter("ARCHIVENAME", @"C:\test\Beispielprojekt.zw1");
    acc.AddParameter("PROJECTNAME", @"C:\test\Beispielprojekt.elk");
    acc.AddParameter("UNPACKPROJECT", "0");
    acc.AddParameter("MODE", "1");
    acc.AddParameter("NOCLOSE", "1");

    cli.Execute("restore", acc);

    MessageBox.Show("Action ausgeführt.");
  }
}
```

■ 4.10 ProjectManagement

Es gibt die Möglichkeit, für ein erstelltes Projekt die Eigenschaften eines anderen Projekts zu übernehmen. Beim Kopieren eines Projekts können die Projekteigenschaften übernommen werden. Nachträglich ist dies leider nicht mehr möglich (Bild 4.10).

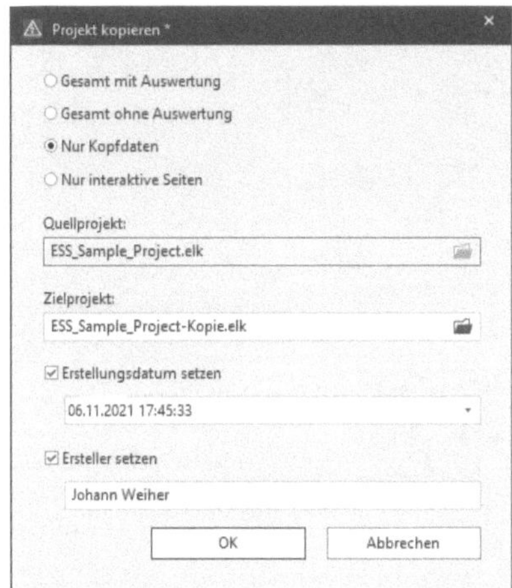

Bild 4.10
Projekt kopieren

Für diesen Anwendungsfall erstellen wir uns ein neues Script (C# *10_ ProjectManagement.cs*) mit dem Attribut `[Start]`. Das EPLAN-Stammdatenverzeichnis benötigen wir, um Projekte gleich in einem *OpenFileDialog* zu initialisieren. Wir erstellen folgende Objekte:

```
string projectsPath = PathMap.SubstitutePath("$(MD_PROJECTS)");

OpenFileDialog ofd = new OpenFileDialog();
ofd.Filter = "ProjectInfo.xml|ProjectInfo.xml";
ofd.InitialDirectory = projectsPath;
ofd.Title = "Projekteigenschaften auswählen:";
ofd.ValidateNames = false;
```

Im *OpenFileDialog* wird nun die Datei *ProjectInfo.xml* ausgewählt. Es wird nach dem kompletten Dateinamen gefiltert, da der Name bei jedem Projekt gleich ist.

Wird der Dialog mit OK bestätigt, soll die Datei eingelesen werden. Wir übergeben den Dateinamen und führen nun die EPLAN-Action `projectmanagement` mit folgenden Parametern aus:

- `TYPE`: *READPROJECTINFO*
- `FILENAME`: übergebener Dateiname

Mit READPROJECTINFO werden alle Projekteigenschaften der XML-Datei in das aktuelle Projekt eingelesen. Zusätzlich soll eine ProgressBar angezeigt werden. Nach dem erfolgreichen Import soll der Projekteigenschaftsdialog geöffnet werden.

```
if (ofd.ShowDialog() == DialogResult.OK)
{
  Progress progress = new Progress("SimpleProgress");
  progress.SetAllowCancel(false);
  progress.BeginPart(100, "");
  progress.SetTitle("Projekteigenschaften importieren");
  progress.ShowImmediately();

  CommandLineInterpreter cli = new CommandLineInterpreter();
  ActionCallingContext acc = new ActionCallingContext();

  acc.AddParameter("TYPE", "READPROJECTINFO");
  acc.AddParameter("FILENAME", ofd.FileName);
  cli.Execute("projectmanagement", acc);

  progress.EndPart(true);

  cli.Execute("XPrjActionPropertiesEdit");
}
```

Wir testen nun das Script. Dazu leeren wir in einem Testprojekt die Projekteigenschaften und importieren welche aus einem anderen Projekt (Bild 4.11 und Bild 4.12).

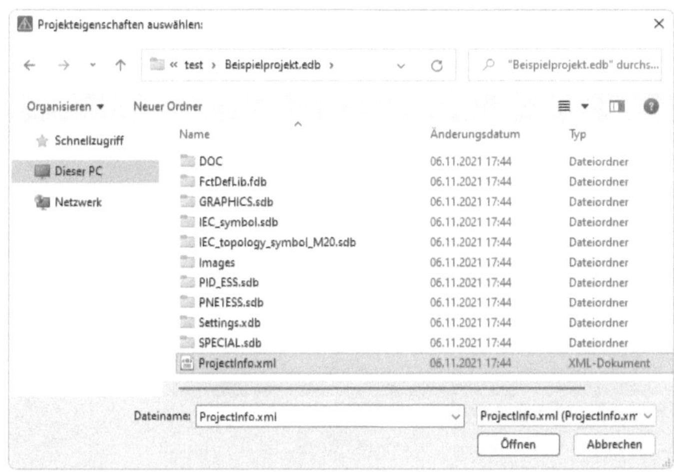

Bild 4.11 ProjectInfo.xml auswählen

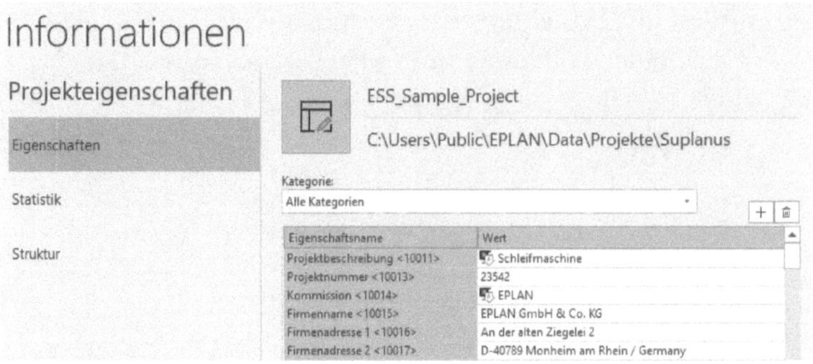

Bild 4.12 Projektinformationen nach dem Import anzeigen

Das vollständige Script sieht wie folgt aus:

```
using System.Windows.Forms;
using Eplan.EplApi.ApplicationFramework;
using Eplan.EplApi.Base;
using Eplan.EplApi.Scripting;

public class _15_Beispiele_10_ProjectManagement
{
  [Start]
  public void Function()
  {
    string projectsPath = PathMap.SubstitutePath("$(MD_PROJECTS)");

    OpenFileDialog ofd = new OpenFileDialog();
    ofd.Filter = "ProjectInfo.xml|ProjectInfo.xml";
    ofd.InitialDirectory = projectsPath;
    ofd.Title = "Projekteigenschaften auswählen:";
    ofd.ValidateNames = false;

    if (ofd.ShowDialog() == DialogResult.OK)
    {
      Progress progress = new Progress("SimpleProgress");
      progress.SetAllowCancel(false);
      progress.BeginPart(100, "");
      progress.SetTitle("Projekteigenschaften importieren");
      progress.ShowImmediately();

      CommandLineInterpreter cli = new CommandLineInterpreter();
      ActionCallingContext acc = new ActionCallingContext();

      acc.AddParameter("TYPE", "READPROJECTINFO");
      acc.AddParameter("FILENAME", ofd.FileName);
      cli.Execute("projectmanagement", acc);

      progress.EndPart(true);

      cli.Execute("XPrjActionPropertiesEdit");
    }
  }
}
```

4.11 SelectionSet

Oft ist es hilfreich zu wissen, wie viele Seiten ein Projekt oder ein Strukturkennzeichen besitzt. Auch hierfür lässt sich ein Script schreiben. Wir erstellen eine Datei namens C# *11_SelectionSet.cs* mit dem Attribut `[Start]` und fügen folgende Namespaces hinzu:

```
using System.Windows.Forms;
using Eplan.EplApi.ApplicationFramework;
using Eplan.EplApi.Scripting;
```

Wir benötigen einen `CommandLineInterpreter` mit `ActionCallingContext`, um die Seiten auszulesen und zu verarbeiten. Von EPLAN werden alle Seiten als ein String-Objekt zurückgegeben. Will man Daten von EPLAN über eine Action entgegennehmen, muss ein Objekt angegeben werden, das die Werte empfängt. Die Action heißt `selectionset` und hat mehrere Funktionen. Wir nutzen den Parameter `TYPE` mit dem Wert *PAGES*, um die markierten Seiten zu erhalten:

```
CommandLineInterpreter cli = new CommandLineInterpreter();
ActionCallingContext acc = new ActionCallingContext();
acc.AddParameter("TYPE", "PAGES");
cli.Execute("selectionset", acc);

string pagesString = string.Empty;
acc.GetParameter("PAGES", ref pagesString);
```

Nun stehen alle Seiten im String *pagesString*. Diese werden durch das Semikolon (`;`) getrennt:

```
Seitenname-1;Seitenname-2;Seitenname-3;Seitenname-n
```

Als Nächstes müssen wir ermitteln, wie viele Objekte durch ein Semikolon getrennt sind. Ein String-Objekt besitzt die Methode `Split()`, die den String immer dann teilt, wenn das angegebene Zeichen vorkommt. Das Zeichen selbst wird hier nicht mehr zurückgegeben. Wir initialisieren ein String-Array, das eine Sammlung von String-Objekten ist. Diesem Objekt wird das Ergebnis der Methode zugewiesen:

```
string[] pages = pagesString.Split(';');
```

Ein Objekt vom Typ String-Array besitzt die Eigenschaft *Length*, welche die Anzahl der Strings zurückgibt. Wir weisen einem neuen Objekt vom Typ Integer den Wert zu:

```
int pagesCount = pages.Length;
```

Nun erstellen wir eine MessageBox, welche die Seitenanzahl anzeigt:

```
MessageBox.Show("Anzahl markierter Seiten: " + pagesCount);
```

Jetzt testen wir das Script. Die Seiten müssen im Seiten-Navigator markiert sein. Ansonsten gibt das Script die Anzahl 1 zurück, da die aktuell geöffnete Seite aktiv ist (Bild 4.13).

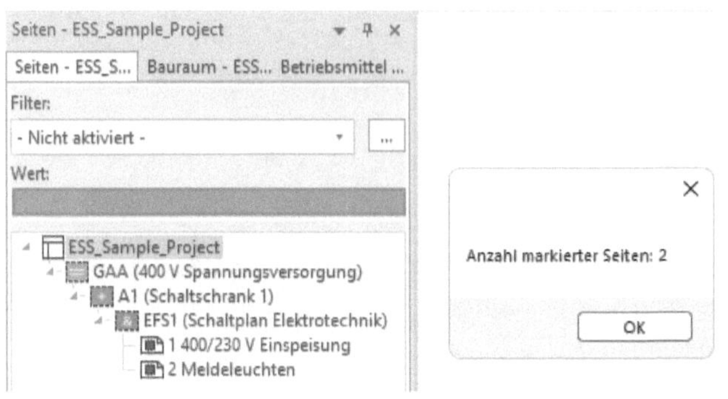

Bild 4.13
Anzahl markierter Seiten anzeigen

Das komplette Script sieht so aus:

```
using System.Windows.Forms;
using Eplan.EplApi.ApplicationFramework;
using Eplan.EplApi.Scripting;

class _15_Beispiele_11_SelectionSet
{
  [Start]
  public void Function()
  {
    CommandLineInterpreter cli = new CommandLineInterpreter();
    ActionCallingContext acc = new ActionCallingContext();
    acc.AddParameter("TYPE", "PAGES");
    cli.Execute("selectionset", acc);

    string pagesString = string.Empty;
    acc.GetParameter("PAGES", ref pagesString);

    string[] pages = pagesString.Split(';');
    int pagesCount = pages.Length;

    MessageBox.Show("Anzahl markierter Seiten: " + pagesCount);
  }
}
```

5 Anhang

5.1 Daten zum Buch

Alle Praxisbeispiele findest du auf der Website zum Buch *https://eep8a.de* (Bild 5.1) oder auf *plus.hanser-fachbuch.de*.

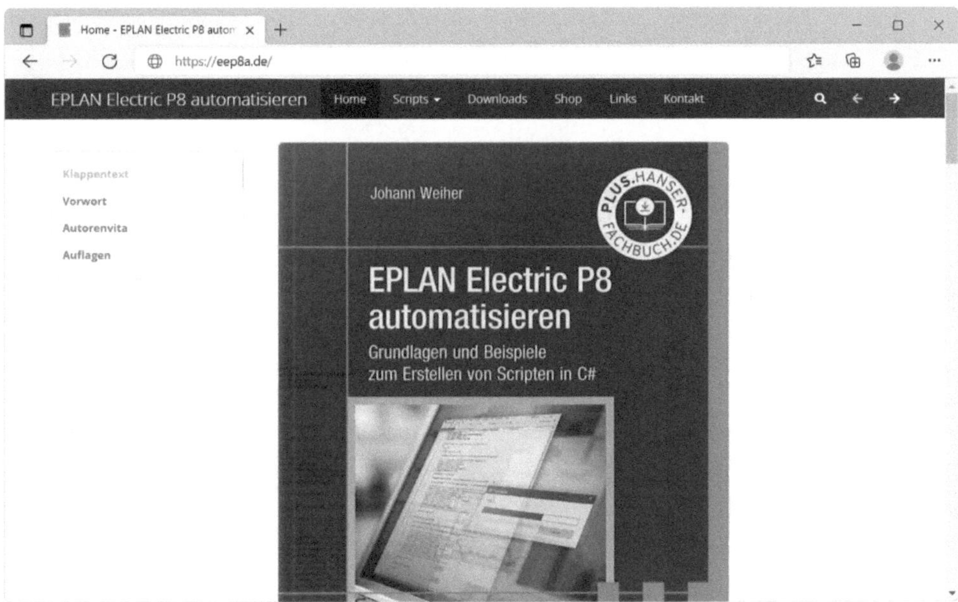

Bild 5.1 Die Webseite zum Buch: *https://eep8a.de*

Visual Studio kannst du unter *https://visualstudio.microsoft.com* herunterladen (Bild 5.2).

Bild 5.2 Visual Studio zum Download: *https://visualstudio.com*

5.2 Internetseiten

Suplanus-Blog

Auf meinem Blog *https://suplanus.de* findest du viele Beispiele, Anleitungen und Hilfsmittel rund um EPLAN, eine große Anzahl von Scripten in den Sprachen C# und VB.NET (Bild 5.3).

Bild 5.3 Mein Blog: *https://suplanus.de*

Online-Hilfe von EPLAN

Auf *https://eplan.help* findest du die Online-Hilfe von EPLAN (Bild 5.4). Unter *http://eep8a.de/links/#eplan-hilfe* sind hilfreiche Links für das Scripting aufgelistet:

- Übersicht aller offiziellen Actions
- API-Dokumentation, die auch viele Scripting-Dokumentationen beinhaltet
- Kommandozeilen-Parameter
- Events

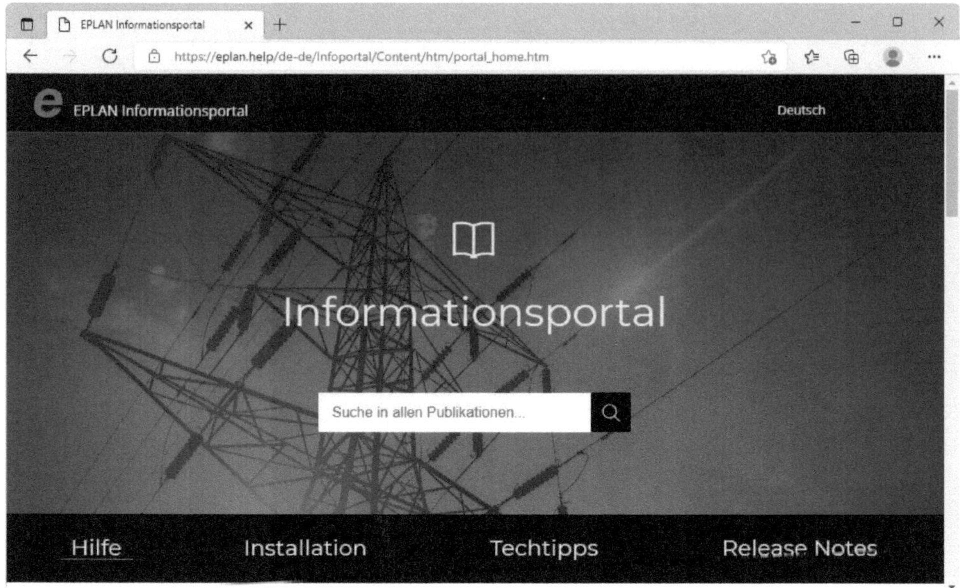

Bild 5.4 Die Online-Hilfe von EPLAN: *http://eplan.help*

Stack Overflow

Stack Overflow (*https://stackoverflow.com*) ist eine große Online-Plattform, auf der du Fragen zu Programmiersprachen wie C# stellen kannst (Bild 5.5).

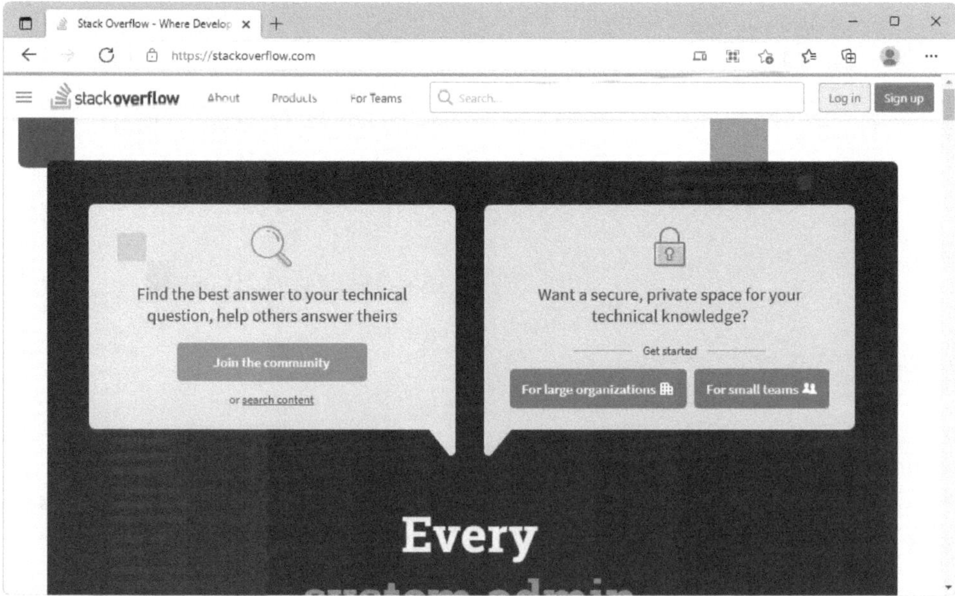

Bild 5.5 Die Online-Plattform Stack Overflow: *https://stackoverflow.com*

ibKastl GmbH

Im Zeitalter der Digitalisierung hilft ibKastl Produkte normgerecht, funktional und mechatronisch zu strukturieren (Bild 5.6). Der digitale Zwilling erfordert abteilungsübergreifend einheitliche Strukturen und Prozesse. Gemeinsam mit dem Kunden durchleuchtet ibKastl Prozesse und Workflows, um diese an die neuen Rahmenbedingungen anzupassen. Reichen die Standardanwendungen und Möglichkeiten nicht mehr aus, werden gemeinsam kundenspezifische Anwendungen und Schnittstellen entwickelt und programmiert, um die Prozesse zu automatisieren und redundante Datenpflege zu vermeiden.

Für verschiedene Themen rund um EPLAN wird ein Wiki mit einer ausführlichen Dokumentation angeboten, das allen Kunden frei zugänglich ist.[1]

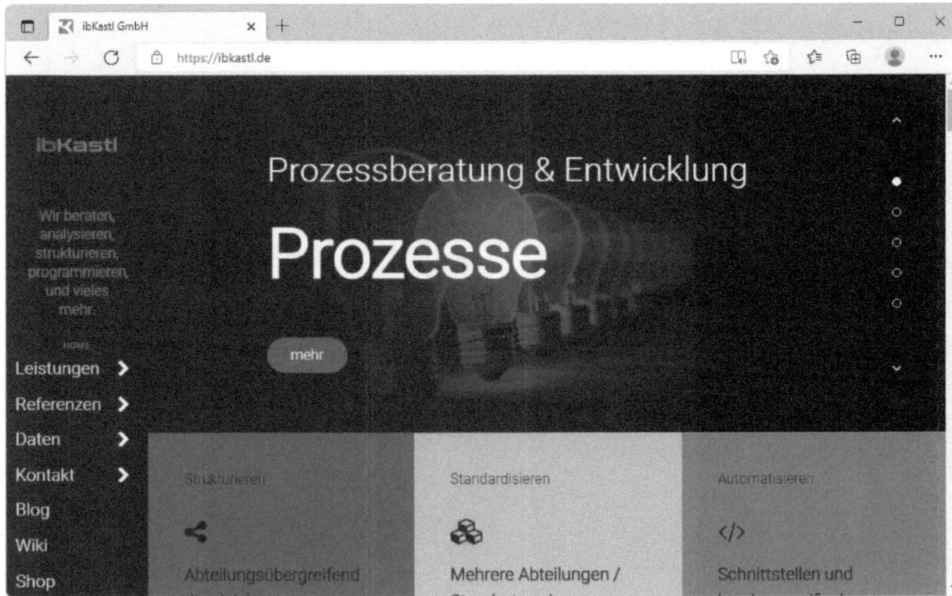

Bild 5.6 Consulting rund um das Thema Mechatronik: *https://ibkastl.de*

ShopForProcess

Im Shop wird eine Auswahl bewährter Produkte angeboten, die im Laufe der Beratungstätigkeit entwickelt worden sind. Du erhältst jedoch nicht nur die Produkte der ibKastl GmbH über diese Plattform, sondern kannst auf dem „Marketplace ShopForProcess“ auch Produkte von anderen Herstellern finden (Bild 5.7).

[1] Quelle: *https://ibkastl.de*

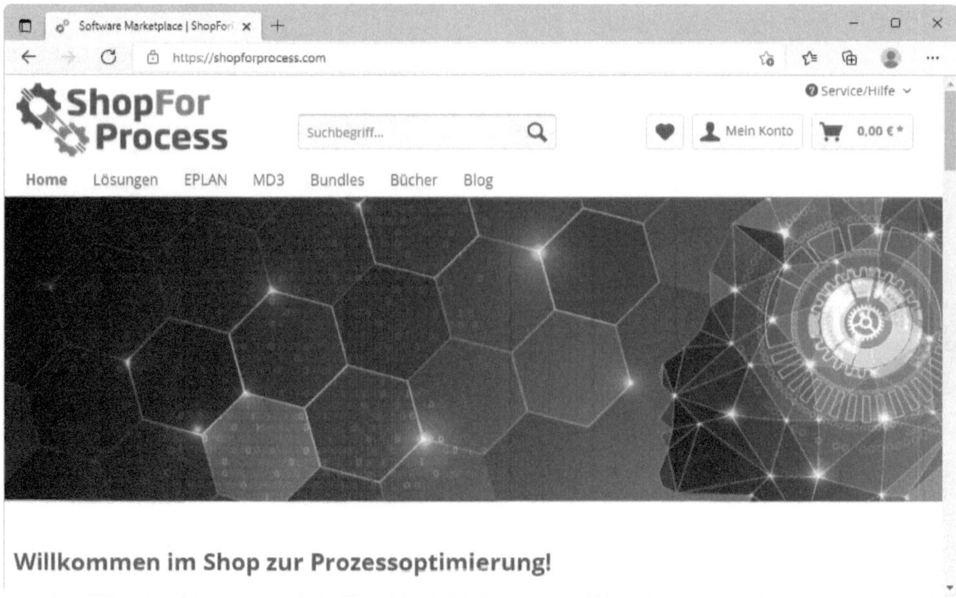

Bild 5.7 Automatisiere deine Prozesse: *https://shopforprocess.com*

MD3 – Mechatronics Designer

Der MD3 ermöglicht den Aufbau eines mechatronischen Modells zum Generieren von technischen Dokumenten in Form von EPLAN-Projekten und beliebigen Textdateien (Bild 5.8). Durch die intuitive Bedienung per Drag & Drop und praxisorientierten Funktionen, wie der Live-Vorschau, können in kürzester Zeit Dokumente generiert werden. Mit dem leicht verständlichen Formelwerkzeug sind Abhängigkeiten zwischen Optionen einfach zu regeln. Die Datenoffenheit des MD3 ermöglicht außerdem eine umfangreiche Anbindung an bestehende Systeme wie Angebots- oder Produktkonfiguratoren.

Bild 5.8 Automatische Schaltplanerstellung mit dem MD3: *https://md3.page*

Index

F

G

H

I

K

L

M

O

P

R

S